Davis · Spieltheorie

Scientia Nova

Herausgegeben von
Rainer Hegselmann, Gebhard Kirchgässner,
Hans Lenk, Siegwart Lindenberg,
Julian Nida-Rümelin, Werner Raub,
Thomas Voss

Morton D. Davis

Spieltheorie für Nichtmathematiker

Mit einem Vorwort von Oskar Morgenstern

4. Auflage

R. Oldenbourg Verlag München 2005

Titel der Originalausgabe:

Morton D. Davis, Game Theory – A Nontechnical Introduction
Revised Edition
Basic Book, Inc. New York/London 1983
© 1983 by Morton D. Davis

Deutsche Übersetzung von Martin Riese, Edith Schmutzer und
Ruth Zimmerling

Bibliographische Information der Deutschen Bibliothek

Die Deutsche Bibliothek verzeichnet diese Publikation in der Deutschen
Nationalbibliographie; detaillierte bibliographische Daten sind im Internet
über <http://dnp:ddb.de> abrufbar.

© der deutschen Ausgabe 1993 R. Oldenbourg Verlag GmbH, München
Rosenheimer Straße 145, D-81671 München
Internet: http://www.oldenbourg.de

Umschlaggestaltung: Dieter Vollendorf
Gedruckt auf säurefreiem, alterungsbeständigem Papier (chlorfrei gebleicht).
Gesamtherstellung: R. Oldenbourg Graphische Betriebe Druckerei GmbH, München

ISBN 3-486-57603-8

Inhalt

Oskar Morgenstern

Vorwort zur 1. Auflage

Die Spieltheorie ist eine junge Disziplin, die durch ihre neuartigen mathematischen Eigenschaften und ihre vielen Anwendungsmöglichkeiten auf soziale, ökonomische und politische Probleme von großem Interesse ist. Die Theorie befindet sich in einem Stadium rascher Entwicklung und übt auf weite Bereiche der Sozialwissenschaften einen bedeutenden Einfluß aus.

Der Grund für dieses wachsende Interesse liegt darin, daß sich der mathematische Aufbau der Theorie wesentlich von früheren Versuchen, mathematische Grundlagen für soziale Phänomene zu schaffen, unterscheidet. Frühere Bemühungen orientierten sich an den Naturwissenschaften und deren jahrhundertelangen Erfolgen. Aber soziale Phänomene sind ganz anders: die Menschen setzen ihre Handlungen manchmal gegeneinander, manchmal miteinander; sie haben ein uneinheitliches Wissen voneinander, und sie lassen sich von Zielen und Hoffnungen leiten, die zu Konfliktsituationen führen, aber auch Zusammenarbeit hervorrufen können. Die unbeseelte Natur weist keine dieser Züge auf. Atome, Moleküle, Sterne können allen möglichen Veränderungen unterworfen sein, aber sie bekämpfen einander nicht – noch arbeiten sie bewußt miteinander. So mußte daran gezweifelt werden, daß die für die Naturwissenschaften entwickelten Methoden und Begriffe eine erfolgreiche Behandlung sozialer Probleme erlauben würden.

Die Grundlagen der Spieltheorie stammen von John von Neumann, der im Jahre 1928 das Minimax-Theorem bewies, auf dem die gesamte Theorie beruht. Mit der Veröffentlichung des Buches *Theory of Games and Economic Behavior* im Jahre 1944 [*Spieltheorie und wirtschaftliches Verhalten*, deutsch 1961] gelang der endgültige Durchbruch. Es wurde nachgewiesen, daß sich soziale Erscheinungen am besten an Hand von Modellen geeigneter strategischer Spiele beschreiben lassen. Diese Spiele wiederum sind einer eingehenden mathematischen Analyse zugänglich.

Bei sozialwissenschaftlichen Untersuchungen benötigt man, wie bei allen Wissenschaften, präzise Begriffe. Wörter wie Nutzen, Information, optimales Verhalten, Strategie, Auszahlung, Gleichgewicht, Verhandeln usw. müssen genau definiert sein. Die Spieltheorie präzisiert alle diese Begriffe und gestattet uns, völlig neue Betrachtungsweisen der unglaublichen Vielfalt sozialer Erscheinungsformen zu verwenden. Ohne genaue Begriffe wäre es unmöglich, bei Untersuchungen über das rein verbale Stadium hinauszukommen – was ein sehr eingeschränktes Verständnis der untersuchten Phänomene zur Folge hätte.

Es mag den Anschein haben, daß die mathematische Theorie dem mathematisch weniger gebildeten Leser verschlossen bleiben müßte. Doch das ist nicht richtig: es ist durchaus möglich, ein klares, übersichtliches und eindringliches Bild dieser Theorie und vieler ihrer Anwendungsmöglichkeiten zu vermitteln, wenn eine wichtige Voraussetzung erfüllt wird. Wer diesen Versuch unternimmt und eine ausgereifte verbale Darstellung geben möchte, muß aber über tiefe Kenntnis der Spieltheorie mit allen Einzelheiten verfügen und sollte idealerweise an ihrer Entwicklung mitgearbeitet haben. Diese Bedingungen werden von Morton Davis, dem Verfasser dieses bewundernswerten Buches, mehr als erfüllt. Eine junge Wissenschaft darf sich glücklich schätzen, einen derartig begabten Mann gefunden zu haben, der dem Leser so viele neue und oft unerwartete Gedanken zugänglich macht.

Ein Buch wie das vorliegende ist ein würdiger Vertreter einer wissenschaftlichen Literaturgattung, die bei den Naturwissenschaften schon lange gepflegt wird. Auf diesem Gebiet – aber auch in der Mathematik – haben sich sehr gute Autoren immer darum bemüht, die jüngsten Erkenntnisse, die oft mit geradezu beängstigender Geschwindigkeit gewonnen werden, in einer möglichst einfachen Sprache genau zu erklären. Man kann sogar mit einiger Sicherheit annehmen, daß derartige Schriften, die weite Kreise ansprechen und wertvolle Anregungen liefern, ihrerseits auf den jeweiligen Gebieten zu weiterer Forschung beigetragen haben. In den Sozialwissenschaften sind Bücher dieser Art selten. Das liegt teilweise darin begründet, daß es hier noch verhältnismäßig wenige Theorien gibt, die so schwierig oder umfassend wären, wie es normalerweise die naturwissenschaftlichen Theorien oder auch die Spieltheorie sind. Teilweise ist es auch schwierig, Diskussionen über emotionell geladene soziale und ökonomische Probleme frei von persönlichen Werturteilen wiederzugeben. Das vorliegende Buch weist keine derartigen Schwächen auf; es erklärt, analysiert und bietet Lösungen an, aber die Theorie, die beschrieben und entwickelt wird, ist völlig wertneutral.

Dem Leser dieses Buches wird die ungeheure Vielfalt sozialer Erscheinungsformen auffallen; er wird selbst feststellen, wie kompliziert eine Theorie sein muß, die diese Erscheinungsformen erläutert – eine Theorie, neben der selbst die schwierigen Theorien der modernen Naturwissenschaften einmal einfach wirken werden.

Morton Davis eröffnet uns hier eine neue Welt mit vielen Möglichkeiten. Viele Probleme sind bereits bewältigt, mehr bleibt noch zu tun. Dieses Buch ist jedenfalls ein wichtiger Beitrag zu einem besseren Verständnis unseres komplexen Lebens.

New York University
Februar 1972

Einführung des Verfassers

Wir hoffen, zu einem besseren Verständnis des Tauschproblems zu kommen, wenn wir es von einem ganz anderen Gesichtspunkt aus studieren: aus der Perspektive eines „strategischen Spiels".

J. v. Neumann und *O. Morgenstern, Spieltheorie und wirtschaftliches Verhalten*

Vor rund 40 Jahren versuchten ein Mathematiker, John von Neumann und ein Wirtschaftswissenschaftler, Oskar Morgenstern, effektivere Wege zur Behandlung bestimmter ökonomischer Probleme zu eröffnen. Sie stellten fest, daß „die typischen Probleme ökonomischen Verhaltens mit den mathematischen Vorstellungen von geeigneten strategischen Spielen völlig übereinstimmen", und entwarfen daraufhin eine „Spieltheorie". Wie sich herausstellen sollte, ist dieses neue „Werkzeug" auch bei der Behandlung von Problemen in vielen anderen Bereichen von unschätzbarem Wert.

Seit der Zeit, in der von Neumann und Morgenstern ihre Ideen erarbeiteten, hat sich die mathematische Theorie weiterentwickelt, und vielfältige Anwendungsmöglichkeiten sind hinzugekommen – man braucht nur die Zusammenfassungen in psychologischen, soziologischen und politikwissenschaftlichen Fachzeitschriften unter dem Stichwort „Spieltheorie" oder „Gefangenendilemma" durchzusehen, um einen Eindruck von ihrer weiten Verbreitung zu bekommen. In einem Artikel in *Fortune Magazine* über Entscheidungsfindung auf Managementebene stellte John McDonald (1970) fest, daß „Spieltheorie wie kein anderer Ansatz erklären kann, welche Faktoren Entscheidungen beeinflussen", und beschrieb, wie sie „von Unternehmen, die sich in einem Konkurrenzkampf befinden" (S. 122), tatsächlich angewendet wird. Seiner Meinung nach bieten der Wettbewerb zwischen Fluggesellschaften, die Bildung von Interessengruppen, die politischen Druck ausüben wollen, die Festlegung von Industriestandorten, die Entscheidung zur Produktdiversifizierung sowie Konzernübernahmen fruchtbare Betätigungsfelder für die Spieltheorie.

Auch in anderen Bereichen der Geschäftswelt kommt die Spieltheorie zur Anwendung, z. B. bei der Festlegung optimaler Preise und der Entwicklung gewinnträchtiger Angebotsstrategien sowie bei Investitionsentscheidungen. Ebenso dient sie zur Auswahl von Geschworenen, zur Messung der Macht von Senatoren, zur Planung von Panzereinsätzen im Krieg, zur fairen Aufteilung von Geschäftskosten und als Strategie von Tieren im evolutionären Kampf.

Was ist nun aber das Besondere an spieltheoretischen Problemen? Die Antwort ist einfach: In einem Spiel muß jeder Teilnehmer in Betracht ziehen, daß seine Mitglieder ihre eigenen Ziele verwirklichen wollen und ihre Entscheidungen entsprechend treffen. Während man also versucht herauszufinden, was die Mitspieler wohl im Schilde führen, versuchen die anderen dies umgekehrt genauso. Wenn man ein Haus baut, das allen Wetterverhältnissen standhalten soll, hat man keinen Grund zur Annahme, daß die Natur es im Sommer heiß und im Winter kalt werden läßt, um das Bauprojekt zu vereiteln. Wenn man hingegen eine Marketingkampagne startet, um die Verkaufszahlen zu erhöhen, kann man sicher sein, daß die Konkurrenz versuchen wird, diese Pläne zu durchkreuzen. In einem Spiel muß jeder Spieler abschätzen, inwiefern seine Ziele mit den Zielen der anderen Spieler vereinbar sind, um dann zu entscheiden, ob er kooperieren oder gegen alle oder einige konkurrieren will. Diese Vermischung von gemeinsamen und gegensätzlichen Spielerinteressen macht die Spieltheorie so faszinierend.

Diese Definition von Spieltheorie ist sehr weitgefaßt, da es so etwas wie *die* Spieltheorie gar nicht gibt. Tatsächlich handelt es sich um eine ganze Reihe von Theorien. Die Art des „Spiels" wird – wie bei jedem normalen Gesellschaftsspiel auch – durch seine „Regeln" bestimmt. Ob die Spieler miteinander kommunizieren und verbindliche Übereinkünfte treffen können, ob und welche Informationen ihnen zur Verfügung stehen, ob sie in der Lage sind, Gewinne zu teilen – all dies sind interessante Faktoren. Wichtiger ist jedoch die Anzahl der beteiligten Spieler und der Grad, zu dem ihre Interessen übereinstimmen bzw. kollidieren. Diese beiden letzten Kriterien prägen die Struktur des vorliegenden Buches: ein Kapitel ist z. B. Zweipersonenspielen gewidmet, deren Spieler gegensätzliche Interessen verfolgen, ein anderes Kapitel behandelt Zweipersonenspiele bei gemischter Interessenlage, und ein drittes schließlich betrachtet Spiele mit mehr als zwei Spielern.

Bei jedem Spiel suchen wir nach einer „Lösung", d. h. nach einer Beschreibung, wie sich jeder einzelne Spieler verhält und welches Endergebnis erzielt werden soll. Im Verlauf des Buches werden die behandelten Spiele zunehmend komplexer, und es wird immer schwieriger, überzeugende Lösungen anzubieten. Es scheint fast so, als sei hier ein perverses Gesetz am Werk: je wichtiger das Spiel, d. h. je mehr Anwendungsmöglichkeiten in der Realität bestehen, desto schwieriger ist seine Analyse. Am „einfachen" Ende des Spektrums liegen Zweipersonenspiele, deren Teilnehmer diametral entgegengesetzte Interessen verfolgen. Diese Spiele haben nahezu universell akzeptierte Lösungen. Aber wenn, wie dies häufig der Fall ist, mehr als zwei Spieler beteiligt sind, die zudem sowohl gegensätzliche als auch gemeinsame Interessen haben, gibt es oft keine oder aber viele Lösungen. Häufig begnügt man sich dann mit den stabileren, durchsetzbareren oder gerechteren Lösungen. Aber auch wenn diese Lösungen plausibel scheinen, sind sie im allgemeinen nicht zwingend.

Obwohl komplexe Spiele weniger berechenbar sind als einfachere, sind sie gewöhnlich interessanter und ergiebiger. Indem man eine komplexe

Situation als ein Spiel betrachtet, kann man die intuitiven Erkenntnisse eines erfahrenen Beobachters in ein quantitatives Modell übersetzen. Damit werden quantitative Schlußfolgerungen möglich, die alles andere als offensichtlich sind. Es ist z. B. leicht zu sagen, daß die Macht eines Stimmberechtigten wächst, indem man ihm mehr Stimmen einräumt, viel schwieriger ist es aber, dieses Mehr an Macht genau zu beziffern. Verschiedene Instrumente zur Messung von Wählermacht wurden entwickelt und erfolgreich angewendet. So konnte z. B. die Macht von Kongreßmitgliedern, des Präsidenten und von Mitgliedern verschiedener Organe, in denen Abstimmungen stattfinden, wie des Sicherheitsrats der Vereinten Nationen oder des *Board of Estimate* von New York City berechnet werden. Auf der Basis solcher Messungen wurde sogar erfolgreich Klage gegen das Wahlsystem des Wahlbezirks Nassau County geführt; die Meinung der Kläger, einigen Gemeinden werde durch das bestehende System das Wahlrecht *de facto* vorenthalten, setzte sich durch.

Die Messung der Macht von Stimmberechtigten findet auch im Zusammenhang mit dem „bandwagon"-Phänomen seine Anwendung, das bei der Nominierung von Präsidentschaftskandidaten durch Delegierte der amerikanischen Parteien häufig zu beobachten ist. Demnach neigen die Delegierten dazu, sich dem „Wagen mit der Blaskapelle" anzuschließen, d. h. jeweils zu dem Kandidaten überzuwechseln, dessen Sieg bevorzustehen scheint. Dieses Phänomen ist zwar wohl bekannt, aber erst durch den Einsatz spieltheoretischer Meßinstrumente kann man ableiten, wann die Stimmung der Delegierten umschlagen wird. Eine solche Analyse wurde z. B. 1976 anläßlich der Republikanischen Vorwahlen mit weitaus präziseren Resultaten durchgeführt als sie andere Beobachter des Nominierungsverlaufs bieten konnten.

Spieltheoretische Modelle haben zudem einen – häufig überraschenden – zusätzlichen Vorteil: sie sind äußerst sparsam: ein Modell, das zu einem bestimmten Zweck entworfen wurde, läßt sich häufig auch für ganz andere Ziele einsetzen. Zwei scheinbar grundlegend unterschiedliche Probleme erweisen sich so als im Grunde gleichgelagert. Vor einiger Zeit wurde das folgende Gesellschaftsspiel entwickelt: Man veranstalte eine Auktion für einen bestimmten Wertgegenstand, z. B. einen Dollarschein, wobei sowohl der Meistbietende als auch derjenige mit dem *zweithöchsten* Gebot ihre Einsätze zahlen müssen. Wie sich herausstellte, ist dieses Modell auch dazu geeignet, einen Rüstungswettlauf zu analysieren; aber es kann auch den Wettstreit zweier männlicher Tiere um ein Weibchen darstellen.

Das bereits erwähnte Maß für die Wählermacht ist ein anderes Beispiel für ein Mehrzweckmodell. Die Berechnungen, die angestellt werden, um die Macht eines Stimmberechtigten zu ermitteln, können ebenso dazu herangezogen werden, um die gerechte Kostenaufteilung für Fluggesellschaften, die dieselbe Landebahn benutzen, festzustellen.

Die vorliegende, überarbeitete Ausgabe des Buches unterscheidet sich in verschiedener Hinsicht von der 1970 erschienenen, ersten Version von *Spieltheorie*. Zu Beginn eines jeden Kapitels (das erste ausgenommen) werden mehrere Probleme vorgestellt, die der Leser selbst zu lösen versuchen kann, bevor er weiterliest. (Im Gegensatz zu vielen mathematischen Problemen können spieltheoretische Fragestellungen auch von Laien leicht nachvollzogen werden.) Am Ende des Kapitels werden dann die Lösungen dargestellt, und der Leser kann seine eigenen, mit Hilfe des „gesunden Menschenverstandes" gefundenen Ergebnisse mit denen des Autors vergleichen. Die Möglichkeit, über Problemlösungen nachdenken zu können, bevor man den entsprechenden Text liest, sollte die Lektüre umso lohnender machen.

In dem Kapitel über Zweipersonen-Nullsummenspiele werden einige nützliche Lösungstechniken vorgestellt. Diese Techniken sind einfach und oft (aber nicht immer) erfolgreich, und häufig gewähren sie Einblick in die Natur des Spiels. Auch eine Reihe von Anwendungsmöglichkeiten auf echte Spiele werden angeführt, so z. B., wann man am besten einen „Überraschungsaufschlag" im Tennis serviert oder wie man beim „Blackjack" gewinnt, aber auch Anwendungsmöglichkeiten in der Politikwissenschaft kommen zur Sprache, z. B. wie man am besten die verfügbaren Mittel in einem Präsidentschaftswahlkampf aufteilt oder ein Geschworenengericht auswählt. Gemischte Strategien werden auch angewendet auf Probleme bei der Durchsetzung von Umweltschutzauflagen und Geschwindigkeitsbegrenzungen und bei der Eindämmung von Kriminalität sowie auf Tiere im evolutionären Auslesekampf, die ihr Revier verteidigen, ohne sich unnötigen Konflikten auszusetzen.

Neuere Experimente haben einige Fragen aufgeworfen bezüglich der Nutzentheorie, des Mechanismus also, der ermöglicht, die Präferenzen einer Person in ein Schema zu bringen, so daß sie rationale Entscheidungen treffen kann. Es scheint, daß Entscheidungen häufig danach getroffen werden, wie die Alternativen dargestellt werden; dies mag vielleicht für voreingenommene Meinungsforscher, Verkäufer oder Werbefachleute nichts Neues sein, für Spieltheoretiker ist dieser Umstand aber äußerst irritierend. Sie gehen nämlich von der Annahme aus, daß Entscheidungsträger rational handeln. Tun sie dies nicht, ergeben sich Schwierigkeiten; und auch diese werden im vorliegenden Buch diskutiert.

Das vielleicht aufregendste neuere Anwendungsgebiet der Spieltheorie ist die Biologie. In der jüngsten Vergangenheit wurde viel zur Rolle der Spieltheorie im evolutionären Prozeß gearbeitet: so wurde z. B. untersucht, wie lange eine Fliege, die nach einem Weibchen sucht, auf einem Kuhfladen warten sollte, bevor sie zum nächsten fliegt, oder wie aggressiv die Mitglieder einer Gattung sein müssen, um ihre Überlebenschancen zu maximieren. Diese und ähnliche Fragen werden im folgenden ausführlich behandelt. Zudem werden die Ergebnisse von zwei Computerturnieren beschrieben – deren „Spieler" von gewieften Spieltheoretikern geschriebene Computerprogramme waren – und einige ihrer evolutionären Implikationen untersucht.

Das letzte Kapitel über n-Personenspiele wurden erweitert. Zwei vollkommen neue Abschnitte wurden hinzugefügt, die den beiden folgenden Fragen gewidmet sind: Wie muß ein Wahlsystem aussehen, das die Präferenzen der Gesellschaft genau wiedergibt? Und wie kann ein Individuum ein solches System gegebenenfalls zum eigenen Vorteil ausnutzen? Es zeigt sich, daß dieses Thema vor Fallen und Paradoxen nur so wimmelt. Ein drastisches Beispiel für ein aus dem Ruder gelaufenes Wahlsystem, das „Alabama Paradoxon", wurde der amerikanischen Geschichte entnommen. Aber auch eine Reihe neuerer Beispiele, wie z. B. die Anwendung des „Shapley-Werts" in Kalkulationsverfahren oder die Analyse des „bandwagon"-Phänomens, werden vorgestellt.

Trotz aller Änderungen ist der Hauptzweck dieses Buches nach wie vor derselbe – in möglichst einfacher, nichttechnischer Sprache die Spieltheorie, eines der interessantesten und fruchtbarsten geistigen Produkte unserer Zeit, zu erklären.

1. Ein Überblick

Die Spieltheorie ist eine Entscheidungstheorie. Sie untersucht, wie Entscheidungen getroffen werden sollten, und zu einem gewissen Grad auch wie sie tatsächlich getroffen werden. Tagtäglich trifft man eine ganze Reihe von Entscheidungen, einige nahezu automatisch, andere nach gründlicher Überlegung. Entscheidungen sind an Ziele gebunden; wenn man sich der Konsequenzen aller Optionen, die zur Verfügung stehen, bewußt ist, ist die Lösung einfach. Man muß sich nur entscheiden, wohin man will, und den Weg wählen, der zu diesem Ziel führt. Wenn man einen Aufzug betritt, um in ein bestimmtes Stockwerk zu fahren (das Ziel), drückt man auf den Knopf (eine der Wahlmöglichkeiten), der dem gewünschten Stockwerk entspricht. Eine Brücke zu bauen, erfordert zwar komplexere Entscheidungen, aber für einen kompetenten Ingenieur ist das Problem im Grunde das gleiche. Er berechnet die maximale Last, die die Brücke tragen soll, und konstruiert dann eine Brücke, die dieser Last gewachsen ist.

Wenn jedoch der Zufall eine Rolle spielt, ist es nicht ganz so einfach, Entscheidungen zu treffen. Ein Reisebüro ist vielleicht einerseits daran interessiert, seinen Kunden einen schnellen Service zu bieten, möchte aber andererseits seine Telefonrechnung nicht unnötig strapazieren. Da man nicht genau weiß, wie sich die Nachfrage in Zukunft gestalten wird, kann man auch nicht genau sagen, wieviele Telefone installiert werden sollten. Aufgrund der Erfahrungen in der Vergangenheit und unter Anwendung der Wahrscheinlichkeitsgesetze kann man aber einen Kompromiß zwischen horrenden Telefonrechnungen und abtrünnigen Kunden erzielen.

Zweck der Spieltheorie ist es, Entscheidungshilfe in komplexeren Situationen zu leisten, in denen nicht nur der Zufall und die eigenen Präferenzen eine Rolle spielen. Solche Situationen werden uns von nun an beschäftigen. Sie sollen anhand von einigen Beispielen erläutert werden; ihre Analyse erfolgt dann in den folgenden Kapiteln.

Die Firmen A und B planen, jeweils 30 bzw. 24 Schreibmaschinen zu kaufen. Der Verkäufer P vertritt den Lieferanten, der beide Firmen derzeit mit Büromaterial ausstattet, Q ist sein Konkurrent. Jeder Verkäufer hat Zeit, genau ein Verkaufsgespräch entweder in Firma A oder in Firma B zu führen. Wenn sie beide dieselbe Firma besuchen (z. B. A), teilen sie sich die geordete Menge (30 Stück), und P erhält darüber hinaus den gesamten Auftrag der anderen Firma (in diesem Beispiel die 24 Stück von B). Gehen P und Q zu unterschiedlichen Firmen, erhalten sie die Bestellung der jeweils besuchten Firma. Abb. 1.1 zeigt die Alternativen für Verkäufer Q in den Spalten und für Verkäufer P in den Zeilen. Die Zahlen, die für jedes Alternativenpaar aufgeführt werden, stellen die *Gesamt-*

anzahl der von P verkauften Schreibmaschinen dar; da insgesamt 54 Maschinen bestellt wurden, ergibt sich die von Q verkaufte Stückzahl aus der Differenz.

Abb. 1.1

		Verkäufer Q	
		Besuch bei A	Besuch bei B
	Besuch bei A	39	30
Verkäufer P	Besuch bei B	24	42

Wenn Q und P beide A besuchen, erscheint die Anzahl der von P verkauften Maschinen im Schnittpunkt der Spalte „Besuch bei A" und der Zeile „Besuch bei A": 39 Stück. P erhält nämlich die Hälfte der Bestellungen von A und alle Bestellungen von B, d. h. 15 + 24 = 39. Aus der Gesamtbestellung von 54 Stück ergibt sich, daß Q 15 Stück verkauft hat.

Die Generäle P und Q sind beide an Ölvorkommen interessiert, die General P zur Zeit alleine kontrolliert. Dreißig Morgen des Ölgebiets befinden sich in A und 24 in B. Die P bzw. Q zur Verfügung stehenden Streitkräfte sind gleich stark und reichen nur aus, um in A oder B einzumarschieren bzw. A oder B zu verteidigen. Wenn P und Q sich also beide auf dasselbe Gebiet konzentrieren, ist die Lage unentschieden, und sie erhalten beide die Hälfte des betreffenden Gebiets, während P zudem die gesamte Kontrolle über das jeweils andere Gebiet behält. Wenn P und Q sich unterschiedlichen Gebieten zuwenden, erlangen sie Kontrolle über das gesamte Areal des jeweils von ihnen gewählten Gebietes. Abb. 1.2 führt die Gesamtfläche auf, die P jeweils kontrollieren wird.

Abb. 1.2

		General Q	
		A	B
	A	39	30
General P	B	24	42

Am letzten Tag eines Wahlparteitages haben die Kandidaten P und Q Gelegenheit, entweder mit den Delegierten von Staat A oder von Staat B zu sprechen. P liegt in der Gunst der Delegierten vorne; wenn sich also beide mit den Delegierten desselben Staates treffen, erhalten sie jeweils

die Hälfte von deren Stimmen, und P erhält zudem die Stimmen aller
Delegierten des anderen Staates. Wenn sie sich jeweils mit den Delegierten unterschiedlicher Staaten treffen, erhalten sie die Stimmen der Delegierten, die sie besucht haben. Wenn die Staaten A und B 30 bzw. 24
Delegierte entsenden, ergeben sich die Ergebnisse in Abb. 1.3:

Abb. 1.3

		Kandidat Q	
		A	B
Kandidat P	A	39	30
	B	24	42

Obwohl diese drei Situationen sehr unterschiedlich sind – in der ersten
handelt es sich um wirtschaftlichen Wettbewerb, in der zweiten um militärischen Konflikt und in der dritten um einen politischen Wahlkampf –
stellen sie für den Spieltheoretiker dasselbe Problem dar. Sie unterscheiden sich von den zuvor genannten Problemen des Brückenbaus und der
Anzahl zu installierender Telefone hinsichtlich eines elementaren Aspekts:
*Während die Entscheidungsträger versuchen, ihre Umwelt zu manipulieren,
versucht die Umwelt im Gegenzug, sie zu manipulieren.* Eine Ladenbesitze-
rin, die ihre Preise senkt, um einen größeren Marktanteil zu erobern, muß
damit rechnen, daß ihre Konkurrenten das gleiche tun werden. Ein Dieb,
der nicht Zeitungskioske, sondern Banken ausräumt (weil nur da das dicke
Geld ist), muß damit rechnen, daß die Polizei sich die Frage stellen wird,
„Wen würde ich ausrauben, wenn ich ein Dieb wäre?", um dann entsprechend vorzugehen. Die zu konstruierende Brücke hingegen hat keine Meinung zu ihrer Sicherheit, und die Kunden des Reisebüros sind nicht darauf
aus, den Besitzer in Verlegenheit zu bringen, indem sie zu oft oder zu
selten anrufen.

Der Spieler, der an einem Spiel mit anderen Entscheidungsträgern teil-
nimmt, befindet sich in einer ähnlichen Situation wie der Forscher, der das
Verhalten eines Affen studieren wollte. Nachdem er den Affen in einen
Raum gebracht und ihm Zeit gegeben hatte, sich an die neue Umgebung
zu gewöhnen, trat er an die Tür, blickte durch den Spion ... und sah das
Auge des Affen, der ebenfalls durch das Türloch starrte.

Im Verlauf dieses Buches werde ich über bestimmte Situationen sprechen, die ich *Spiele* nenne. An jedem Spiel nehmen mindestens zwei *Spieler* teil, von denen jeder eine *Strategie* wählt, d. h. eine Entscheidung trifft.
Das Ergebnis dieser gemeinsamen Wahl – oder auch des Zufalls, falls das
Ergebnis einem der Spieler egal ist – führt zu einer Belohnung bzw. Bestra-

fung eines jeden Spielers, zur sogenannten *Auszahlung*. Da die Strategie
jedes Spielers das Endresultat beeinflußt, muß jeder Spieler darüber nachdenken, welche Strategie wohl jeder andere Mitspieler wählen wird, wohl
wissend, daß diese die gleichen Überlegungen anstellen.

Die Begriffe „Strategie", „Spieler" und „Auszahlung" haben in diesem
Zusammenhang ungefähr die gleiche Bedeutung wie in der Umgangsspra-
che. Ein *Spieler* ist nicht notwendigerweise eine Einzelperson. Wenn alle
Mitglieder einer Gruppe die gleiche Vorstellung vom Spielverlauf haben,
können sie als ein Spieler betrachtet werden. Folglich kann ein Spieler ein
Konzern, ein Landkreis oder auch eine Fußballmannschaft sein.

Eine *Strategie* in der Spieltheorie ist ein vollständiger Handlungsplan,
der beschreibt, wie sich ein Spieler in jeder möglichen Situation verhalten
wird. In der Umgangssprache versteht man unter einer Strategie etwas
Kluges; diese Bedeutung hat sie im spieltheoretischen Zusammenhang
nicht. Es gibt sowohl schlechte als auch gute Strategien. In den drei Situationen, die in den Abbildungen 1.1 bis 1.3 dargestellt wurden, hatte jeder
Spieler zwei einfache Strategien – A und B –, aber in echten Spielen sind
die Strategien oft so komplex, daß sie nicht ausgeschrieben werden können. Zudem mag bei manchen echten Spielen die Vorstellung nützlich
sein, daß ein Spieler mehrere verschiedene Strategien einsetzt. Konkurrierende Automobilhersteller, die Jahr für Jahr ihre Preise neu festsetzen,
oder Schachspieler, die ihre Position nach jedem Zug neu überdenken,
sind nur zwei Beispiele hierfür. Prinzipiell kann man sich aber vorstellen,
daß all diese Entscheidungen zu einer einzigen Strategie zusammengefaßt
werden können, was wiederum für den Spieltheoretiker nützlicher ist.

Eine vollständige Schachstrategie würde demnach etwa so beginnen:
„Mit meinem ersten Zug werde ich mich zur Position A begeben. Wenn
mein Gegner dann zu B zieht, werde ich zu B' gehen, wenn er dann zu C
zieht, gehe ich zu C', wenn er ... Wenn, nachdem ich auf A gezogen habe,
er nach B geht, ziehe ich dann auf B'. Wenn er dann zu Q geht, bewege ich
mich auf Q'..." Es ist nahezu unmöglich, eine vollständige Strategie für
ein echtes Spiel zu beschreiben; sogar für ein so einfaches Kinderspiel wie
Tick-tack-toe ist die Aufgabe immens. Aber das praktische Problem, eine
vollständige Strategie aufzuschreiben, soll uns ebenso wenig daran hindern, uns dieses Konzeptes zu bedienen, wie uns unser Unvermögen, alle
Zahlen zwischen 1 und 1000 zu multiplizieren, davon abhält, eine Formel
aufzuschreiben, in der dieses Produkt vorkommt.

Dieser Unterschied zwischen Theorie und Praxis ist sehr wichtig; er wird
deutlich, wenn man z.B. die Einstellung eines Spielers zum Schachspiel
mit der eines Spieltheoretikers vergleicht. Schach gibt es schon seit et-
lichen Jahrhunderten und weder menschlichen Wesen noch Computern ist
es bislang auch nur annähernd gelungen, dieses Spiel voll und ganz zu
meistern. In Filmen und Cartoons symbolisiert der bärtige Schachspieler

häufig die intensive Auseinandersetzung mit einem Problem, und Schachspieler sind auch der Meinung, daß es sich beim Schach um ein profundes
und subtiles Spiel handelt. Für den Spieltheoretiker hingegen ist das
Schachspiel trivial. Dies scheint absurd, besonders wenn man bedenkt, daß
viele Spieltheoretiker ausgesprochen schlechte Schachspieler sind.

Das scheinbare Paradox läßt sich jedoch leicht auflösen: Schach ist, so
komplex es auch sein mag, ein endliches Spiel, d. h. *im Prinzip* ist jede
Position auf dem Brett entweder a) ein Gewinn für Weiß, b) ein Unentschieden oder c) ein Gewinn für Schwarz. Wenn man genug Zeit hätte,
könnte man sich langsam vom Ende aus rückwärts durch das Spiel arbeiten, jede mögliche Spielposition als Gewinn, Niederlage oder Unentschieden kennzeichnen und schließlich entscheiden, ob das Spiel insgesamt zu
Sieg, Niederlage oder Remis führt. (Mit Hilfe dieser Technik könnte man
auch feststellen, wie sich Sieg oder Remis herbeiführen lassen.) Praktisch
gesehen ist dies selbstverständlich ein hoffnungsloses Unterfangen; für
Schachspieler bleibt das Spiel also so tiefgründig wie eh und je.

Ein weiterer Unterschied besteht darin, wie wir Spieltheoretiker unsere
„Spiele" und wie Experten Gesellschaftsspiele analysieren. Wenn ein
Schachspieler eine Gewinnstrategie hat, nimmt der Spieltheoretiker an,
daß er sie auch anwenden wird; wenn der Spieler sich in großen Schwierigkeiten befindet und einen äußerst subtilen Verteidigungszug ersinnen
muß, geht der Spieltheoretiker davon aus, daß ihm das auch gelingen wird.
Mit anderen Worten: wir nehmen an, daß die Spieler stets das Bestmögliche tun.

Im richtigen Leben hingegen ist es auch dann, wenn man sich auf verlorenem Posten befindet, nicht egal, wie man spielt. Gegen einen idealen
Spieler würde man unter diesen Umständen sicherlich verlieren, aber gegen echte Personen hat man eine reale Chance, da, wie man weiß, manche
Strategien den anderen dazu verleiten, Fehler zu machen. Emanuel Las-
ker, langjähriger Schachweltmeister, war der Meinung, daß im Schachspiel
Psychologie eine wichtige Rolle spielt. Er bediente sich oft einer geringfügig schwächeren Eröffnung, die ihm anfänglich einen leichten Nachteil
bescherte, um seinen Gegner aus der Fassung zu bringen. Ein russisches
Schachhandbuch empfiehlt, den Gegner zu einer frühen Festlegung zu
drängen, auch wenn man dadurch eine etwas schlechtere Ausgangsposition
erhält. Im Kinderspiel Tick-tack-toe ist das Ergebnis immer ein Unentschieden, wenn beide Seiten richtig spielen, aber es läßt sich ein pragmati-
sches Argument finden, den ersten Zug in der Ecke zu plazieren: darauf
gibt es nämlich nur eine Reaktion, die das Unentschieden rettet, und das
ist ein Zug in die Mitte. Jeder andere erste Zug erlaubt mindestens vier
angemessene Erwiderungen. Somit ist der Eckzug in gewissem Sinne der
stärkste – aber in einem Sinn, den der Spieltheoretiker nicht anerkennt.
Spieltheoretiker sprechen nicht von „leichtem Nachteil", „Festlegung",

„voreiligen" oder wie auch immer gearteten „Angriffen". Sie können das
Spiel nicht in diesen Begriffen sehen; für ihre Theorie sind sie überflüssig.
Kurz, Spieltheoretiker sind nicht daran interessiert, die Dummheit ihrer
Gegner auszunutzen.

Da es keiner großen Einsicht bedarf, die Existenz von Dummheit in
dieser Welt zu erkennen, und der Spieltheoretiker doch vorgibt, sich an
der Realität zu orientieren: warum diese puristische Attitüde? Die Antwort ist ganz einfach: es ist viel leichter, das Vorkommen von Fehlern
festzustellen, als eine allgemeine, systematische Theorie zu entwerfen, die
es erlaubt, solche Fehler auszunutzen. So bleibt das Studium von Tricks
den Experten für die jeweiligen Spiele überlassen; der Spieltheoretiker
macht die pessimistische und häufig unrealistische Annahme, daß seine
Gegner fehlerfrei spielen werden.

Schach, Dame, Tick-tack-toe oder das japanische Go werden Spiele mit
perfekter Information genannt, da jeder genau weiß, was zu jedem Zeitpunkt des Spiels passiert. Diese Spiele bieten kaum begriffliche Probleme
und werden hier nicht weiter diskutiert. Bei Spielen wie Poker und Bridge
hingegen tappen die Spieler bis zu einem gewissen Grad im Dunkeln; in
dieser Hinsicht sind diese Spiele komplexer. Sogar ein so triviales Spiel wie
„Passende Pfennige", in dem jeder Spieler eine Strategie wählen muß,
ohne zu wissen, was sein Gegner tut, besitzt diese zusätzliche Dimension
der Komplexität.

Eine der angenehmen Eigenschaften der Spieltheorie besteht darin, daß
viele Probleme unmittelbar verstanden werden können, auch ohne großes
technisches Hintergrundwissen. Begriffe wie „Nullsumme" und „Gefangenendilemma" sind Teil des Standardvokabulars der Wirtschafts- und Sozialwissenschaften geworden. Sowohl für Anfänger als auch für Fortge-
schrittene sind vor allem die Probleme, die sich aus Kapitel 5 und 6 ergeben, von besonderem Reiz. Da ein großer Teil des Materials für den Leser
unmittelbar verständlich ist, werden eine Reihe von Problemen jeweils am
Kapitelanfang vorgestellt anstatt am Ende. Der Leser ist eingeladen, zu
diesen Problemen zunächst eigene Überlegungen anzustellen, bevor seine
Ideen durch den Text geprägt werden. Im allgemeinen sind keine größeren
mathematischen Fähigkeiten erforderlich, nur die Bereitschaft, ein bißchen nachzudenken. Wenn man das tut, wird dieses Buch zu einer weitaus
größeren Herausforderung.

2. Das Zweipersonen-Nullsummenspiel mit Gleichgewichtspunkten

Einführende Fragestellungen:

Die Abbildungen 2.1 bis 2.4 zeigen verschiedene Varianten eines bestimmten Spieltyps. Überlegen Sie einen Moment, was sie in jedem dieser Fälle tun würden und wie Ihrer Meinung nach das Endergebnis aussehen wird. Sie werden sehen, daß der Rest des Kapitels weitaus interessanter ist, wenn Sie sich vorab schon mit den Ideen, um die es gehen wird, auseinandergesetzt haben. Jede der unten aufgeführten Matrizen stellt ein Spiel dar. Ich werde nun detailliert beschreiben, wie Spiel 1 gespielt wird; die anderen Spiele funktionieren nach demselben Muster.

Sie wählen eine Zeile (A, B oder C); gleichzeitig wählt Ihr Gegner eine Spalte (I, II oder III), so daß zum Zeitpunkt der Wahl keiner die Entscheidung des anderen kennt. Die Zahl in dem Feld, das den Schnittpunkt zwischen Spalte und Zeile markiert, gibt an, wieviel Geld (in $) ihr Gegner *Ihnen zu zahlen* hat. Wenn sie also Zeile A wählen und Ihr Gegner wählt Spalte III, dann erhalten Sie $ 1 von ihm (wenn Ihr Gegner Spalte II wählt, zahlen Sie ihm $ 2, da die angegebene Zahl negativ ist). Sie können hier sowie im weiteren Verlauf des Buches davon ausgehen, daß Ihr Gegner die Spielregeln kennt und genauso intelligent ist wie Sie. Sie sollten nicht vergessen, auch die Überlegungen Ihres Gegners mit in Betracht zu ziehen – wenn Sie C wählen, haben Sie zwar eine Chance, Ihren größtmöglichen Gewinn, nämlich $ 7, zu erzielen; aber wird Ihr Gegner kooperieren, indem er Spalte II wählt? Also noch einmal: Wie entscheiden Sie, warum, und was, meinen Sie, ist das Ergebnis dieses Spiels?

Abb. 2.1

Ihr Ergebnis

		I	II	III
	A	5	-2	1
Sie	B	6	4	2
	C	0	7	-1

Abb. 2.2

Ihr Ergebnis

		I	II	III
	A	-2	1	1
Sie	B	-3	0	2
	C	-4	-6	4

Abb. 2.3

Ihr Gegner

		I	II	III	IV
	A	-3	17	-5	21
Sie	B	7	9	5	7
	C	3	-7	1	13
	D	1	-19	3	11

Abb. 2.4

Ihr Gegner

		I	II	III
	A	2	-5	-2
Sie	B	3	-1	-1
	C	-3	4	-4

Stellen Sie sich nun bei jedem dieser ersten vier Spiele vor, was Sie täten, wenn Sie die Strategie Ihres Gegners im voraus *kennen würden* (betrachten Sie nacheinander jede seiner möglichen Strategien). Und wie spielen Sie, wenn Ihre Wahl von der Entscheidung Ihres Gegners abhängt und Sie nicht wissen, was er im Schilde führt?

Abb. 2.5 stellt eine ähnliche Art Spiel dar, aber einige der Auszahlungen (Matrixeintragungen) wurden weggelassen. Können Sie trotzdem voraussagen, was passieren wird, obwohl Ihnen die fehlenden Auszahlungen nicht bekannt sind?

Abb. 2.5

Ihr Gegner

		I	II	III
	A	?	?	3
Sie	B	?	?	4
	C	7	6	5

Im Februar 1943 sah sich General George Churchill Kenney, der Kommandant der Alliierten Luftstreitkräfte im Südwest-Pazifik, einem Problem gegenüber. Die Japaner wollten gerade ihre Armee in Neu-Guinea verstärken und hatten dabei zwei verschiedene Anmarschrouten zur Auswahl: die Route nördlich von Neubritannien mit regnerischem Wetter und die Route südlich von Neubritannien mit normalerweise gutem Wetter. In jedem Fall würde die Reise drei Tage dauern.

General Kenney mußte nun entscheiden, wo er den Großteil seiner Aufklärungsflugzeuge konzentrieren sollte. Die Japaner wollten ihre

Schiffe natürlich möglichst wenig den feindlichen Bombern aussetzen, General Kenney wollte das Gegenteil.

Die Matrixeintragungen in Abb. 2.6 stellen die Anzahl der Tage dar, an denen die Japaner vermutlich bombardiert werden konnten.

Abb. 2.6

		Die Wahl der Japaner	
		Nördliche Route	Südliche Route
Die Wahl der Alliierten	Nördliche Route	2 Tage	2 Tage
	Südliche Route	1 Tag	3 Tage

Es ist weitaus schwieriger, bei dieser Art von Spielen eine Entscheidung zu treffen als bei den Spielen, die im letzten Kapitel vorgestellt wurden. Der entscheidende Unterschied besteht darin, daß bei den hier beschriebenen Spielen im Gegensatz etwa zum Schachspiel den Spielern wichtige Informationen fehlen. Beide Spieler müssen gleichzeitig entscheiden, ohne zu wissen, welche Strategie der andere wählt. Die Analyse des hier vorgestellten Spiels ist dennoch relativ einfach. Zunächst scheint es, als hätten die Alliierten ein Problem: es wäre für sie am besten, dieselbe Route zu wählen wie die Japaner, aber zu dem Zeitpunkt, da die Alliierten ihre Entscheidung treffen müssen, wissen sie nicht, welche Route das sein wird. Das Problem löst sich aber recht schnell auf, wenn man es aus japanischer Perspektive betrachtet. Für die Japaner kommt nur die nördliche Route in Frage, denn unabhängig davon, wie sich die Alliierten entscheiden, minimiert dieser Weg die Gefahr eines alliierten Bombardements. Nachdem dies klar ist, weiß man auch, wie die Alliierten sich entscheiden werden, nämlich ebenfalls für die nördliche Route.

Dieses letzte Beispiel beschreibt ein Zweipersonen-Nullsummenspiel mit Gleichgewichtspunkten. Der Begriff „Nullsumme" (oder das Äquivalent „Konstantsumme") bedeutet, daß die Spieler diametral entgegengesetzte Interessen verfolgen. Der Begriff stammt aus Gesellschaftsspielen wie Poker, bei denen sich eine bestimmte Summe Geld auf dem Tisch befindet. Wenn ein Spieler einen bestimmten Betrag gewinnt, bedeutet das, daß die anderen Spieler die entsprechende Summe verlieren. Zwei Nationen, die miteinander Handel treiben, spielen hingegen ein Nichtnullsummenspiel, da beide gleichzeitig von den Handelsbeziehungen profitieren können. Ein Gleichgewichtspunkt ist das mit Hilfe eines Strategienpaars herbeigeführte, stabile Resultat eines

Spiels. Es ist deshalb stabil, weil jeder Spieler, der einseitig seine Strategie ändert, dadurch einen Nachteil erfährt.

Ein Beispiel aus der Politik

Es ist Wahljahr, und die beiden großen politischen Parteien sind gerade dabei, ihre Programme zu formulieren. Zwischen dem Bundesstaat X und dem Bundesstaat Y besteht ein Streit wegen bestimmter Wasserrechte und jede Partei muß nun entscheiden, ob sie X oder Y beipflichtet oder das Problem mit Schweigen übergeht. Nachdem die Parteien das Problem innerparteilich abgemacht haben, geben sie ihre Entscheidungen zum selben Zeitpunkt bekannt.

Die Bewohner der anderen Staaten verhalten sich dem Problem gegenüber indifferent. In X und Y kann das Wahlverhalten der Wählerschaft aus den Erfahrungen der Vergangenheit abgeleitet werden. Die regulären Parteianhänger werden ihrer Partei in jedem Fall treu bleiben. Die anderen werden die Partei wählen, die ihren Staat unterstützt, oder – wenn beide Parteien dem Problem gegenüber denselben Standpunkt vertreten – sich einfach der Stimme enthalten. Beide Parteiführer berechnen, was in den einzelnen Fällen eintreten wird und kommen zu dem Ergebnis, das in Abb. 2.7 dargestellt ist. Die Eintragungen in die Matrix geben den Prozentsatz an Stimmen an, den Partei A erhält, wenn jede Partei der angegebenen Strategie folgt. Wenn A für den Staat X ist und B das Problem ignoriert, erhält A 40 % der Wählerstimmen, usw.

Abb. 2.7

		Programm B		
		für X	für Y	Problem ignorieren
Programm A	für X	45 %	50 %	40 %
	für Y	60 %	55 %	50 %
	Problem ignorieren	45 %	55 %	40 %

Das ist das einfachste Beispiel für diese Art von Spiel. Obwohl beide Parteien mitbestimmen, wie sich die Wählerschaft entscheidet, hat es keinen Sinn, daß eine Partei die Aktionen der anderen zu ergründen versucht. Was immer A macht – das beste für B ist, das Problem zu ignorieren; was immer B macht – das beste für A ist, Y zu unterstützen. Das voraussichtliche Resultat ist 50 % für Partei A und somit auch 50 % für Partei B. Wenn eine der beiden Parteien aus irgendeinem Grund von der angegebenen Strategie abweicht, so sollte dies keine Auswirkung auf die Aktionen der anderen Partei haben. Eine etwas kompliziertere Situation ergibt sich, wenn sich die Prozentsätze ein wenig ändern, vgl. Abb. 2.8.

Abb. 2.8

		Programm B		
		für X	für Y	Problem ignorieren
	für X	45 %	10 %	40 %
Programm A	für Y	60 %	55 %	50 %
	Problem ignorieren	45 %	10 %	40 %

Die Entscheidung ist für B nun etwas schwieriger. Wenn er glaubt, daß A für Y ist, sollte er das Problem ignorieren, ansonsten Y unterstützen. Die Lösung ist allerdings nicht so schwer. Die Entscheidung von A ist klar und für B leicht ersichtlich: A wird Y unterstützen. B sollte einsehen, daß die Chance, 90 % der Wählerstimmen zu erhalten, sehr gering und daher keine echte Möglichkeit ist, und daß es das beste wäre, das Problem zu ignorieren – es sei denn, A wäre dumm.

Mit derselben Art von Situation mußte General Kenney fertig werden. Oberflächlich gesehen erschien sowohl die nördliche als auch die südliche Route als plausible Strategie. Aber die regnerische nördliche Route war offensichtlich günstiger für die Japaner, was wiederum bedeutete, daß diese Strecke die einzig vernünftige Strategie für die Alliierten darstellte.

In Abb. 2.9 hat kein Spieler eine klar überlegene Strategie. In diesem Fall müssen beide Spieler ein bißchen denken. Jeder Spieler wird seine Entscheidung von dem abhängig machen, was der Gegner seiner Meinung nach tun wird. Wenn B das Problem ignoriert, sollte A das gleiche tun. Wenn er es nicht ignoriert, sollte A Staat Y unterstützen. Andererseits sollte B Staat X unterstützen, wenn A für Y ist. Ansonsten sollte B Staat Y unterstützen.

Abb. 2.9

		Programm B		
		für X	für Y	Problem ignorieren
	für X	35 %	10 %	60 %
Programm A	für Y	45 %	55 %	50 %
	Problem ignorieren	40 %	10 %	65 %

Wir betonen nochmals, daß das logische Gerüst nicht schwer zu analysieren ist. Während B zunächst vielleicht nicht genau weiß, was er tun soll, ist doch klar, was er *nicht* tun soll: er soll das Problem nicht ignorieren, da er – egal was A macht – immer günstiger fahren wird, wenn er X unterstützt, als wenn er das Problem übergeht. Sobald das klar ist, folgt automatisch, daß A Staat Y unterstützt und letztlich, daß B für X ist. A erhält letzten Endes vermutlich 45 % der Wählerstimmen.

Diese beiden Strategien, nämlich daß A für Y und B für X ist, sind so wichtig, daß sie einen eigenen Namen erhalten: wir nennen sie *Gleichgewichtsstrategien*. Das Resultat, das sich aus der Anwendung dieser beiden Strategien ergibt – die 45 % Wählerstimmen für A – wird als *Gleichgewichtspunkt* (oder *Sattelpunkt*) bezeichnet.

Was sind nun Gleichgewichtsstrategien und Gleichgewichtspunkte? Zwei Strategien sind im Gleichgewicht, wenn keiner der Spieler durch eine einseitige Änderung seiner Strategie etwas gewinnt. Das Resultat aus diesen beiden Strategien (manchmal als „Auszahlung" bezeichnet), wird Gleichgewichtspunkt genannt. Wie der Name sagt, sind Gleichgewichtspunkte sehr stabil. Bei Zweipersonen-Nullsummenspielen jedenfalls gibt es für die Spieler keinen Grund, den Gleichgewichtspunkt aufzugeben, wenn sie ihn einmal erreicht haben. Wenn A bei unserem letzten Beispiel im voraus wüßte, daß B Staat X unterstützen wird, würde er trotzdem für Y plädieren; ganz ähnlich würde auch B seine Strategie nicht ändern, wenn er wüßte, daß A Staat Y unterstützen wird. Es kann mehrere Gleichgewichtspunkte geben, aber in solchen Fällen haben alle die gleiche Auszahlung.

Dies gilt für Zweipersonen-Nullsummenspiele. Von Gleichgewichtsstrategien und Gleichgewichtspunkten spricht man auch bei n-Personen- und Nichtnullsummenspielen; die Gründe, warum sie erreicht werden sollten, sind dort allerdings wesentlich weniger überzeugend. Bei einem Zweipersonen-Nichtnullsummenspiel z. B. müssen Gleichgewichtspunkte nicht die gleiche Auszahlung haben; ein Gleichgewichtspunkt kann für *beide* Spieler attraktiver sein als ein anderer. Dies soll aber ausführlicher in dem Abschnitt über das Gefangenendilemma in Kapitel 5 behandelt werden.

Wenn es sie gibt, sind Gleichgewichtspunkte leicht zu finden. Nehmen wir an, daß B bei dem Spiel, das in Abb. 2.9 dargestellt wird, bereits im voraus die Strategie von A kennt. Da sich B für den Minimalwert jeder Zeile, die A wählt, entscheiden wird, sollte A eine Strategie wählen, die das *Maximum* dieser *Minimal*werte einbringt. Dieser Wert heißt *Maximin* und ist das mindeste, was A mit Sicherheit erzielen kann. Wenn A also „Für X", „Für Y" bzw. „Problem ignorieren" spielt, belaufen sich die Minimalwerte entsprechend auf 10, 45 und 10; demzufolge beträgt das Maximin 45.

Nun stellen Sie sich vor, daß die Regeln geändert werden, so daß A die Strategie von B im voraus kennt. Von A würde man annehmen, daß er das Maximum jeder Spalte wählt; daher sollte B sich für die Spalte entscheiden, die diese Maximalwerte minimiert. Dieses Resultat heißt *Minimax*. Die Maximalwerte, die in diesem Spiel durch die Strategien „Für X", „Für Y" bzw. „Problem ignorieren" von B herbeigeführt werden, sind 45, 55 und 65; dementsprechend beläuft sich das Minimax auf 45.

Wenn das Minimax dem Maximin entspricht, stellt die Auszahlung einen Gleichgewichtspunkt dar, und die Strategien, die zu diesem Ergebnis führen, sind Gleichgewichtsstrategien.

Gleichgewichtspunkte und die dazugehörigen Gleichgewichtsstrategien lassen sich leicht erkennen, nachdem man einmal auf sie hingewiesen wurde. Die Auszahlung, die mit einem Gleichgewichtspunkt verbunden ist, ist der *kleinste Wert seiner Zeile* und der *größte seiner Spalte*. In Abb. 2.10 (eine Wiederholung von Abb. 2.9), ist die Gleichgewichtsauszahlung 45 der kleinste Wert seiner Zeile und der größte seiner Spalte.

Abb. 2.10

	Programm B		
	Für X	Für Y	Problem ignorieren
Für X	35%	10%	60%
Für Y	45%	55%	50%
Problem ignorieren	40%	10%	65%

Programm A (Zeilenbeschriftung links)

45 ist der → kleinste Wert der Zeile

↓ 45 ist der größte Wert der Spalte

Wenn ein Gleichgewichtspunkt in einem Zweipersonen-Nullsummenspiel existiert, wird er die *Lösung* des Spiels genannt. Rationale Spieler sollten die Gleichgewichtsstrategien anwenden, und das erzielte Resultat sollte die Auszahlung sein, die dem Gleichgewichtspunkt entspricht. Diese Auszahlung stellt den *Wert* des Spiels dar. Bei dem Spiel, das gerade dargestellt wurde, bestanden die Gleichgewichtsstrategien für A und B in „Für Y" bzw. „Für X", und der Wert des Spiels war 45. Die Gründe, warum Gleichgewichtspunkte als Lösungen betrachtet werden, sind die folgenden:

1. *Wenn ein Spieler seine Gleichgewichtsstrategie spielt, erhält er mindestens den Wert des Spiels.* In dem Spiel, das in Abb. 2.10 dargestellt wird, erhält A mindestens 45, wenn er „Für Y" spielt, unabhängig davon, was B tut.

2. *Indem ein Spieler seine Gleichgewichtsstrategie spielt, kann er verhindern, daß sein Gegner mehr als den Wert des Spiels erhält.* B kann z. B. dafür sorgen, daß A, egal was dieser tut, nicht mehr als 45 erhält, indem B „Für X" spielt.

3. *Da das Spiel ein Nullsummenspiel ist, ist jeder Spieler motiviert, die Auszahlung seines Gegners zu minimieren.* Wenn A 45 erhält, bekommt B 55; bekommt A mehr, muß B entsprechend weniger erhalten.

In Spielen mit Gleichgewichtspunkten haben Auszahlungen, die zu keiner der beiden Gleichgewichtsstrategien gehören, keinen Einfluß auf das Endergebnis. Gleichwie die beiden Auszahlungen in Höhe von 10 und die von 60 und 65 in Abb. 2.10 geändert werden, so sollten die Spieler doch bei ihren „alten" Gleichgewichtsstrategien bleiben und das Endergebnis sollte dasselbe sein.

Dominierte Strategien

Häufig ist es möglich, ein Spiel zu vereinfachen, indem man *dominierte* Strategien eliminiert. Strategie A dominiert Strategie B, wenn die Auszahlung, die ein Spieler mit Strategie A erhält,
a) immer mindestens so hoch ist wie mit Strategie B (unabhängig von den Handlungen anderer Spieler) und
b) zumindest in einigen Fällen sogar höher ist als mit Strategie B.
Stellen Sie sich z. B. das Spiel in Abb. 2.11 vor:

Abb. 2.11

Ihr Gegner

		I	II	III
	A	7	9	8
Sie	B	9	10	12
	C	8	8	8

Für Sie dominiert Strategie B sowohl A als auch C, da B immer zu einer höheren Auszahlung führt. Für Ihren Gegner dominiert Strategie I die Strategien II und III (man erinnere sich daran, daß die Matrixeintragungen die Zahlungen darstellen, die Ihr Gegner an Sie entrichten muß; daher ist er daran interessiert, sie so *klein wie möglich* zu halten). Obwohl Ihr Gegner mit I nicht immer besser fährt als mit II oder III, stellt er sich damit doch stets mindestens ebenso gut und manchmal sogar besser.

Bei der Analyse eines Nullsummenspiels kann man von folgenden Annahmen ausgehen:
1. *Sie wählen niemals eine dominierte Strategie:* warum sollten Sie sich für eine solche Strategie entscheiden, wenn Ihre Chancen doch mindestens ebenso gut stehen mit der Strategie, die sie dominiert?
2. *Ihr Gegner wählt niemals eine dominierte Strategie* und zwar genau aus demselben Grund.

Sollte Ihr Gegner dennoch eine dominierte Strategie spielen, könnte Sie das allenfalls angenehm überraschen – das Ergebnis wird für Sie mindestens ebenso gut sein, als hätte Ihr Gegner die dominierende Strategie gewählt, ein Ergebnis, mit dem Sie sich ja bereits abgefunden hatten.

Wenn für jeden Spieler nur eine Strategie nicht dominiert ist, kann der Gleichgewichtspunkt (bzw. die Gleichgewichtspunkte) berechnet werden. Betrachten Sie z. B. das Spiel in Abb. 2.12:

Abb. 2.12

Ihr Gegner

		I	II	III
	A	19	0	1
Sie	B	11	9	3
	C	23	7	-3

In diesem Spiel werden anfänglich keine Ihrer Strategien dominiert; da aber die Strategie I Ihres Gegners durch seine Strategie III dominiert wird, können Sie I schon einmal von Ihren Überlegungen ausschließen. Wenn aber I eliminiert ist, dominiert Ihre Strategie B die Strategien A und C. Unter Ausschluß von A und C wiederum dominiert die Strategie III Ihres Gegners seine Strategie II. Die einzigen nicht dominierten Strategien, B und III, stellen Gleichgewichtsstrategien dar; der Wert des Spiels beträgt 3.

Wenn wir noch einmal zurückgehen zu unseren früheren Beispielen, finden wir eine ganze Reihe von dominierten Strategien. In Abb. 2.6 dominierte die Nordroute aus Sicht der Japaner die Südroute. Nachdem also die Südroute für die Japaner ausgeschlossen war, konnten wir aus den gleichen Gründen auch für die Alliierten die Südroute ausschließen. In Abb. 2.7 dominierte „Für Y" alle anderen Strategien von A, und „Problem ignorieren" alle anderen Strategien von B. In Abb. 2.8 dominierte „Für Y" alle Alternativen von A und somit „Problem ignorieren" alle Alternativen von B. In Abb. 2.9 schließlich dominierte „Für X" „Problem ignorieren" von B, „Für Y" alle anderen Strategien von A und „Für X" die Alternative „Für Y" von B.

Wenn ein Spiel einen Gleichgewichtspunkt besitzt, ist es einfach, angemessene Strategien zu wählen und das Endergebnis vorauszusagen. Was passiert aber, wenn kein Gleichgewichtspunkt existiert? Betrachten Sie z. B. das einfache Spiel der „Passenden Pfennige", wie es etwa in Abb. 2.13 dargestellt wird.

Abb. 2.13

Ihr Gegner
Kopf   Zahl

	Kopf	Zahl
Kopf	−1	+1
Zahl	+1	−1

Sie

Da keine Strategie dominiert wird und es keinen Gleichgewichtspunkt gibt, kann man sich nur schwer vorstellen, wie man ein solches Spiel rational spielen kann. Der Versuch, für ein solches Spiel eine Theorie aufzustellen, erscheint als Zeitverschwendung. Von Neumann und Morgenstern formulieren das Problem so:

„Nehmen wir an, daß es eine komplette Theorie das Zweipersonen-Nullsummenspiels gibt, die dem Spieler sagt, was er zu tun hat, und die absolut überzeugend ist. Würden die Spieler eine derartige Theorie kennen, so müßte jeder Spieler annehmen, daß seine Strategie vom Gegner „entdeckt" wurde. Der Gegner kennt die Theorie und weiß, daß es von einem Spieler unklug wäre, sich nicht an sie zu halten. Somit rechtfertigt die Hypothese von der Existenz einer guten Theorie unsere Untersuchung der Situation, wenn die Strategie eines Spielers vom Gegner „entdeckt" wird."

Das Paradoxe daran ist folgendes: wenn es uns gelingt, eine Theorie aufzustellen, die uns sagt, welche Strategie am besten ist, kann ein intelligenter Gegner, dem alle Informationen, die uns zur Verfügung stehen, zugänglich sind, die gleiche Logik verwenden, um unsere Strategie herzuleiten. Er kann dann unsere Entscheidungen nachvollziehen und gewinnen. Es wäre daher verhängnisvoll, jene Strategie anzuwenden, der von der Theorie der Vorzug gegeben wird.

Man kann aber eine Theorie konstruieren, die es erlaubt, auch ein solches Spiel intelligent zu spielen. Diese Theorie wird Gegenstand des folgenden Kapitels sein.

Problemlösungen:

1. Ihr Gegner sollte erkennen, daß Ihre Strategie B die Strategie A dominiert, Sie sich also mit B besser stellen *unabhängig davon*, was Ihr Gegner tut. Nachdem er so A ausschließen kann, fährt er am besten mit III. B und III sind somit die empfohlenen Strategien, und Sie sollten eine Auszahlung in Höhe von 2 erhalten.

2. I und A sind die empfohlenen Strategien, wobei Sie 2 bezahlen müssen.

3. B und III sind die empfohlenen Strategien, und Sie sollten eine Auszahlung in Höhe von 5 erhalten.

4. B und III sind die empfohlenen Strategien, und Sie müssen 1 zahlen. In den Spielen 1 bis 4 wird *keiner* der beiden Spieler verlieren, wenn er seine Strategie dem Gegner im voraus mitteilt.

5. Unabhängig von den Werten der fehlenden Auszahlungen können Sie sicher sein, 5 zu erhalten, wenn Sie C spielen, und Ihr Gegner kann sicher sein, nicht mehr als 5 zu verlieren, indem er III spielt. Da jeder von Ihnen die Auszahlung in Höhe von 5 erzwingen kann, stellt dies eine plausible Lösung des Spiels dar unabhängig davon, wie die fehlenden Matrixeintragungen aussehen.

3. Das allgemeine Zweipersonen-Nullsummenspiel

Einführende Fragestellungen:

Im letzten Kapitel wurden verschiedene Spiele beschrieben, bei denen das Schicksal eines jeden Spielers – zumindest zu einem gewissen Grad – in den Händen seines Gegners lag. In jedem dieser Spiele existierte jedoch ein Gleichgewichtspunkt, so daß die Spieler aus eigener Anstrengung den Wert des Spiels erzielen konnten und somit das beste Ergebnis, das sie vernünftigerweise erwarten durften. Die in diesem Kapitel vorgestellten Spiele haben keine Gleichgewichtspunkte; um etwas gewinnen zu können, muß man sich bemühen, das Vorgehen des Gegners zu erraten.

1. Echte Varianten beim Poker sind zu komplex, um sie analysieren zu können. Daher werden in echten Spielen Entscheidungen gefühls- oder erfahrungsgemäß getroffen. Entscheiden Sie (intuitiv), welche Strategie Sie und Ihr Gegner in dem vereinfachten Pokerspiel, das in Abb. 3.1 dargestellt wird, wählen sollten und schätzen Sie, wie das Endergebnis aussehen wird.

Ihr Gegner und Sie werfen jeweils verdeckt eine Münze, die auf der einen Seite eine „1" und auf der anderen Seite eine „0" aufweist. Keiner von Ihnen kennt das Ergebnis des Wurfs des anderen. Nachdem Sie Ihren eigenen Wurf gesehen haben, können Sie nun entweder *setzen* oder *passen*. Wenn Sie passen, decken beide ihren Wurf auf, und der Spieler mit der höheren Zahl erhält vom anderen $ 2 – bei Gleichstand bekommt keiner etwas. Wenn Sie setzen, kann Ihr Gegner entweder Ihren Wurf *sehen* wollen oder seinen eigenen Wurf „*weglegen*". Im letzteren Fall gewinnen Sie $ 11; wenn Ihr Gegner Ihren Wurf sehen will, gewinnt die höhere Zahl $ 12 (bei Gleichstand erhält wiederum keiner von beiden etwas).

Abb. 3.1

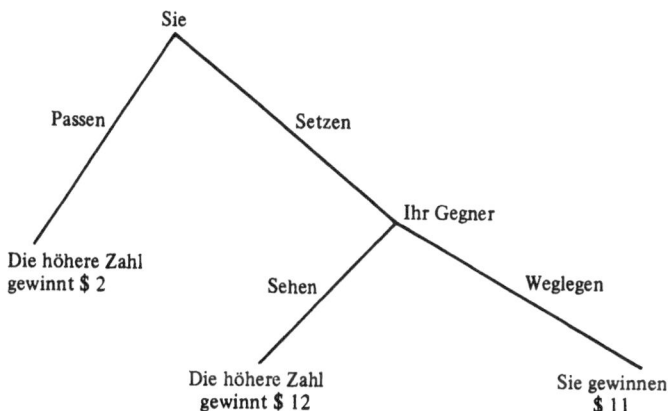

2. Zwei des Schmuggels verdächtigte Personen sind im Begriff, sich entweder vom einzigen Flughafen oder vom einzigen Seehafen eines Landes aus dem Staub zu machen; zwei Polizeibeamte sind beauftragt, die beiden abzufangen. Wenn beide Polizisten den einen Fluchtweg bewachen, die Schmuggler aber den anderen nehmen, kommen 100 Pfund Schmuggelware abhanden; wenn ein Beamter den Fluchtweg bewacht, den beide Schmuggler benutzen, kommen 70 Pfund durch, und wenn einer der Schmuggler einen Fluchtweg wählt, der von keinem Polizisten bewacht wird, kommen 50 Pfund abhanden. Sind mindestens ebenso viele Polizisten wie Schmuggler vor Ort, kommt keine Schmuggelware durch. Wenn man also annimmt, daß Schmuggler und Polizisten daran interessiert sind, die Menge der durchgeschleusten Schmuggelware zu maximieren bzw. zu minimieren, stellt sich die Frage, was jede der beiden Parteien tun sollte, und welche Warenmenge verlorengeht.

Abb. 3.2

		Anzahl der Polizisten am Flughafen		
		0	1	2
	0	0	70	100
Anzahl der Schmuggler am Flughafen	1	50	0	50
	2	100	70	0

3. Die Barkasse einer Firma wird in zwei Tresoren aufbewahrt, die sich in einiger Entfernung voneinander befinden. $ 90 000 befinden sich in dem einen, $ 10 000 in dem anderen. Ein Einbrecher plant, den einen Safe aufzubrechen, während sein Komplize die Alarmanlage des anderen auslöst. Dem Wachmann verbleibt lediglich Zeit, um einen der beiden Tresore zu überprüfen, geht er also zu dem falschen, verliert die Firma das Geld, das in dem anderen aufbewahrt wird. Überwacht er allerdings den richtigen, muß der Einbrecher mit leeren Händen abziehen. An welchen Safe wird sich ein raffinierter Einbrecher wohl halten? Wie hoch ist die entsprechende Wahrscheinlichkeit? Wie sollte sich der Wachmann verhalten, und wieviel wird wohl durchschnittlich gestohlen?

4. Bei einem Bridge-Turnier, an dem Viererteams teilnehmen, liegt Ihr Team vorne, und es ist noch ein Spiel zu spielen. Wenn Sie und Ihre Gegner, die sich in einem anderen Raum befinden, zum gleichen Kontrakt kommen, gewinnen Sie das Turnier. Sollte ein Team den unwahrschein-

lichen Schlemm bieten, während das andere Team Spiel bietet, hat der Schlemm-Bieter eine Chance von 10 %, das Turnier zu gewinnen. Welche sind die angemessenen Strategien für Sie und Ihre Gegner, und wie sollte das Endresultat aussehen? (Die Matrixeintragungen stellen Ihre Chance dar, das Turnier zu gewinnen.)

Abb. 3.3

		Gebot Ihres Gegners	
		Schlemm	Spiel
	Schlemm	1	.1
Ihr Gebot	Spiel	.9	1

Die Zweipersonenspiele, die im letzten Kapitel vorgestellt wurden, waren einfach zu analysieren. Alle besaßen Gleichgewichtspunkte, und so konnte sich jeder Spieler leicht für die Strategie entscheiden, die ihm den Wert des Spiels sicherte. In dieser Hinsicht war das letzte Kapitel leider irreführend, denn abgesehen von den einfachsten Nullsummenspielen besitzen „echte" Spiele keine Gleichgewichtspunkte und stellen damit neue, ernstzunehmende Probleme dar.

Edgar Allan Poe beschreibt ein derartiges Spiel, das übrigens äußerst simpel ist, in seiner Erzählung „Der Gestohlene Brief", und es ist interessant, seine Betrachtungsweise mit der von Neumann, über die wir später sprechen werden, zu vergleichen. Zunächst einmal Poe:

„Ich kannte einen ungefähr Achtjährigen, dessen Erfolg bei dem Ratespiel ‚Gerade/Ungerade' allgemeine Bewunderung auf sich zog. Dieses Spiel ist ganz einfach und wird mit Glaskugeln gespielt. Der eine Spieler hält eine Anzahl davon in der Hand und fragt den anderen, ob diese Anzahl gerade oder ungerade sei. Rät er richtig, so gewinnt der Ratende eine Kugel, rät er falsch, so verliert er eine.
Der Junge, auf den ich anspiele, gewann sämtliche Kugeln, die es in seiner Schule gab. Er hatte natürlich ein Prinzip, auf dem sein Raten beruhte, und zwar war dies die bloße Beobachtung und Abschätzung des Scharfsinns seiner Gegner. Ist beispielsweise ein ausgesprochener Einfaltspinsel sein Gegner, welcher also, die geschlossene Faust hochhaltend, fragt: ‚gerade oder ungerade?', so antwortet unser Junge ‚ungerade' und verliert; beim zweiten Mal aber gewinnt er, denn er sagt sich: ‚der Tropf hatte eine gerade Anzahl beim ersten Versuch, und das Maß seiner Schläue ist gerade ausreichend, um beim zweiten Mal auf Ungerade zu wechseln'; er rät also ‚ungerade' und gewinnt. Gegenüber einem etwas weniger Einfältigen würde er folgendes überlegt haben: ‚Der Bursche sieht, daß ich beim ersten Mal Ungerade geraten habe, und beim zweiten Mal wird er, der ersten Eingebung folgend, sich den simplen Wechsel von Gerade zu Ungerade vornehmen, just wie der erste Tropf; aber nochmaliges Nachdenken wird ihn vermuten lassen, daß diese Änderung denn doch zu simpel ist, und so wird er sich schließlich auch beim zweiten

Mal für Gerade entscheiden. Ich werde daher Gerade raten.' – Und er rät ‚gerade' und gewinnt. Worum handelt es sich letzten Endes bei diesem Überlegungsgang des Jungen, von dem seine Kameraden sagten, daß er ‚Glück habe'?"

„Offenbar darum" sagte ich, „daß sich der Nachdenkende mit dem Intellekt seines Gegners identifiziert".

„So ist es" sagte Dupin, und auf meine Frage an den Jungen, mit welchen Mitteln er denn eine so gründliche Identifizierung bewirke, erhielt ich die folgende Antwort:

„Wenn ich den Wunsch habe herauszufinden, wie klug oder wie dumm oder wie gut oder wie bösartig jemand ist, oder welche Gedanken er gerade hegt, so passe ich meinen Gesichtsausdruck so genau wie nur möglich dem seinen an und warte dann auf die Gedanken oder Empfindungen, welche sich, diesen Ausdruck begleitend, einstellen."

„Als Dichter *und* Mathematiker war er wohl imstande, klar zu denken, als bloßer Mathematiker hätte er überhaupt nicht zu denken vermocht und wäre solcherart dem Präfekten ausgeliefert gewesen."

Von Neumanns Betrachtungsweise ist leichter zu verstehen, wenn wir uns das Problem zuerst näher anschauen. Versetzen wir uns in die Lage eines der Schulbuben, die gegen Poes seltsames Wunderkind ausgespielt wurden:

Die Situation scheint hoffnungslos; jede Idee, die man selbst hat, hat das Wunderkind auch. Man kann versuchen, es irrezuführen, indem man sein Gesicht auf „gerade" einstellt und dann „ungerade" spielt. Aber wie weiß man, ob dieser „gerade" Gesichtsausdruck in Wirklichkeit nicht doch der Ausdruck von jemandem ist, der „ungerade" spielt und versucht, sein Gesicht so zu verstellen, daß der andere glauben soll, man würde „gerade" spielen? Vielleicht sollte man „gerade" ausschauen, „gerade" denken und dann (listig) „gerade" *wählen*. Aber wiederum, wenn man gescheit genug ist, diesen gewundenen Plan auszuarbeiten, ist das Wunderkind dann nicht gescheit genug, ihn zu durchschauen? Diese Argumentation kann beliebig fortgesetzt werden, ohne daß man je auf einen grünen Zweig kommt.

Sehen wir uns das Spiel an (vgl. Abb. 3.4). Die Zahlen in der Matrix geben die Anzahl von Kugeln an, die man vom Wunderkind erhält (oder die man ihm gibt, wenn die Zahl negativ ist).

Nehmen wir nun, statt zu versuchen, die jeweiligen Erkenntnisse des Wunderkinds herauszufinden, von vornherein das Schlimmste an: der Gegner ist so gescheit, daß er auf jeden Fall durchschaut, was man denkt. Man gibt seine Strategie praktisch vor dem Spiel bekannt, und das Wunderkind kann diese Information nach Belieben verwerten. Was man tut, daher ziemlich gleichgültig. Ob man „gerade" oder „ungerade" wählt – das Ergebnis wird auf jeden Fall das gleiche sein: der Verlust einer Kugel. Wenn das Wunderkind wirklich jede Strategie völlig durchschaut, kann man sich genausogut von vornherein mit dem Verlust einer Kugel abfinden. Schlechter kann man sicher nicht fahren – aber gibt es eine Chance, besser abzuschneiden?

Abb. 3.4

		Wunderkind	
		Gerade	Ungerade
Wir	Gerade	−1	+1
	Ungerade	+1	−1

Tatsache ist, daß man sehr wohl besser abschneiden kann, trotz der Gescheitheit des Gegners. Wie man das erreicht, wird ironischerweise ebenfalls von Poe vorgeschlagen, allerdings völlig unbeabsichtigt: Besser kann man es machen, wenn man *gar nicht nachdenkt*. Um das zu verstehen, wollen wir ein bißchen zurückgehen.

Wir haben bereits erwähnt, daß man bei der Wahl nur die zwei Möglichkeiten hat, entweder eine gerade oder eine ungerade Anzahl von Kugeln in die Hand zu nehmen. In einer Weise ist das richtig; letztes Endes muß man eine dieser beiden Wahlen treffen. In einem anderen Sinn stimmt es allerdings *nicht*. Es gibt viele *Arten*, auf die man diese Wahl treffen kann. Obwohl es so aussehen mag, als ob das, *was* man entscheidet, das einzig Wichtige, *wie* man entscheidet, jedoch irrelevant sei, ist das „Wie" doch recht bedeutend. Man kann natürlich immer eine der *reinen* Strategien wählen, nämlich „gerade" oder „ungerade". Man kann aber auch einen Zufallsmechanismus, wie z.B. einen Würfel oder ein Rouletterad, entscheiden lassen. Genauer gesagt, man könnte würfeln und bei „Sechs" „gerade" und ansonsten „ungerade" wählen. Eine Strategie, die die Wahl einer reinen Strategie durch Verwendung eines Zufallsmechanismus voraussetzt, wird als *gemischte* Strategie bezeichnet.

Vom zweiten Standpunkt aus betrachtet hat man nicht nur zwei, sondern eine unendliche Anzahl von gemischten Strategien: Man kann eine ungerade Zahl von Kugeln mit der Wahrscheinlichkeit p und eine gerade Zahl von Kugeln mit der Wahrscheinlichkeit $1 - p$ wählen (wobei p eine Zahl zwischen 0 und 1 ist). Grob gesprochen drückt p die Häufigkeit aus, mit der eine ungerade Zahl gewählt würde, wenn das Spiel unendlich oft gespielt würde. Die reinen Strategien – „immer gerade spielen" oder „immer ungerade spielen" – sind die Extremfälle, in denen p gleich 0 bzw. 1 ist.

Kehren wir zurück zum „Gestohlenen Brief" und nehmen wir an, daß wir in 50 % der Fälle „gerade" spielen; wir könnten auch eine Münze werfen und bei „Kopf" „ungerade" spielen.

Nehmen wir an, das Wunderkind errät, daß p $1/2$ ist, oder wir sagen es ihm. Sonst gibt es nichts, was es von uns erfahren könnte – wir wissen einfach nicht mehr. Außerdem kann es auch nie das Resultat eines Münzwurfs voraussagen, es sei denn, es hätte Fähigkeiten, von denen selbst Poe sich nicht hätte träumen lassen. Wenn man diese gemischte Strategie wählt, wird das Ergebnis gleich aussehen, egal was der Gegner tut: d. h. jeder Partner gewinnt im Durchschnitt die Hälfte der Spiele.

Wollen wir zusammenfassen: wir haben als Beispiel ein Spiel genommen, bei dem wir offensichtlich der Gnade eines geschickten Gegners ausgeliefert waren und haben die Situation dann so umgeformt, daß der Gegner das Ergebnis im Wesentlichen nicht beeinflussen konnte. Aber wenn sich so gute Erfolge erzielen lassen, wenn man seine Strategie bekanntgibt, ging es nicht noch besser, wenn man sie geheimhielte? Nein, eine Verbesserung ist nicht mehr möglich, und der Grund ist auch klar: der Gegner kann das gleiche tun wie man selbst. Durch Verwenden eines Zufallsmechanismus kann er sich gleiche Gewinnchancen sichern. So können *beide* Spieler sicher gehen, daß der Gegner keinen Vorteil erzielt.

Es wäre denkbar, daß ein Spieler besser fährt, wenn er sich nicht auf den Zufall verläßt. Wenn ein Spieler in dem von Poe beschriebenen Spiel z. B. das Talent hat, die Wahlen, die sein Gegner trifft, vorauszusagen, könnte er versuchen, dieses Talent auszunützen. Wenn der Gegner nichts von Zufallsmechanismen weiß (oder fälschlich annimmt, daß er gescheiter ist als der andere), kann es möglich sein, seine Ignoranz auszunützen. Das ist jedoch bestenfalls ein zweifelhafter Vorteil, der durch einen klugen Gegner immer ausgeglichen werden kann.

Es ist auch zu beachten, daß beim Spiel „Gerade/Ungerade" ein Spieler, sobald er sich auf Zufallsspiel einstellt, im allgemeinen nicht nur nicht verlieren kann, egal wie gut sein Gegner spielt, sondern auch nichts dazugewinnen kann, *egal wie schlecht sein Gegner spielen mag.* Je fähiger der Gegner, desto ratsamer ist somit das Spiel mit dem Zufall.

Die Logik, auf der unsere Analyse des Spiels „Gerade/Ungerade" aufbaut, läßt sich auch in wesentlich komplizierteren Situationen anwenden.

Ein Beispiel aus dem Militärwesen

General X beabsichtigt, eine oder beide der feindlichen Stellungen A und B anzugreifen; General Y muß sie verteidigen. General X hat fünf Divisionen zur Verfügung, General Y drei. Jeder General muß seine gesamten Streitkräfte auf zwei Teile aufteilen und sie an diesen beiden Stellungen konzentrieren, ohne zu wissen, was der Gegner tun wird. Das Ergebnis steht fest, sobald die Wahl der Strategien getroffen ist. Der General, der in einer Stellung die meisten Divisionen konzentriert, wird dort gewinnen;

wenn beide Generäle die gleiche Anzahl an Divisionen entsenden, entfällt auf jeden theoretisch ein halber Sieg. Wenn wir nun annehmen, daß jeder General seine erwartete Anzahl von Siegen (d. h. die durchschnittliche Anzahl) maximieren möchte, was sollte er tun? Was ist das voraussichtliche Ergebnis? Die Matrixeintragungen in Abb. 3.5 stellen die durchschnittliche Anzahl von Siegen von General Y dar. Wenn General Y zum Beispiel zwei Divisionen nach A entsendet und General X ebenfalls, gewinnt General Y bei A einen halben Sieg und bei B gar keinen, da dort seiner einen Division drei feindliche gegenüberstehen.

Abb. 3.5

			Strategien von X nach A entsandte Divisionen					
			0	1	2	3	4	5
		0	1/2	0	1/2	1	1	1
Strategien von Y	nach A entsandte Divisionen	1	1	1/2	0	1/2	1	1
		2	1	1	1/2	0	1/2	1
		3	1	1	1	1/2	0	1/2

Betrachten wir das Problem zunächst einmal von General Y's Warte. Nehmen wir an, er ist ein Pessimist und glaubt, daß General X seine Strategie gedanklich nachvollziehen kann. Es ist klar, daß er keinen Sieg erreichen kann, egal, welche Strategie er wählt; General X wird eine Division mehr als General Y bei A versammeln und auch bei B eine Extra-Division stehen haben.

Nehmen wir weiters an, daß sich General Y für eine gemischte Strategie entscheidet, d. h. seine Entscheidung mit Hilfe eines Zufallsmechanismus fällt. General X kann wohl die Art des Zufallsmechanismus (die Wahrscheinlichkeiten, mit denen die einzelnen Strategien ausgewählt werden) erraten, nicht jedoch das tatsächliche Ergebnis des Münzwurfs oder Glücksrads. Nehme wir nun ganz spezifisch an, daß General Y alle Divisionen in einem Drittel der Fälle auf A konzentriert, in einem Drittel der Fälle auf B und in je einem Sechstel der Fälle die beiden möglichen Zwei-zu-eins-Aufteilungen durchführt[1].

---

[1] Es geht hier hauptsächlich darum, Sinn und Bedeutung der von Neumannschen Lösung aufzuzeigen. Die Methode, nach der Strategien und Wert des Spiels berechnet werden, ist in technischen Publikationen zu finden. In diesem Sinn werden wir auch,

General X, der sich der Strategie seines Gegners bewußt ist, muß nur prüfen, was bei jeder seiner eigenen sechs Strategien geschehen wird, und dann die Strategie auswählen, die ihm (X) den größten Vorteil bringt. Es bedarf nur einer einfachen Rechnung, um festzustellen, daß General X im Durchschnitt 1 5/12 Siege erringen wird (und General Y dementsprechend 7/12 Siege), wenn er nicht alle Divisionen an einem Ort versammelt; wenn er das hingegen tut, wird er im Durchschnitt nur 1 1/6 Siege erreichen.

Was können wir aus alledem schließen? Einfach, daß General Y erwarten kann, einen 7/12 Sieg zu erringen, wie klug General X auch sein mag. Dieser 7/12 Sieg ist ihm sogar dann sicher, wenn er General X seine Strategie im voraus mitteilt. Aber soll er sich damit zufriedengeben? Sehen wir uns das Problem von der Warte des General X an, bevor wir diese Frage beantworten.

Wenn sich General X auf eine reine Strategie festlegt und General Y diese herausfindet, so ist von Anfang an klar, daß beide Generäle je einen Sieg erringen. Wenn fünf Divisionen auf zwei Stellungen verteilt sind, kommen auf eine dieser beiden Stellungen zwei oder weniger Divisionen. Wenn General Y alle drei Divisionen an den Ort entsendet, an dem General X seine kleinere Streitmacht postiert hat, erringt Y genau einen Sieg (und es gibt keinerlei Möglichkeit, ein besseres Ergebnis zu erreichen).

Aber nehmen wir nun an, daß General X eine, zwei, drei, vier Divisionen nach A entsendet, mit Wahrscheinlichkeiten von 1/3, 1/6, 1/6 bzw. 1/3, und die restlichen Soldaten nach B. (Mit etwas Nachdenken ist ja rasch klar, daß es sich nie auszahlt, alle fünf Divisionen an denselben Ort zu schicken.) Nun ist es gleichgültig, was General Y unternimmt; das Resultat ist das gleiche: General Y erringt durchschnittlich 7/12 Siege.

Kurz ausgedrückt, ist die Situation wie folgt:
Sowohl General˙X als auch General Y kann ohne Hilfe und ohne Fehler seines Gegners ein Resultat erzielen, das zumindest so günstig ist wie das oben erwähnte, nämlich 7/12 Siege (im Durchschnitt) für General Y, und 1 5/12 Siege für General X. Die Antwort auf unsere frühere Frage ist, daß keiner der beiden Generäle bessere Chancen als die oben erwähnten hat, wenn sein Gegner über seine Strategie Bescheid weiß.

---

ohne mit der Wimper zu zucken, Lösungen hervorzuzaubern, wenn es uns angebracht erscheint. Vgl. dazu etwa St. Vajda, Einführung in die Linearplanung und in die Theorie der Spiele. München 1966.

Ein Beispiel aus dem Marketing

Zwei Firmen wollen konkurrierende Produkte auf den Markt bringen. Firma C hat in ihrem Werbebudget genügend Geld, um zwei Blöcke Fernsehzeit, die jeweils einstündig sind, zu kaufen. Firma D hingegen hat genug Geld für drei einstündige Blöcke. Der Tag wird in drei Grundperioden eingeteilt: Morgen, Nachmittag und Abend, die wir mit M, N und A bezeichnen wollen. Zeitkäufe müssen im vorhinein gemacht werden und bleiben geheim. 50 % der Fernsehteilnehmer sehen abends zu, 30 % am Nachmittag und die restlichen 20 % am Morgen. (Einfachheitshalber nehmen wir an, daß niemand öfter als einmal am Tag fernsieht.)

Kauft eine Firma für irgendeine Periode mehr Zeit als das Konkurrenzunternehmen, so gewinnt sie die *gesamte* Zuseherschaft während dieser Zeit. Wenn beide Firmen für eine Periode dieselbe Anzahl von Stunden kaufen – das ist übrigens auch dann der Fall, wenn keine der Firmen Zeit kauft – haben beide jeweils eine Hälfte der Zuseherschaft. Jeder Fernsehteilnehmer kauft das Produkt von nur einer Firma. Wie sollen die Firmen ihre Zeit festlegen? Welchen Anteil des Marktes können sie erwarten?

Das Spiel ist in Abb. 3.6 dargestellt. Die Strategien der Firma C (es gibt sechs) sind durch zwei Buchstaben ausgedrückt. MN bedeutet eine Stunde Werbung am Morgen und eine weitere am Nachmittag. Dementsprechend sind die zehn Strategien von Firma D durch drei Buchstaben ausgedrückt. Die Matrixeintragungen drücken den Marktanteil, den D erhält, in Prozenten aus; Firma C erhält den Rest.

Um zu sehen, wie man zu diesen Prozentsätzen kommt, wollen wir annehmen, daß die Firma D AMM – eine Abend- und zwei Morgenstunden – wählt, und C AM – eine Abend– und eine Morgenstunde. Da die Firma D zwei Morgenstunden gegenüber der einen von Firma C gekauft hat, erhält D den gesamten Morgenmarkt von 20 %. Da jede Firma eine Stunde am Abend und keine Nachmittagsstunden hat, fallen diese Märkte von 50 % bzw. 30 % zu gleichen Teilen auf beide Firmen. Somit erhält Firma D 60 % des gesamten Marktes, wenn die angegebenen Strategien verwendet werden.

Abb.3.6

Strategien von C

		AA	AN	AM	NN	NM	MM
	AAA	75	60	65	60	50	65
	AAN	65	75	80	60	65	80
	AAM	60	70	75	70	60	65
	ANN	40	65	55	75	80	80
Strategien	ANM	50	60	65	70	75	80
von D	AMM	35	45	60	70	70	75
	NNN	40	40	30	65	55	55
	NNM	50	50	40	60	65	55
	NMM	50	35	50	45	60	65
	MMM	35	20	35	45	45	60

Die Lösung des Marketing-Beispiels

Es kommt oft vor, daß manche Strategien ganz offenkundig schlecht sind und sofort verworfen werden können; das ist hier der Fall. Firma D würde niemals Strategie NNN anwenden, da sie mit AAM besser fährt, egal was Firma C unternimmt. AAM dominiert demnach NNN.

Zur Erinnerung – eine Strategie *dominiert* eine andere, wenn sie – unabhängig von den Handlungen des Gegners oder der Gegner – zu einem Resultat führt, das mindestens so günstig ist wie das der anderen, und – zumindest bei einer Strategie des Gegners oder der Gegner – tatsächlich ein besseres Ergebnis erbringt. Eine dominierte Strategie anzuwenden ist niemals von Vorteil.

Im vorliegenden Fall dominiert AAM, NMM, MMM und NNN, und ANM dominiert AMM und NNM. Das bedeutet, daß die letzten fünf Strategien von Firma D von vornherein ausgeschlossen werden können.

Sobald dies geschehen ist, wird MM von NM dominiert [2]. (Wenn Firma D NNM spielte, wäre MM für C besser als NM; aber wir haben bereits festgestellt, daß D nicht NNM spielt.) Somit ist das Ganze auf ein Spiel, in dem jeder Spieler fünf Strategien hat, reduziert.

Eine Lösung dieses Problems – und wir werden wiederum nicht sagen, wie wir dazu gekommen sind – ist, daß Firma D Strategien AAA, AAN und ANM jeweils in einem Drittel der Fälle spielt, und C AA in 6/15, NN in 5/15 und NM in 4/15 der Fälle. Wenn Firma D die empfohlenen Strategien anwendet, kann sie im Durchschnitt mindestens 63 1/3 % der Zuseher gewinnen; wenn Firma C die empfohlene Strategie anwendet, kann D aber nicht mehr als diese Werte erreichen.

Vereinfachtes Pokern

A und C legen je $ 5 auf den Tisch und werfen dann eine Münze, die auf der einen Seite 1 und auf der anderen 2 hat. Kein Spieler kennt das Ergebnis des Münzwurfs des Gegners.

A spielt zuerst. Er kann entweder passen oder weitere $ 3 setzen. Wenn er paßt, werden die Münzwürfe der beiden Spieler verglichen. Die größere Zahl bekommt die $ 10 auf dem Tisch; wenn beide gleich sind, erhält jeder seine $ 5 zurück.

Wenn A $ 3 setzt, kann C entweder „sehen", oder die Karten weglegen (passen). Wenn C die Karten weglegt, gewinnt A die $ 10 auf dem Tisch, unabhängig von den Ergebnissen des Münzwurfs. Wenn C „sieht", fügt er weitere $ 3 den $ 13, die schon auf dem Tisch sind, hinzu. Wiederum werden die Münzwürfe verglichen; die größere Zahl bekommt die $ 16, und wenn die Zahlen gleich sind, erhält jeder sein Geld zurück. Was sind die besten Strategien, was soll geschehen?

Jeder Spieler hat vier Strategien. A kann immer passen (wird mit PP bezeichnet), passen mit 1 und setzen mit 2 (PS), passen mit 2 und setzen mit 1 (SP), oder immer setzen (SS). C kann immer die Karten weglegen (WW), immer sehen (SESE), sehen mit 1 und die Karten weglegen mit 2 (SEW) oder die Karten weglegen mit 1 und sehen mit 2 (WSE).

Zur Illustration der Eintragungen in die Auszahlungsmatrix in Abb. 3.8 nehmen wir an, daß A (SS) und C (SEW) spielt. In der Hälfte der Fälle bekommt C 2 und legt die Karten weg (A setzt immer), und A gewinnt $ 5. In einem Viertel der Fälle bekommen C und A jeweils 1, und somit geschieht nichts. Und in einem Viertel der Fälle bekommt C 1 und A 2; A

---

[2] Da die Matrixeintragungen die Prozentsätze, die Firma D erhält, darstellen, versucht Firma C natürlich, diese niedrig zu halten.

Abb. 3.7

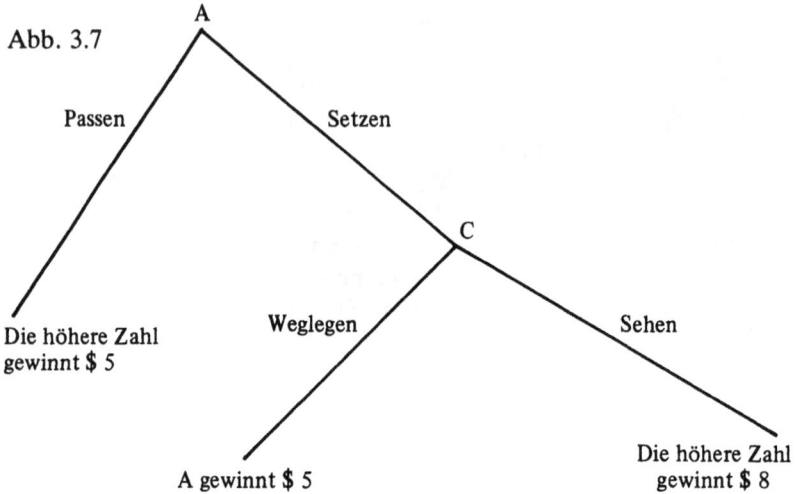

Die höhere Zahl
gewinnt $ 5

A gewinnt $ 5

Die höhere Zahl
gewinnt $ 8

setzt (wie immer), C „sieht" und A gewinnt $ 8. Wenn diese beiden Strategien angewendet werden, beträgt der Durchschnittsgewinn von A $ 4.50.

Abb.3.8

		Strategien von C			
		WW	SESE	SEW	WSE
	PP	0	0	0	0
Strategien von A	SS	5	0	4 1/2	1/2
	PS	5/4	3/4	2	0
	SP	3 3/4	-3/4	5/2	1/2

Zunächst einmal fällt uns auf, daß SS die Strategien SP und PP dominiert, während WSE die Strategien SEW und WW dominiert. Das formale Modell verdeutlicht, was intuitiv vermutlich klar ist: wenn A beim Münzwurf 2 erhält, soll er setzen; wenn C beim Münzwurf 2 erhält, soll er „sehen". Zweifelhaft ist nur, was geschehen soll, wenn einer der Spieler 1 wirft. Eine Berechnung zeigt: Die beste Strategie für A wäre, SS in 3/5 und PS in

2/5 der Fälle zu spielen. Dies würde für A einen durchschnittlichen Gewinn von 30 Cents pro Spiel bedeuten.

Wenn C in 3/5 der Fälle WSE und in 2/5 SESE spielt, so verliert er im Durchschnitt nicht mehr als 30 Cents pro Spiel.

Das Minimax-Theorem

Bis jetzt haben wir nur spezifische Spiele betrachtet. Bei jedem Spiel haben wir bestimmte Strategien für die Spieler empfohlen und angegeben, was bei beiderseits rationalem Spiel das Ergebnis sein sollte. Alle diese Spiele waren spezielle Beispiele für eines der wichtigsten und grundlegendsten Theoreme der Spieltheorie: das Minimax-Theorem von John von Neumann.

Das Minimax-Theorem besagt, daß man jedem endlichen Zweipersonen-Nullsummenspiel einen Wert V zuordnen kann: den durchschnittlichen Gewinn, den Spieler I von Spieler II erwarten kann, wenn beide Spieler vernünftig agieren. Von Neumann ist aus drei Gründen der Ansicht, daß dieses vorhergesagte Ergebnis plausibel ist:

1. Für Spieler I gibt es eine Strategie, die diesen Gewinn gewährleistet, und keine Handlung von Spieler II kann verhindern, daß Spieler I einen durchschnittlichen Gewinn von V erzielt. Aus diesem Grund *gibt sich Spieler I mit nichts Geringerem als V zufrieden.*

2. Für Spieler II gibt es eine Strategie, die gewährleistet, daß er nicht mehr als einen durchschnittlichen Wert von V verliert; d. h. Spieler I *kann daran gehindert werden, mehr als V zu erreichen.*

3. Beim Nullsummenspiel muß Spieler II verlieren, was Spieler I gewinnt. Da Spieler II seine Verluste möglichst gering halten will, *ist er motiviert, den durchschnittlichen Gewinn von Spieler I auf V zu beschränken* [3].

Diese letzte Annahme, die leicht übersehen wird, ist ausschlaggebend. Bei Nichtnullsummenspielen, wo dies nicht zutrifft, soll man nicht schließen, daß Spieler II – nur weil es in seiner Macht steht, die Gewinne von Spieler I zu beschränken – das auch tatsächlich tut. In unserem Fall jedoch, wo ein Beeinträchtigen von Spieler I für II gleichbedeutend mit einem eigenen Vorteil ist, ist die Annahme zwingend.

Der Begriff der gemischten Strategie und das Minimax-Theorem verein-

---

[3] Beachten Sie, daß die hier aufgeführten drei Eigenschaften beinahe identisch sind mit den Eigenschaften von Spielen mit Gleichgewichtspunkten, die wir in Kapitel 2 aufgelistet haben.

fachen das Studium dieser Spiele beträchtlich. Um das genaue Ausmaß abschätzen zu können, stellen wir uns vor, wie die Theorie ohne die beiden aussehen würde. Mit Ausnahme der einfachsten Arten von Spielen – Spiele, in denen es Gleichgewichtspunkte gibt – herrscht Anarchie. Es ist unmöglich, eine vernünftige Handlungsweise festzulegen, oder vorherzusagen, was geschehen wird; das Ergebnis ist eng verknüpft mit dem Verhalten *beider* Spieler, wobei jeder den Launen des anderen ausgeliefert ist. Man kann nur versuchen, rationales Spielen im Sinne von Poe zu definieren, und derartige Versuche sind praktisch wertlos.

Wenn man nun das Minimax-Theorem hinzufügt, ändert sich das Bild radikal. Man kann buchstäblich alle Zweipersonen-Nullsummenspiele so behandeln, als ob sie Gleichgewichtspunkte hätten. Das Spiel hat einen klaren Wert, und jeder Spieler kann durch Auswahl der entsprechenden Strategie diesen Wert erreichen. Der einzige Unterschied zwischen Spielen mit einem richtigen Gleichgewichtspunkt und solchen ohne einen besteht darin, daß man im einen Fall eine reine Strategie anwenden und den Wert des Spiels mit Sicherheit erreichen kann, während man im anderen Teil eine gemischte Strategie anwenden muß und den Wert des Spiels im Durchschnitt erreicht.

Das Gute an der Minimax-Strategie ist die Sicherheit. Ohne diese Sicherheit muß man sich an sämtliche Vermutungen und Hintergedanken des frühreifen Schülers von Poe klammern. Mit ihr kann man den vollen Wert erreichen und sich darauf verlassen, daß man es nicht besser machen könnte – zumindest nicht, wenn der Gegner gut spielt.

Die Berechnung von gemischten Strategien

Es ist bedeutend schwieriger, die Lösungen von gemischten Strategien zu berechnen als von reinen. Prinzipiell ist es möglich, für jedes Nullsummenspiel eine Lösung zu finden; in der Praxis ist das aber gar nicht so einfach. Die folgende, einfache Methode, Lösungen für gemischte Strategien zu berechnen, funktioniert *nur manchmal*.

Um das Spiel zu lösen, müssen Sie zunächst alle dominierten Strategien ausschließen. Eine Strategie kann sowohl von einer reinen als auch von einer gemischten Strategie dominiert werden. Es ist schwierig, eine dominierende gemischte Strategie zu entdecken, aber bei sorgfältiger Prüfung der Auszahlungsmatrix und mit ein wenig Intuition sollte es Ihnen zumindest gelingen, alle überflüssigen reinen Strategien zu eliminieren. In dem in Abb. 3.9 dargestellten Spiel dominiert keine der reinen Strategien eine andere, aber Ihre Strategie B wird (u. a.) durch die gemischte Strategie „spiele A in einem Fünftel und C in vier Fünftel aller Fälle" dominiert. Wenn Ihr Gegner die Strategie D spielt, erhalten Sie 1/5 (15) + 4/5 (5) =

7, spielt er E, erhalten Sie 1/5 (10) + 4/5 (20) = 18. In beiden Fällen übertrifft das Endergebnis das Resultat, das Sie mit Strategie B erhalten würden.

Abb. 3.9

		Ihr Gegner	
		D	E
	A	15	10
Sie	B	6	15
	C	5	20

Wenn erst einmal alle dominierten Strategien ausgeschlossen sind, kann man häufig die richtige gemischte Strategie mit Hilfe der folgenden Regel finden: *Wählen Sie eine gemischte Strategie, die Ihnen stets dieselbe durchschnittliche Auszahlung einbringt, egal, was Ihr Gegner tut.*

Nehmen wir z. B. an, daß Sie Strategie A spielen mit einer Wahrscheinlichkeit von p und Strategie C mit einer Wahrscheinlichkeit von (1-p) und daß Ihr Gegner Strategie D spielt mit einer Wahrscheinlichkeit von r und Strategie E mit einer Wahrscheinlichkeit von (1-r). Wenn Ihr Gegner D spielt, beträgt Ihre durchschnittliche Auszahlung (15) (p) + (5) (1-p) = 5 + 10p; sie beträgt (10) (p) + (20) (1-p) = 20 - 10p, wenn Ihr Gegner E spielt. Wenn diese durchschnittlichen Auszahlungen gleich sind, d. h. also 5 + 10p = 20 - 10p ist und p den Wert 3/4 hat, beträgt die Auszahlung im Durchschnitt 12 1/2.

Mit Hilfe der gleichen Rechnung werden Sie feststellen, daß Ihr Gegner jede seiner Strategien in der Hälfte aller Fälle spielen sollte und die Auszahlung dieselbe ist: 12 1/2.

Betrachten wir ein anderes Beispiel: Ein entflohener Sträfling hat die Wahl zwischen zwei Fluchtwegen, der Hauptstraße und dem Wald; der Polizist, der die Verfolgung aufnimmt, kann nur einen der beiden Fluchtwege überwachen. Wenn der Polizist und der Sträfling unterschiedliche Wege nehmen, gelingt die Flucht mit Sicherheit; wenn sich beide für die Hauptstraße entscheiden, wird der Sträfling auf jeden Fall wieder festgenommen. Wenn aber beide den Waldweg nehmen, beträgt die Chance, daß die Flucht gelingt, 1 - 1/n. Die Matrixeintragungen in Abb. 3.10 zeigen die Wahrscheinlichkeiten für eine geglückte Flucht.

Abb. 3.10

| | | Polizist | |
		Hauptstraße	Wald
Sträfling	Hauptstraße	0	1
	Wald	1	$1-1/n$

Wenn wir nun die gleichen Berechnungen anstellen wie zuvor, stellen wir fest, daß Polizist und Sträfling die Hauptstraße mit einer Wahrscheinlichkeit von $1/(n+1)$ wählen sollten. Wenn beide Spieler dieser Strategie folgen, beträgt die Wahrscheinlichkeit, daß der Sträfling flüchten kann, $n/(n+1)$. Je größer n wird und damit die Wahrscheinlichkeit, daß die Flucht gelingt, desto weniger erfolgversprechend wird die Waldroute für den Polizisten; trotzdem ist dies der Fluchtweg, den der Polizist mit wachsender Wahrscheinlichkeit überwachen sollte.

Dieselbe Methode kann auch auf größere Matrizen angewendet werden. Stellen Sie sich vor, Sie spielen in dem in Abb. 3.11 dargestellten Spiel die Strategien A, B und C mit den jeweiligen Wahrscheinlichkeiten von p, q und $1 - p - q$. Ihr Gegner spielt die Strategien D, E und F mit den entsprechenden Wahrscheinlichkeiten von r, s und $1 - r - s$. Wenn Sie nun unsere Regel anwenden, kommen Sie zu dem Schluß, daß $8p + 6q + 18(1 - p - q) = 6p + 15q + 6(1 - p - q) = 14p + 3q + 6(1 - p - q)$ ist. Wenn Sie also die Strategien A, B und C spielen mit einer jeweiligen Wahrscheinlichkeit von 1/2, 1/3 und 1/6, erhalten Sie im Durchschnitt eine Auszahlung von 9 unabhängig davon, was Ihr Gegner tut.

Abb. 3.11

| | | Ihr Gegner | | |
		D	E	F
Sie	A	8	6	14
	B	6	15	3
	C	18	6	6

Analog dazu kann auch Ihr Gegner folgende Gleichungen aufstellen: $8r + 6s + 14(1 - r - s) = 6r + 15s + 3(1 - r - s) = 18r + 6s + 6(1 - r - s)$ und zu dem Schluß kommen, daß er die Strategien D, E und F mit den entsprechenden Wahrscheinlichkeiten von 4/16, 7/16 und 5/16 spielen soll bei einer durchschnittlichen Auszahlung von ebenfalls 9.

Die Lösung von Zweipersonen-Nullsummenspielen: eine Zusammenfassung

Um ein Zweipersonen-Nullsummenspiel zu lösen, sollten Sie wie folgt verfahren:

1. Berechnen Sie zunächst das Maximin und das Minimax – wenn sie gleich sind, haben sie die richtigen Strategien bereits gefunden; wenn sie nicht gleich sind, gehen Sie weiter zu Schritt 2.

2. Eliminieren Sie alle dominierten Strategien.

3. Ordnen Sie jeder Ihrer Strategien Wahrscheinlichkeiten zu, so daß Ihr Durchschnittsergebnis stets dasselbe sein wird unabhängig davon, was Ihr Gegner tut. Gehen Sie davon aus, daß Ihr Gegner das gleiche tut. Wenn das Resultat Ihrer gemischten Strategie dasselbe ist wie das Ergebnis der gemischten Strategie Ihres Gegners und keine der Wahrscheinlichkeiten negativ sind, stehen Sie vor des Rätsels Lösung.

Falls sich die Ergebnisse allerdings unterscheiden oder einige der Wahrscheinlichkeiten negativ sind, überprüfen Sie das Spiel noch einmal auf dominierte Strategien. Sollten Sie nicht fündig werden, hat unsere Methode versagt.

Einige weitere Überlegungen

Die meisten Kenner der Spieltheorie würden auf die Frage nach deren wichtigstem Ergebnis wahrscheinlich das Minimax-Theorem nennen. Die Gründe, die für Minimax-Strategien sprechen, sind sehr überzeugend, können jedoch übertrieben werden, und sogar ein gewiegter Fachmann kann in eine Falle gehen, wenn er nicht vorsichtig ist. In seinem Buch *Fights, Games and Debates* (1960) behandelt Anatol Rapoport das in Abb. 3.12 dargestellte Spiel. Die Zahlen in der Auszahlungsmatrix geben an, was Spieler II an Spieler I bezahlt. Die Einheiten sind unwichtig, so lange wir annehmen, daß jeder Spieler möglichst viel bekommen möchte.

Abb. 3.12

Spieler II
A   B

	A	B
a	−1	5
b	3	−5

Spieler I

Rapoport beginnt mit den Routineberechnungen. Er berechnet die die Minimax-Strategie von Spieler I (Strategie a in 4/7 und Strategie b in 3/7 der Fälle spielen), die Minimax-Strategie von Spieler II (Strategie A in 5/7 und Strategie B in 2/7 der Fälle spielen) und den Wert des Spiels (ein durchschnittlicher Gewinn von 5/7 für Spieler I). Dann sagt er weiters: „Der Versuch, durch Anwendung einer anderen Strategiemischung zu entkommen, kann nur von Nachteil für die Ausweg suchende Partei sein. Es hat überhaupt keinen Sinn, zu versuchen, den Feind in *diesem* Punkt zu täuschen (kursiv bei Rapoport). Solche Versuche schaden einem höchstens selbst." Aber der Schluß Rapoports, daß jede Abweichung von der Minimax-Strategie „nur von Nachteil sein kann", führt zu einem sonderbaren Paradoxon. Sehen wir uns dazu zwei grundlegende Tatsachen an:

Zunächst einmal ist zu bemerken, daß – egal welcher der beiden Spieler seine Minimax-Strategie wählt – das Ergebnis das gleiche sein wird, nämlich ein durchschnittlicher Gewinn von 5/7 für Spieler 1. Es gibt nur einen Weg, ein anderes Resultat zu erzielen: *beide* Spieler müssen von ihrer Minimax-Strategie abweichen.

Zweitens handelt es sich um ein Nullsummenspiel. Ein Spieler kann nicht gewinnen, wenn er nicht seinem Gegner etwas abgewinnt; ein Spieler kann nicht verlieren, wenn sein Gegner nicht einen entsprechenden Gewinn erzielt. Wenn wir diese beiden Fakten zusammensetzen, haben wir den Widerspruch. Wenn ein Spieler vom Minimax abweicht, kann es eigentlich nicht „von Nachteil" sein, es sei denn, sein Gegner weicht ebenfalls davon ab. Außerdem muß mit derselben Begründung auch das Abweichen seines Gegners von Nachteil sein. Das Spiel ist aber ein Nullsummenspiel; beide Spieler können nicht gleichzeitig verlieren. Daher ist offensichtlich etwas falsch.

Und hier ist die Antwort: für Spieler I gibt es eine Strategie, die ihm 5/7 garantiert – von einem höheren Gewinn kann er abgehalten werden; außerdem hat Spieler II ja genug Motive, im ihn davon abzuhalten. Wenn Spieler I eine andere Strategie wählt, spielt er Hasard. Wenn nun Spieler II sich dadurch verlocken läßt, ebenfalls zu hasardieren, ist völlig offen, was geschehen wird. Die Minimax-Strategien sind insofern reiz-

voll, als sie Sicherheit bieten; ob Sicherheit jedoch als wünschenswert empfunden wird, ist eine Frage des persönlichen Geschmacks.

Als Folge des Minimax-Theorems ist das allgemeine Zweipersonen-
Nullsummenspiel theoretisch gut fundiert. Allerdings kommt es – wie das
Spiel mit perfekter Information – in der Praxis selten vor. Die Schwierig-
keit liegt in der Forderung, daß es ein Nullsummenspiel sein muß.

Die wesentliche Annahme des Nullsummenspiels ist die, daß zwei Spieler einander entgegengesetzte Interessen haben. Wenn diese Annahme
nicht stimmt, ist die Theorie des Nullsummenspiels irrelevant und irreführend. Oft wird die Bedingung zwar scheinbar erfüllt, bleibt in Wirklichkeit
jedoch unerfüllt. Bei einem Preiskrieg kann es z. B. für *beide* Parteien
vorteilhaft sein, wenn die Preise stabil bleiben. Bei einem freundschaftli-
chen Pokerspiel ist es vielleicht *beiden* Spielern lieber, wenn keiner zu
große Verluste erleidet. Und beim Handeln mögen Käufer und Verkäufer
zwar verschiedene Interessen in bezug auf den Preis haben, aber letzten
Endes wollen doch *beide* zu einer Einigung kommen.

Bestimmte Situationen lassen sich dennoch am treffendsten als Nullsummenspiel darstellen; der Bereich der Politik bietet dafür eine Reihe von
Beispielen.

Alle vier Jahre findet in den USA die Wahl des Präsidenten statt. Was
ein einziger Wettbewerb zu sein scheint, ist tatsächlich das Ergebnis von 50
Einzelwettbewerben; jeder Staat hat seine eigenen Wahlmännerstimmen,
die unabhängig davon gewonnen oder verloren werden, was in den anderen Staaten vor sich geht, und die Anzahl der Wahlmännerstimmen ist von
Staat zu Staat verschieden. Die Ressourcen, die jede der konkurrierenden
Parteien zur Unterstützung ihres Wahlkampfes einsetzt, bestehen aus finanziellen Mitteln, öffentlichen Reden bekannter Persönlichkeiten, Werbung, Rundschreiben und ähnlichem. Diese Ressourcen sind beschränkt
und müssen demnach möglichst umsichtig eingesetzt werden. Die Parteien
verfolgen diametral entgegengesetzte Interessen: es kann nur einen Präsidenten geben, und wenn er aus den Reihen der einen Partei gewählt wird,
kann er offensichtlich nicht der anderen Partei angehören.

Steven Brams und Morton Davis (1974) wenden spieltheoretische Überlegungen auf die Frage an, wie Ressourcen am besten aufgeteilt werden
sollten, um die Anzahl der Wahlmännerstimmen zu maximieren. Es ist
nicht überraschend, daß Kandidaten dazu neigen, in größeren Staaten
mehr Mittel einzusetzen als in kleineren. Dies ist ein Schritt in die richtige
Richtung; es scheint aber, daß der Einsatz der Mittel sogar überproportional zu der Größe der Staaten erfolgen sollte. Es wird vorgeschlagen, daß
die Parteien ihre Ressourcen auf die einzelnen Staaten entsprechend der 3/
2ten Potenz der jeweiligen Anzahl von Wahlmännerstimmen verteilen; in
einem Staat A mit viermal so viel Wahlmännern wie Staat B sollte demnach das Achtfache an Ressourcen eingesetzt werden. Bei dem Versuch,

diese theoretischen Überlegungen empirisch zu bestätigen, stellte sich heraus, daß hinsichtlich oder öffentlichen Auftritte im Wahlkampf die „3/2"-Regel, Ressourcen zuzuteilen, tatsächlich ein besseres Modell ist als jede proportionale Verteilung. Brams und Davis beschäftigen sich auch mit folgender Zuteilungsproblematik, die in einer anderen, aber ähnlichen Situation entsteht: Wie verteilt man Wahlkampfmittel am besten auf eine Reihe von Vorwahlen?

Der wesentliche Unterschied zwischen diesem und dem zuvor beschriebenen Problem ist das Zeitelement: ein Kandidat, der die ersten Vorwahlen erfolgreich übersteht, sichert sich damit politische und finanzielle Unterstützung für die nachfolgenden Vorwahlrunden. Es gibt also einen Schneeballeffekt in diesem Modell; die Gelder, die in dem Staat eingesetzt werden, in dem die erste Vorwahl stattfindet, beeinflussen indirekt auch das Wahlergebnis in den anderen Staaten. Infolgedessen sollten mehr Mittel in die ersten Vorwahlen investiert werden als in die späteren, und das wird in der Praxis auch so gehandhabt. Wenn jeder Staat die gleiche Anzahl von Wahlmännerstimmen hätte und es 50 Vorwahlen gäbe, müßte nach der Theorie von Brams und Davis ein Kandidat fünfzigmal mehr für die erste Vorwahl ausgeben als für die letzte.

Eine weitere Situation, die die beiden Autoren nach spieltheoretischen Gesichtspunkten analysierten (1978), nämlich die von zwei Anwälten in einem Gerichtsverfahren, scheint ebenfalls am besten in Form eines Nullsummenspiels dargestellt werden zu können. Man geht davon aus, daß in einem Geschworenengericht jeder der Geschworenen eine bestimmte Neigung hat, schuldig- oder freizusprechen, und daß die Anwälte anhand der Lebensumstände der potentiellen Geschworenen die Richtung dieser Neigung einschätzen können. (Dies ist sicher eine Vereinfachung der tatsächlichen Situation, aber es gilt allgemein als bekannt, daß eine Korrelation zwischen den Lebensumständen einer Person und ihrer Handlungsweise als Geschworener besteht.) Sowohl der Staatsanwalt als auch der Verteidiger können eine bestimmte Anzahl von potentiellen Geschworenen ohne Angabe von Gründen ablehnen und müssen genau überlegen, bei welchen „Kandidaten" sie diese Möglichkeit nutzen. Die entsprechenden Entscheidungen werden danach erfolgen, wie „erwünscht" ein Geschworener erscheint und wieviele Geschworene noch von jeder Seite abgelehnt werden dürfen. Offensichtlich besteht die Gefahr, einen unvorteilhaft erscheinenden Geschworenen abzulehnen und dann festzustellen, daß der nächste Kandidat noch ungünstiger ist und man bereits seine Optionen ausgeschöpft hat.

R. Avenhaus und H. Frick (1976, 1977) beschreiben ein Nullsummen-„Spiel" in einer Fabrik. Diese Fabrik verarbeitet eine Reihe von Materialien, die entweder sehr teuer – wie Gold und Platin – oder sehr wertvoll – wie Nuklearbrennstoff – sind. Die Spieler sind ein Kontrolleur und ein potentieller Dieb. Der Kontrolleur führt Buch über das Material, das vorhanden sein sollte, und vergleicht es mit der tatsächlich verfügbaren Menge. Die Meßinstrumente sind zwar genau, aber nicht perfekt; daher treten zwangsläufig kleinere Unstimmigkeiten auf, selbst wenn kein Material entwendet wurde. Um unnötige Kosten zu vermeiden, ist der Kontrolleur gehalten, nicht zu oft Inventur zu machen oder falschen Alarm zu geben. Andererseits entstehen aber auch dann beträchtliche Kosten, wenn der Kontrolleur gar nicht oder erst sehr viel später bemerkt, daß Material abhanden gekommen ist. Der Kontrolleur muß die Diskrepanz zwischen Soll- und Ist-Inventur im Auge behalten und die Kosten gegeneinander abwägen. Der Dieb profitiert offenbar erheblich von einer erfolgreichen Entwendung des Materials, bezahlt aber auch einen hohen Preis, wenn er erwischt wird. Dieses Beispiel stellt offensichtlich kein Nullsummenspiel im strengen Sinne dar – die Kosten, die dem Kontrolleur für übertriebene Inspektionen entstehen, werden nicht ausgeglichen durch einen entsprechenden Gewinn für den potentiellen Dieb. Die beschriebene Situation entspricht unserem Modell jedoch hinreichend gut, um ein nützliches Beispiel abzugeben.

Mit weniger ernsten Belangen beschäftigen sich Robert Bartoszynski und Madan L. Puri (1981), die ein spieltheoretisches Modell auf ein echtes Spiel anwenden, nämlich Tennis. Ein Aufschlag muß beim Tennis auf der anderen Seite des Netzes innerhalb bestimmter Markierungen landen; wenn dies dem Spieler zweimal hintereinander mißlingt, verliert er den Punkt. Wenn der Spieler aber beim zweiten Aufschlag erfolgreich ist, erhält er keinen Strafpunkt für das erste Mißgeschick. Die meisten Spieler wählen daher zuerst einen harten Aufschlag, der einerseits schwer zu retournieren, andererseits aber auch nicht genau zu plazieren ist, und heben sich den zuverlässigeren, aber weniger wirksamen Aufschlag für den Fall auf, daß der erste mißglückt. Bartoszynski und Puri untersuchten nun, unter welchen Umständen ein Spieler einen harten Aufschlag in beiden Fällen, auf keinen Fall oder nur beim ersten Versuch wählen sollte.

Auch mit dem folgenden Problem setzten sich die beiden Autoren auseinander: Nehmen Sie an, Sie haben einen speziellen Aufschlag trainiert, den Sie im Spiel gegen Ihren üblichen Tennispartner einsetzen möchten. Ihr Aufschlag – z. B. ein angeschnittener Ball, der unberechenbar nach oben abspringt, ist eine Überraschung, die allerdings nur einmal wirkt. Zu welchem Zeitpunkt des Spieles sollten Sie ihn einsetzen? Einigermaßen überraschend ist die Antwort, die Bartoszynski und Puri geben: Ihrer Meinung nach ist es gleich, wann Sie Ihren speziellen Aufschlag servieren – der Effekt wird zu jedem Zeitpunkt des Spiels derselbe sein. Wichtig ist nur, daß Ihr Aufschlag überhaupt zum Einsatz kommt. Wenn Sie ihn aufheben für eine Situation, die vielleicht nie eintreten wird – z. B. für den Fall, daß Sie 40 zu 15 führen –, verspielen Sie einen Vorteil.

Eine überraschende Anwendungsmöglichkeit für spieltheoretische Modelle entdeckten vor einiger Zeit die Mathematiker Edwin O. Thorpe und W. E. Waldman (1973). Seit Menschengedenken gibt es Glücksspiele und wahrscheinlich ebenso lange Spieler, die nach einem bestimmten System spielen. Einige dieser Systeme beruhen z. B. auf Glückszahlen, guten Omen, Schlüssen aus dem bisherigen Spielverlauf auf den weiteren Gang der Dinge, Änderung des Wetteinsatzes usw. Da aber beim Glücksspiel die Gewinnchancen schon von vornherein zu Ungunsten der Spieler festgelegt sind, konnte bisher keine Zauberei der Welt verhindern, daß auf lange Sicht der Spieler immer verlor. Systemspieler besuchten also weiterhin eifrig die Casinos, die sie willkommen hießen und an ihnen verdienten – bis Edwin O. Thorpe auf der Bildfläche erschien. Thorpe erkannte, daß der Versuch, bei einer Serie von Einsätzen zu gewinnen, wenn man durchschnittlich bei jedem einzelnen verliert, dem Versuch entspricht, Verluste bei jedem Einzelverkauf durch das Gesamtvolumen der Verkäufe wettzumachen. Er erkannte auch, daß sich in einem Spiel wie etwa Blackjack die Spielsituation gar nicht jedes Mal wiederholt, es sei denn, die Karten würden nach jedem Spiel gründlich gemischt und vom vollzähligen Stapel gegeben werden. Mit Hilfe eines Computers entwickelte Thorpe eine Reihe von Techniken, um herauszubekommen, ob Kenntnis über die bereits gespielten Karten die Chancen eines Spielers verbesserten. In einem Bestseller, *Beat the Dealer* (1966), beschrieb Thorpe seine Methoden. Stillschweigend bestätigten die Casinos, daß er Recht hatte, indem sie einige Regeln änderten, Kartenspiele miteinander verbanden, um das Zählen zu erschweren, und versuchten, Kartenzähler von den Tischen zu verbannen. In einem Aufsatz, den er später zusammen mit William E. Walden veröffentlichte (1973), analysiert Thorpe Spiele wie Baccarat, Poker und Trente-et-Quarante, bei denen Karten aufgedeckt und nicht wieder gegeben werden und diese Information dem Spieler nützen kann.

Auch Nesmith C. Ankeny (1981) beschäftigte sich mit Anwendungsmöglichkeiten der Spieltheorie auf echte Spiele. Poker z. B. gilt schon lange als fruchtbarer Boden für die Anwendung spieltheoretischer Überlegungen, und es gibt bereits eine Reihe von Aufsätzen zu diesem Thema, dem sich u. a. auch ein beträchtlicher Teil von *Spieltheorie und wirtschaftliches Verhalten* (1961) der Autoren von Neumann und Morgenstern widmet. Im allgemeinen wurden jedoch nur vereinfachte Formen von Poker analysiert. Ankeny, Professor der Mathematik am Massachusetts Institute of Technology, hingegen beschäftigt sich in seinem Buch *Poker Strategy: Winning with Game Theory* mit dem Spiel, wie es tatsächlich gespielt wird. Sein Rezept, Gewinne zu maximieren, besteht in einer „ausgewogenen Mischung aus Täuschung und Spielstärke".

Bestimmte Aspekte von Bridge, wie z. B. das Anzeigen, wurden ebenfalls analysiert, und gemischte Strategien wurden auf dieses Spiel angewendet, aber es wurde kein allgemeines Modell, das sowohl den Vorgang des Bietens als auch das Spiel selbst umfaßt, entwickelt.

Militärtaktiken – ein Gebiet, auf dem sich die Parteien in beinahe reinen Konfliktsituationen befinden – sind eine weitere Quelle von Zweipersonen-Nullsummenspielen. Ausweich- und Verfolgungsspiele sowie Duelle zwischen Jägern und Bombern sind zwei Anwendungsmöglichkeiten. Außerdem gibt es eine allgemeine Gruppe von Spielen, die „Colonel Blotto-Spiele", bei denen die Spieler bestimmte zur Verfügung stehende Mittel günstig einsetzen müssen. Wir haben ein solches Beipsiel in einem militärischen Kontext – General X und General Y setzen Divisionen ein – und eines im Zusammenhang mit dem Marketing gesehen. Das gleiche Problem entsteht, wenn Handelsvertreter verschiedenen Territorien oder Polizisten Gebieten mit unterschiedlich hohen Verbrechensquoten zugeteilt werden. Eine interessante Anwendungsmöglichkeit für „Colonel Blotto-Spiele" ergab sich bei der Schaffung eines Modells zur Inspektion bei einem möglichen Abrüstungsabkommen. Ein Land hat Fabriken, in denen bestimmte Arten von Waffen erzeugt werden – einige stärker als andere, einige leichter zu verstecken als andere usw. Das zur Aufsicht bestellte Land muß entscheiden, wie es seine Inspektoren verteilen soll, damit gewährleistet ist, daß das beaufsichtigte Land nicht mehr Waffen erzeugt, bzw. besitzt, als ihm zugebilligt wurden.

Eine interessante Anwendungsmöglichkeit für Minimax-Strategien wurde auch von Sidney Moglewer (1962) entdeckt. Bei der Entscheidung, womit er sein Land bebauen soll, kann man den Farmer als den einen Spieler und die „hypothetische Kombination *aller* Kräfte, die die Marktpreise für landwirtschaftliche Produkte bestimmen" als den anderen Spieler betrachten. Moglewer zeigt dabei folgendes: obwohl es schwer ist, die stillschweigende Annahme des Farmers, daß sich das Universum mit ihm als Einzelnen beschäftigt, zu rechtfertigen, handelt der Farmer so, als ob dies der Fall wäre.

Einige experimentelle Studien

Obwohl wir von *Spieltheorie* sprechen, ist es wichtig, sich Spiele in der Praxis anzusehen. Bei einer Ansprache an zukünftige Juristen in der „Albany Law School" sagte der Richter Benjamin Cardozo: „Sie werden das Leben der Menschheit studieren, denn das ist das Leben, das Sie ordnen müssen und das Sie, um es weise zu ordnen, kennen müssen". Dieser Satz hat auch für die Spieltheorie Gültigkeit. Die Spieltheorie hat ihre Wurzeln im menschlichen Verhalten; wenn sie nicht in irgendeiner Art auf menschliches Verhalten Bezug nimmt, ist sie steril und sinnlos, außer als reine Mathematik. Abgesehen von anderen Überlegungen sind spieltheoretische

Experimente an sich schon interessant, vielleicht weil die Leute gerne lesen, was andere Leute machen. Das ist Grund genug, sie zu besprechen. Richard Brayer (1964) ließ Versuchspersonen wiederholt das in Abb. 3.13 dargestellte Spiel spielen. Die Eintragungen in die Auszahlungsmatrix geben an, was die Versuchsperson vom Experimentator erhielt. Den Spielern wurde entweder erzählt, daß sie gegen einen erfahrenen Gegner spielten oder daß ihr Gegner auf gut Glück spielen würde; in Wirklichkeit spielen sie jedoch immer gegen den Experimentator.

Abb. 3.13

		Experimentator		
		A	B	C
	a	11	−7	8
Versuchsperson	b	1	1	2
	c	−10	−7	21

Es dauert nicht lange, bis ein Spieler erkennt, daß er Strategie b spielen soll, wenn er den Eindruck hat, daß sein Gegner intelligent ist. Vom Standpunkt des Experimentators aus wird Strategie C von Strategie B dominiert; die Versuchsperson kann daher annehmen, daß der Experimentator niemals C spielen wird. Sobald dies klar ist, sollte die Versuchsperson niemals c spielen, da sie mit Strategie b immer besser fahren wird. Wenn c und C ausgeschaltet sind, sollte der Experimentator B und die Versuchsperson b spielen. (B, b) sind Gleichgewichtsstrategien, die Auszahlung 1 ist ein Gleichgewichtspunkt.

Was geschah tatsächlich? Zunächst ignorierten die Versuchspersonen, was ihnen über ihren Gegner erzählt wurde, und reagierten nur auf seine Spielweise. Ob sie sich der Bedeutung dessen, was man ihnen über ihren Gegner mitteilte, nicht bewußt waren, oder ob sie nicht wußten, wie sie die Information verwerten sollten, oder ob sie mit der normalen Skepsis reagierten, die Versuchspersonen gegenüber den Mitteilungen eines Experimentators haben, ist nicht klar. Die Versuchspersonen spielten b, wenn der Experimentator B spielte, sonst nicht. Post-experimentelle Interviews bestätigten, was das Spiel bereits andeutete: die Spieler wußten nicht im voraus, daß der Experimentator Strategie B wählen würde, ja mehr als die Hälfte aller Versuchspersonen hatte das Gefühl, daß diese Wahl dumm sei, weil sich der Experimentator dann mit einem Verlust von 1 abfinden mußte. Wenn der Experimentator tatsächlich seine Strategie aufs Geratewohl wählte, reagierten die Versuchspersonen allgemein mit Strategie a:

jener Strategie, die ihnen im Durchschnitt den höchsten Gewinn vermittelte.

Das gleiche Verhaltensmuster wurde auch von anderen Experimentatoren beobachtet. Manche Autoren, wie z. B. Theodore Caplow (1956, 1959), Merrill M. Flood (1952), Oliver L. Lacey und James L. Pate (1960), Bernhardt Lieberman (1960), Robert E. Morin (1960) sowie Anatol Rapoport und Carol Orwant (1962), schlossen daraus, daß die meisten Versuchspersonen einfach nicht fähig seien, sich in die Lage des Gegners zu versetzen.

Versuchspersonen geben im allgemeinen Strategien, die einen hohen Durchschnittsgewinn abwerfen, gegenüber Gleichgewichtsstrategien den Vorzug (bei einem Gegner, der aufs Geratewohl spielt). Wenn Spieler dafür bestraft werden, daß sie von der Gleichgewichtsstrategie abweichen, ändern sie ihr Verhalten, sonst nicht.

Bei Spielen ohne Gleichgewichtspunkte haben die Spieler noch weniger Einsicht. In einer interessanten Arbeit über experimentelle Spiele stellen Anatol Rapoport und Carol Orwant (1962) fest, daß eventuell vorhandene Gleichgewichtspunkte von den Spielern, wenn schon nicht sofort, so doch nach und nach gefunden werden. Wie schnell sie entdeckt werden, hängt von der Erfahrung und Gewitztheit des Spielers sowie von der Komplexität des Spiels ab. Wenn es keine Gleichgewichtspunkte gibt und eine gemischte Strategie angewendet werden muß, ist die Situation wesentlich schlimmer. Nicht nur, daß die große Mehrheit der Spieler (außer den gescheitesten) die nötigen Berechnungen nicht durchführen kann – die wenigsten sehen überhaupt die Notwendigkeit derartiger Berechnungen ein.

Wenn eine Gleichgewichtsstrategie existiert und der Spieler sie nicht anwendet: ist dies ein Beweis für die Ignoranz des Spielers? Oberflächlich gesehen vielleicht nicht. Man könnte einwenden, daß die Anwendung der Gleichgewichtsstrategie zu einem gewissen Grad auf der Annahme gründet, daß der Gegner relativ gut spielt; ist dies nicht der Fall, fährt der Spieler oft besser, wenn er die Gleichgewichtsstrategie nicht spielt. Wenn der Experimentator die Gleichgewichtsstrategie verwendete, taten die Versuchspersonen das gleiche. Spielte der Experimentator jedoch aufs Geratewohl und „irrational", so spielten die Versuchspersonen durchweg Nicht-Gleichgewichtsstrategien.

Das klingt alles recht plausibel, ist jedoch – wie wir schon früher erwähnt haben – nicht das, was wirklich vorging. Wie die Spieler nach den Experimenten selbst zugaben, hatten sie keine Einsicht in das Geschehen. Sie „lernten", wie sie auf das spezifische Verhalten des Experimentators am besten reagierten (die ganze Zeit in dem Glauben, daß die vom Experimentator gewählte Gleichgewichtsstrategie dumm wäre), aber am Ende des Spiels herrschte immer noch die gleiche unklare Vorstellung vom Spiel wie am Anfang.

A propos „Lernen" aus Spielen: es gibt ein Theorem, das so interessant ist, daß wir ruhig ein wenig vom Thema abweichen dürfen, um es uns anzusehen. Nehmen wir an, zwei Personen spielen ein Spiel zu wiederholten Malen, haben aber nicht genügend Geschick, um die Minimax-Strategien zu berechnen. Das erste Mal spielen beide aufs Geratewohl, später lernen sie aus ihren Erfahrungen wie folgt. Jeder nimmt an, daß der Gegner eine gemischte Strategie spielt, mit Wahrscheinlichkeiten, die zur Häufigkeit, mit der er seine Strategien bisher gewählt hat, proportional sind. Auf Grund dieser Annahme spielen sie die reine Strategie, die ihren Durchschnittsgewinn maximiert. Julia Robinson (1951) wies nach, daß unter diesen Voraussetzungen beide Strategien auf die Minimax-Strategien zustreben.

Welche praktische Bedeutung haben diese Experimente? Macht es für einen Spieler einen Unterschied, wenn er weiß, daß Spieler oft irrational handeln? Bei den Spielen mit perfekter Information war es gleichgültig. Ist das jetzt anders?

Mit der Minimax-Strategie ist es immer möglich, den Wert des Spiels zu erreichen. Das ist eine Tatsache, und es ist dabei gleichgültig, ob der Gegner klug agiert oder nicht. Der Grund, warum ein Spieler damit zufrieden ist, den Wert des Spieles zu erreichen, liegt in dem Wissen, daß ihn ein kluger Gegner daran hindern kann, mehr zu bekommen. Hat nun aber ein Spieler Grund zur Annahme, daß sein Gegner schlecht spielen wird, warum sollte er nicht versuchen, ein besseres Resultat zu erzielen?

Durch Anwendung der Minimax-Strategie vermeidet der Spieler unkluge Handlungen, wie z. B. das Spielen einer dominierten Strategie. Bei unserem vereinfachten Pokerspiel würde er immer setzen, wenn er eine Zwei bekommt; beim Marketing-Spiel würde er niemals drei Morgenstunden für seine Werbung aussuchen und beim militärischen Beispiel würde er auf keinen Fall fünf Divisionen an ein und denselben Ort entsenden. Es muß allerdings betont werden, daß die Minimax-Strategie im Wesentlichen eine Verteidigungsstrategie ist, bei deren Verwendung man oft die Möglichkeit eines besseren Abschneidens im Spiel ausschließt. Beim Spiel „Gerade/Ungerade" von Poe, beim Spiel „Polizist gegen Gangster" und bei dem von Rapoport behandelten Spiel (S. 49 f.) erhält ein Spieler, der die Minimax-Strategie verfolgt, den Wert des Spiels – nicht weniger, aber auch nicht mehr.

Nehmen wir an, wir wissen, daß beim Spiel „Gerade/Ungerade" unser Gegner dazu neigt, mit höherer Wahrscheinlichkeit „gerade" zu wählen, als er sollte. Wie können wir das ausnützen, wenn das Spiel nur einmal gespielt wird und wir nicht wissen, wie er spielt? Selbst wenn wir wissen, daß das Spiel so komplex ist, daß er es wahrscheinlich gar nicht richtig analysieren kann, wie können wir vorhersagen, wo er einen Fehler machen wird? Allgemein können wir annehmen, daß unser Gegner die Strategie wählen wird, die allem Anschein nach im Durchschnitt den größten Profit abwirft; aber wenn wir nach solchen Vermutungen handeln, sind wir einem Gegner, der uns einen Schritt voraus ist und es darauf abgesehen hat, durch Ausbeuten des Ausbeuters reich zu werden, wehrlos ausgeliefert. Und wenn öfters gespielt wird und wir uns besser schlagen als wir es theoretisch sollten, wird unser Gegner allmählich lernen, sich zu schützen; unser Vorteil ist daher nicht stabil.

Der schwächste Teil unserer Theorie ist zweifellos die Bedingung, daß ein Spieler sich immer bemühen muß, den Erwartungswert seines Gewinns zu maximieren. Gerechtfertigt wird diese Bedingung dadurch, daß auf lange Sicht mit dem Erwartungswert des Gewinns auch der tatsächliche Gewinn maximiert wird. Aber wenn ein Spiel nur einmal gespielt wird, sind langfristige Überlegungen dann zutreffend? John Maynard Keynes sagt in seinem Werk *Monetary Reform* (1972) folgendes: „... ,auf lange Sicht gesehen' ist dies vermutlich wahr... Aber diese *lange* Sicht (kursiv bei Keynes) ist für das jetzige Geschehen unbedeutend. *Auf lange Sicht gesehen* (kursiv bei Keynes) sind wir alle tot." Oft ist eine Strategie, die den Erwartungswert des Gewinns maximiert, nicht wünschenswert, und auch nicht überzeugend. Ist es irrational, sich für eine sichere Million Dollar zu entscheiden, statt die Chance zu ergreifen, mit einer Wahrscheinlichkeit von 1/2 10 Millionen Dollar zu bekommen? Dieser Einwand ist nicht rein zufällig, sondern betrifft direkt das Kernproblem. Wir wollen uns dieses Problem näher ansehen. Beim Spiel in Abb. 3.14 sind die Gewinne in Dollar angegeben.

Abb. 3.14

		Spieler II	
		A	B
	a	1 Million	1 Million
Spieler I	b	10 Millionen	Nichts
	c	Nichts	10 Millionen

Die Minimax-Strategie für Spieler I bedeutet b und c mit einer Wahrscheinlichkeit von je 1/2. Wenn er diese Strategie anwendet, bekommt er mit 50 % Wahrscheinlichkeit 10 Millionen Dollar, mit 50 % Wahrscheinlichkeit gar nichts. Spieler I hat aber vielleicht lieber eine sichere Million; ja, anstatt sich auf Hasard einzulassen, ist es vielleicht beiden Spielern angenehmer, wenn Spieler I eine Million sicher gewinnt. Das ist einer der Gründe, warum Streitfälle oft außergerichtlich geregelt werden.

Die Dinge sind allerdings nicht immer so wie sie scheinen. Unser Spiel ist scheinbar ein Nullsummenspiel (ein Nullsummenspiel in Dollar), aber die Spieler haben in Wirklichkeit gewisse gemeinsame Interessen. Die wesentliche Bedingung bei Nullsummenspielen ist jedoch, daß *die Spieler diametral entgegengesetzte Interessen haben*. Das muß so sein – nicht nur für die Eintragungen in die Auszahlungsmatrix, die das Resultat angeben, wenn jeder Spieler eine reine Strategie verwendet, sondern auch für die verschiedenen Wahrscheinlichkeitsverteilungen, die entstehen können, wenn die Spieler gemischte Strategien verwenden.

Dieser Einwand ist äußerst schwerwiegend. Er kann nur durch Einführung eines völlig neuen Begriffs – des Nutzenbegriffs – bewältigt werden. (Das Wort ist alt, aber der Begriff ist neu.) Durch den Nutzenbegriff, der einen der bedeutendsten Beiträge von Neumann und Morgenstern (1961) zur Spieltheorie darstellt, gewinnt die Theorie wieder festen Boden. Wir werden diesen Begriff im nächsten Kapitel behandeln.

Problemlösungen:

1. Immer dann, wenn Ihre Münze 1 zeigt, sollten Sie setzen. Wenn Sie aber auf der 0 landet, sollten Sie in 1/11 aller Fälle setzen (bluffen) und in den anderen 10/11 Fällen passen. Analog dazu sollte Ihr Gegner immer dann, wenn seine Münze die 1 zeigt, Ihren Wurf sehen wollen. Wenn er eine 0 wirft, sollte er in 1/11 aller Fälle darauf bestehen, Ihren Wurf zu sehen, und in den übrigen Fällen seinen Wurf „weglegen". Im Durchschnitt gewinnen Sie pro Spiel $ 25/11.

2. Die beiden Polizisten sollten sich auf keinen Fall trennen; sie sollten in je 50% der Fälle zum Flughafen bzw. zum Hafen gehen. Die Schmuggler hingegen sollten sich in 4/14 der Fälle trennen und in jeweils 5/14 der Fälle zusammen zum Flughafen bzw. zum Hafen gehen. Im Durchschnitt kommen 50 Pfund Schmugglergut durch.

3. Der Wachmann sollte in 90% der Fälle den Safe mit den $ 90 000 überprüfen (wie man sich intuitiv vorstellen kann), während der Einbrecher in 90% der Fälle versuchen soll, den Tresor mit den $ 10 000 auszurauben (dies ist nicht so offensichtlich). Im Durchschnitt sollte der Einbrecher $ 9 000 erbeuten.

4. Sie sollten Schlemm mit einer Wahrscheinlichkeit von 0.1 und Ihr Gegner mit einer Wahrscheinlichkeit von 0.9 bieten. Je *geringer* die Wahrscheinlichkeit, daß ein Schlemm erfolgreich sein wird, desto größer ist die

Wahrscheinlichkeit, daß Ihr Gegner ihn bieten wird. Ihre Chance auf einen Turniergewinn bei diesem Spiel beträgt 0.91, was etwas besser ist als die 0.9, wenn Sie immer Spiel bieten und Ihr Gegner immer Schlemm bietet.

4. Nutzentheorie

Einführende Fragestellungen:

Die Spieltheorie ist ein Werkzeug bei der Entscheidungsfindung. Bevor man aber entscheiden kann, wie man das bekommt, was man will, muß man zunächst entscheiden, was man überhaupt will. Sich darüber Klarheit zu verschaffen – und das ist die Aufgabe der Nutzentheorie – ist gar nicht so einfach wie es auf den ersten Blick scheint. Bevor Sie weiterlesen, denken Sie darüber nach, was Sie in jeder der folgenden Situationen tun würden.

1. Sie stehen am Eingang des Theaters und stellen fest, daß Sie Ihre beiden Eintrittskarten im Wert von $ 40 verloren haben. Was tun Sie? Kaufen Sie nochmals zwei Karten an der Abendkasse oder entschließen Sie sich, den Abend andersweitig zu verbringen?

2. Was würden sie vorziehen: eine sichere $ 1 Million auf die Hand oder die Chance, mit einer Wahrscheinlichkeit von 50 % $ 3 Millionen zu gewinnen?

3. Eine reiche Tante stirbt und hinterläßt Ihnen $ 200. Wenig später bietet Ihnen ein unternehmungslustiger Onkel an, zusätzlich $ 50 zu erhalten oder aber mit einer Wahrscheinlichkeit von 25 % $ 200 zu gewinnen. Wie entscheiden sie sich?

4. Nehmen Sie an, daß in einem bestimmten Jahr 1 % der Menschen Ihres Alters und Ihrer Gesundheit sterben. Wieviel wären Sie bereit, für eine Lebensversicherung in Höhe von $ 100 000 zu zahlen?

5. Was wäre Ihnen lieber? Eine sichere Summe von $ 10 oder eine Chance von 50 %, $ 30 zu erhalten?

6. Sie kommen an der Abendkasse an, um Eintrittskarten für $ 40 zu kaufen und stellen fest, daß Sie genau diesen Betrag verloren haben. Sie haben allerdings noch mehr als $ 40 in der Tasche. Kaufen Sie die Eintrittskarten?

7. Eine reiche Tante (nicht die aus Frage 3) stirbt und hinterläßt Ihnen $ 400. Sie werden erwischt, als Sie viel zu schnell fahren, und der schrullige Richter stellt Sie vor die folgende Wahl: Sie können entweder ein Bußgeld

von $ 150 bezahlen oder aber Ihr Glück versuchen und mit einer Wahrscheinlichkeit von 75 % $ 200 entrichten bzw. mit 25-prozentiger Wahrscheinlichkeit gar nichts bezahlen. Wie entscheiden Sie sich?

Im letzten Kapitel haben wir uns hauptsächlich mit dem Minimax-Theorem beschäftigt – warum es gebraucht wird, was es bedeutet und warum es wichtig ist. Der Einfachheit halber haben wir die Hauptideen besprochen und die Schwierigkeiten außer acht gelassen. Gegen Ende des Kapitels wurde allerdings angedeutet, daß die Dinge nicht ganz so simpel sind. Ein sehr wichtiger Teil der Grundlagen fehlt und die Theorie hängt gleichsam in der Luft. Ein wesentlicher Beitrag von Neumann und Morgenstern (1961) ist der Nutzenbegriff, der die hier gezeigten Lösungen und Strategien gegenüber all diesen Einwänden plausibel macht. Die Nutzenfunktion wurde genau für diesen Zweck zugeschnitten; in diesem Kapitel wollen wir Nutzenfunktionen und ihre Rolle in der Spieltheorie besprechen.

Hauptproblem ist die Unklarheit des Begriffs „Nullsumme". In der einfachsten Definition ist ein Spiel dann ein Nullsummenspiel, wenn es einem bestimmten Gesetz der Erhaltung entspricht: bei einem Nullsummenspiel dürfen im Lauf des Spiels Güter weder geschaffen noch zerstört werden. In diesem Sinn sind die üblichen Gesellschaftsspiele Nullsummenspiele.

Aber diese Definition reicht nicht aus, da das Entscheidende nicht die Geldauszahlungen sind. Während der ganzen Besprechung des Zweipersonen-Nullsummenspiels bestand die Annahme, daß jeder Spieler seinem Gegner nach Möglichkeit schaden wollte; wenn diese Annahme fehlgeht, versagt auch die übrige Theorie. Um unsere frühere Feststellung plausibel zu machen, brauchen wir die Gewißheit, daß die Spieler tatsächlich gegeneinander spielen. Wenn ein Vater mit seinem Kind um ein paar Groschen Karten spielt, so spielt er zwar ein Nullsummenspiel in unserem ursprünglichen Sinn, aber die Aussagen des letzten Kapitels treffen nicht zu. Wenn wir natürlich wie vorhin *annehmen*, daß es Ziel des Spielers ist, die erwartete Geldauszahlung zu maximieren, gibt es kein Problem, aber das ist ja die Frage; es ist die Gültigkeit dieser Annahme, die in Zweifel steht.

Tatsächlich gibt es viele Situationen, in denen die Leute nicht so handeln, daß sie ihren erwarteten Gewinn maximieren. Das hat nichts mit der formalen Theorie zu tun; es ist eine durchaus lebendige Beobachtung. Das Spiel, das wir zur Illustration am Ende des letzten Kapitels brachten, ist nur ein Beispiel, in dem die Annahme nicht richtig ist; es gibt aber noch viele andere.

Die Risikobereitschaft einer Person hängt im allgemeinen von ihrer finanziellen Situation ab. Ein millionenschwerer Konzern wird sich viel eher auf ein Spiel einlassen, das ihn ggf. $ 50 000 kostet, als eine Person, deren gesamtes Kapital aus dieser Summe besteht. Dies ist selbst dann so, wenn beide die Situation genau gleich einschätzen. Nach Meinung von Eli

Schwartz und James Greenleaf (1981) ist dies ein Grund dafür, daß die Reichen immer reicher und die Armen immer ärmer werden. Sie entwarfen das Modell einer Gesellschaft, in der alle Menschen zu Beginn gleich situiert sind und dann eine Reihe von Wetten abschließen. Einige Wetten sind riskanter als andere, bringen dafür aber auch im Durchschnitt höhere Gewinne. Das Glück macht nun einige reicher und andere ärmer. Die so entstehenden Unterschiede werden im weiteren systematisch verstärkt, da es sich die reichen Mitglieder der Gesellschaft leisten können, riskantere Wetten mit höheren Gewinnquoten abzuschließen. Schwartz und Greenleaf konnten mit Hilfe eines Computers berechnen, daß nach 5, 20 bzw. 50 Wettrunden das obere Zehntel der Gesellschaft zunächst 18 %, dann 25 % und schließlich 50 % des gesamten Vermögens kontrollierte.

Es gibt viele Spiele, die eine negative durchschnittliche Auszahlung haben und dennoch eine große Anzahl von Spielern anlocken. Die Leute kaufen zum Beispiel Lotterielose, schließen Wetten beim Rennen ab und spielen Glücksspiele in Las Vegas und Reno. Das soll nicht heißen, daß die Leute ohne Ziel und Schema spielen; bestimmte Wetten sind im allgemeinen beliebter als andere. Bei Untersuchungen von Wetten bei Pferderennen wurde z. B. beobachtet, daß die Teilnehmer den Außenseitern durch die Bank bessere Gewinnchancen einräumten als erwartet werden durfte, und entsprechend setzten, während die Favoriten, die eigentlich weit höher im Kurs stehen hätten sollen, vernachlässigt wurden. Aus welchem Grund die eine Wette oft beliebter ist als die andere, ist nicht immer klar; klar ist allerdings, daß die Spieler etwas anderes versuchen als ihren Durchschnittsgewinn zu erhöhen.

Es sind nicht nur die „Hasardeure", die sich auf Spiele mit ungünstigen Gewinnchancen einlassen. Solche Spiele werden auch von Leuten gespielt, die durchaus keine Spielernaturen sind, die aber große Veränderungen vermeiden möchten. Terminmärkte für Agrarprodukte werden ins Leben gerufen, weil die Bauern beim Anpflanzen sich dagegen absichern wollen, daß die Preise bis zur Ernte zu sehr fallen. Weiters besitzt fast jeder Erwachsene irgendeine Versicherung, obwohl das „Versicherungsspiel" einen negativen Wert hat, da die Prämien nicht nur alle Versicherungsleistungen, sondern auch die allgemeinen Unkosten und Gebühren der Versicherungsgesellschaft decken. Die Versicherung ist übrigens nichts anderes als eine umgekehrte Lotterie. In beiden Fällen setzt der Spieler einen kleinen Betrag; der Lotteriespieler hat die geringe Aussicht, ein Vermögen zu gewinnen, und der Policeninhaber versichert sich gegen die geringe Aussicht, daß ihn eine Katastrophe trifft.

Die Tatsache, daß Versicherungspolicen so weit verbreitet sind, läßt darauf schließen, daß die Leute bereit sind, einen Preis für Sicherheit zu bezahlen. Diese Aversion gegen Risiko wurde auch bei diesbezüglichen Versuchen immer wieder festgestellt.

H. Markowitz (1955) z. B. fragte eine Gruppe von Leuten des Mittelstandes, was ihnen lieber wäre: eine kleinere Summe Geldes sicher oder die Aussicht, zehnmal so viel mit einer Wahrscheinlichkeit von 1/2 zu gewinnen. Die Antworten, die gegeben wurden, hingen von der Höhe der Geldsumme ab. Wenn nur $ 1 geboten wurde, spielten alle um $ 10, aber die meisten blieben bei einem sicheren Betrag von $ 1000, anstatt zu versuchen, $ 10000 zu gewinnen, und alle entschieden sich für eine sichere Million.

Wir möchten betonen, daß das Versäumnis, Durchschnittsgewinne zu maximieren, nicht nur ein durch Mangel an Einsicht hervorgerufener Fehler ist. Im Jahre 1959 forderten die Wissenschaftler Alvin Scodel, Philburn Ratoosh und J. Sayer Minas ihre Versuchspersonen auf, aus verschiedenen Wetten eine auszuwählen. Es bestand überhaupt keine Korrelation zwischen den gewählten Wetten und der Intelligenz der Versuchsperson. Es nahmen auch Mathematiker mit abgeschlossenem Hochschulstudium an diesem Experiment teil, die bestimmt die nötigen Berechnungen durchführen hätten können, wenn sie gewollt hätten.

Wenn die Theorie also realistisch sein soll – und wenn sie das nicht ist, ist sie sinnlos – können wir nicht annehmen, daß es den Leuten nur auf ihren Durchschnittsgewinn ankommt. Wir können eigentlich gar keine allgemeine Annahme bezüglich der Wünsche der einzelnen treffen, da verschiedene Menschen verschiedene Dinge wollen. Was gebraucht wird, ist ein Mechanismus, der die Ziele eines Spielers – was immer sie sind – in Bezug setzt zu dem Verhalten, durch das er diese Ziele erreichen kann: kurz gesagt, eine Nutzentheorie.

Damit man bei einem Spiel vernünftige Entscheidungen fällen kann, müssen sowohl die Ziele des Spielers als auch die formale Struktur des Spiels in Betracht gezogen werden. Bei diesem Entscheidungsprozeß gibt es eine natürliche Arbeitsteilung. Der Spieltheoretiker muß, um Lewis Carroll abzuwandeln, den richtigen Weg wählen, nachdem er das Ziel des Spielers erfahren hat; der Spieler muß gar nichts über Spieltheorie wissen, er muß nur wissen, was er möchte – eine leicht abgeänderte Version der alten Binsenweisheit.

Das Problem dabei ist, daß der Spieler einen Weg finden muß, um dem Spieltheoretiker, der die Entscheidungen trifft, seine Wünsche klar zu definieren. Feststellungen wie: „ich mag nicht vom Regen erwischt werden" oder „ich schwärme für Picknicks" sind wertlos bei der Entscheidung, ob man ein Picknick absagen soll, weil es laut Wetterbericht möglicherweise regnen wird. Es ist natürlich hoffnungslos, subjektive Gefühle in quantitativer Form zur Gänze ausdrücken zu wollen, aber mit Hilfe der Nutzentheorie ist es unter bestimmten Bedingungen möglich, für unsere derzeitigen Zwecke genügend dieser Gefühle zu vermitteln.

Nutzenfunktionen: Was sie sind und wie sie funktionieren

Eine Nutzenfunktion ist einfach eine „Quantifizierung" der Präferenzen einer Person gegenüber bestimmten Objekten. Nehmen wir als Beispiel drei Früchte: eine Orange, einen Apfel und eine Birne. Die Nutzenfunktion ordnet zunächst einmal jeder Frucht eine Zahl zu, die angibt, wie begehrt die Frucht ist. Wenn die Birne am meisten und der Apfel am wenigsten gewünscht würde, wäre der Nutzen der Birne am größten und der des Apfels am geringsten.

Die Nutzenfunktion ordnet Zahlen nicht nur Früchten zu, sondern auch Lotterien, die Früchte als Preis haben. Einer Lotterie, in der es eine Gewinnchance von 50 % für einen Apfel und 50 % für eine Birne gibt, könnte man einen Nutzen von 6 zuschreiben. Wenn der Nutzen eines Apfels, einer Orange und einer Birne 4, 6 bzw. 8 wäre, würde das bedeuten, daß die Person keine Präferenz zwischen einem Lotterielos und einer Orange hat (also diesen gegenüber indifferent ist), daß sie eine Birne den anderen Früchten bzw. einem Lotterielos vorzieht, und daß sie ein Lotterielos oder die anderen Früchte einem Apfel vorzieht.

Nutzenfunktionen ordnen auch allen jenen Lotterien Zahlen zu, die andere Lotterielose als Preis haben; jede dieser anderen Lotterien kann als Preis wiederum Lose für weitere Lotterien haben, solange nur die Endpreise Früchte sind.

Das ist aber noch nicht alles. Von Neumann und Morgenstern (1961) verlangen von *ihren* Nutzenfunktionen noch etwas, das sie für ihre Theorie ideal geeignet macht. Die Nutzenfunktionen müssen so angelegt sein, daß der Nutzen jeder Lotterie immer gleich dem gewichteten Durchschnitt der Nutzen ihrer Preise ist. Wenn bei einer Lotterie eine Gewinnchance von 50 % für einen Apfel (der einen Nutzen von 4 hat) besteht, und eine Gewinnchance von je 25 % für eine Orange bzw. eine Birne (mit einem Nutzen von 6 bzw. 8), ist der Nutzen der Lotterie demnach 5 1/2.

Existenz und Eindeutigkeit von Nutzenfunktionen

Es ist leicht genug, eine Liste von Bedingungen, die man von Nutzenfunktionen gern erfüllt sähe, aufzustellen. Eine Nutzenfunktion zu finden, die das tatsächlich leistet, ist schon schwieriger. Nehmen wir an, wir haben eine Person mit beliebigen Neigungen; ist es immer möglich, eine entsprechende Nutzenfunktion zu finden? Können diese Neigungen durch zwei verschiedene Nutzenfunktionen wiedergegeben werden?

Die Antwort auf die zweite Frage lautet: ja. Sobald eine Nutzenfunktion festgelegt ist, kann man eine zweite ableiten, indem man den Nutzen von allem einfach verdoppelt; eine weitere läßt sich bilden, wenn man dem Nutzen von allem eins hinzufügt.

Wenn wir eine beliebige Nutzenfunktion nehmen und den Nutzen von allem mit einer beliebigen positiven Zahl multiplizieren (oder die gleiche Zahl zu jedem Nutzen addieren), kommen wir zu einer neuen Nutzenfunktion, die genauso gut funktioniert.

Es kann aber auch sein, daß es keine zutreffende Nutzenfunktion gibt: dies wäre dann gegeben, wenn die Neigungen einer Person keine „innere Konsistenz" aufweisen. Wir haben z. B. eine Person, die bei einer Auswahl zwischen einem Apfel und einer Orange den Apfel bevorzugt. Das würde bedeuten, daß der Nutzen eines Apfels größer sein müßte als der einer Orange. Wenn die Person bei der Wahl zwischen Orange und Birne der Orange den Vorzug gibt, müßte der Nutzen der Orange größer sein als der der Birne. Da der Nutzen in gewöhnlichen Zahlen ausgedrückt wird, folgt daraus, daß der Nutzen eines Apfels auf jeden Fall größer ist als der einer Birne. Wenn die Person allerdings bei der Wahl zwischen Apfel und Birne der Birne den Vorzug gibt, wäre es hoffnungslos, eine Nutzenfunktion aufstellen zu wollen. Es ist unmöglich, den drei Früchten Zahlen zuzuordnen, die diese drei Präferenzen gleichzeitig ausdrücken. Für die eben gemachte Aussage gibt es einen Fachausdruck: die Präferenzen dieses Spielers werden als *intransitiv* bezeichnet.

Wenn die Präferenzen eines Spielers genügend Konsistenz aufweisen – d. h. wenn sie bestimmte Anforderungen erfüllen – können sie prägnant in Form einer Nutzenfunktion ausgedrückt werden.

Sechs Bedingungen für die Existenz einer Nutzenfunktion

Wenn die Präferenzen eines Spielers durch eine Nutzenfunktion ausgedrückt werden sollen, müssen diese Präferenzen konsistent sein, d. h. sie müssen bestimmten Bedingungen genügen. Diese Bedingungen können auf verschiedene, mehr oder weniger gleichwertige Arten ausgedrückt werden; wir wollen die von Luce und Raiffa (1957) vorgeschlagene Formulierung verwenden. Einfachheitshalber wird für die Begriffe „Frucht" und „Lotterie" jeweils das Wort „Objekt" verwendet.

1. *Alles ist vergleichbar.* Bei zwei Objekten – was immer diese sind – muß der Spieler dem einen oder dem anderen den Vorzug geben oder indifferent eingestellt sein; zwei Objekte sind nie unvergleichbar.

2. *Präferenz und Indifferenz sind transitiv.* A, B und C z. B. sind drei verschiedene Objekte. Wenn A ∞ B (d. h. A wird B vorgezogen) und B ∞ C, so folgt daraus A ∞ C. Wenn der Spieler zwischen A und B und zwischen B und C indifferent ist, so wird er auch zwischen A und C indifferent sein.

3. Ein Spieler ist indifferent, wenn Lotteriepreise gegen gleichwertige ausgetauscht werden. Angenommen, daß in einer Lotterie ein Preis durch einen anderen ersetzt wird, die Lotterie sonst aber unverändert bleibt: wenn der Spieler zwischen dem alten und dem neuen Preis indifferent ist, so wird er auch zwischen den Lotterien indifferent sein. Wenn ihm ein Preis lieber ist als ein anderer, so wird er der Lotterie den Vorzug geben, die „seinen" Preis anbietet.

4. Ein Spieler wird immer etwas riskieren, wenn die Gewinnchancen entsprechend hoch sind. Angenommen, bei einer Anzahl von drei Objekten gilt A ∞ B und B ∞ C. Nehmen wir nun die Lotterie, bei der A mit der Wahrscheinlichkeit p und C mit der Wahrscheinlichkeit (1-p) gewonnen werden kann. Dabei ist zu beachten, daß bei p = 0 die Lotterie C und bei p = 1 die Lotterie A gleichwertig ist. Im zweiten Fall wird die Lotterie B vorgezogen, im ersten Fall wird B der Lotterie vorgezogen. Bedingung 4 besagt, daß es für p einen Wert zwischen 0 und 1 gibt, der den Spieler zwischen B und der Lotterie indifferent macht.

5. Je größer die Gewinnchancen für den bevorzugten Preis sind, desto besser ist die Lotterie. In Lotterie I und II gibt es zwei mögliche Preise: Objekt A und B. In Lotterie I ist die Wahrscheinlichkeit, A zu gewinnen, p; in Lotterie II ist die Wahrscheinlichkeit, A zu gewinnen, q. A wird B vorgezogen. Nach Bedingung 5 wird Lotterie I Lotterie II vorgezogen, wenn p größer als q ist; und umgekehrt muß p größer als q sein, wenn Lotterie I Lotterie II vorgezogen wird.

6. Die Spieler sind dem tatsächlichen Spiel gegenüber indifferent. Die Einstellung eines Spielers zu einer zusammengesetzten Lotterie – einer Lotterie, in der die Preise Lose für andere Lotterien sein können – hängt nur von den Endpreisen und der Aussicht, diese gemäß den Regeln der Wahrscheinlichkeit zu gewinnen, ab; der tatsächliche Spielmechanismus ist irrelevant.

Von nun an wollen wir annehmen, daß die Präferenzen eines jeden Spielers durch eine Nutzenfunktion ausgedrückt und die Auszahlungen in „Nutzenquanten" (Einheiten der Nutzenfunktion) angegeben werden. Wenn wir jetzt von einem Nullsummenspiel sprechen, meinen wir ein Spiel, in dem die Summe aller Auszahlungen (in Nutzenquanten) immer null ist. Wenn zwei Spieler ein Nullsummenspiel in diesem neuen Sinn spielen, müssen ihre Interessen notwendigerweise einander entgegengesetzt sein.

Der Vorteil dieser neuen Nullsummen-Definition ist, daß nunmehr die Arbeit, die wir bereits auf die Zweipersonen-Nullsummenspiele aufgewendet haben, auch auf die neuen Nullsummenspiele angewendet werden kann und somit gerechtfertigt ist. Wir müssen allerdings zugeben, daß diese neue Betrachtungsweise auch einen entsprechenden Nachteil hat. Dies hätten wir als Folge unseres „Satzes der Erhaltung" natürlich voraussehen können: Spiele, die leicht zu analysieren sind, kommen nicht sehr oft vor. Das Problem ist, daß diese neue Art von Nullsummenspiel selten und schwer zu erkennen ist. Vor unserer Definitionsänderung müßte man nur die Regeln eines Spiels wie z. B. Poker kennen, um sofort feststellen zu können, daß es sich um ein Nullsummenspiel handelt. Nun ist der Prozeß des Erkennens wesentlich komplizierter und umfaßt auch subjektive Faktoren wie die Einstellung des Spielers zum Risiko. Dadurch ist es wesentlich mühsamer, die Theorie anzuwenden.

Einige mögliche Irrtümer

Die Nutzentheorie wird leicht mißverstanden. Das ist teilweise historisch zu begründen: „Nutzen" gibt es schon seit langem, der Begriff war allerdings nicht immer einheitlich oder klar. In seinem Artikel „Deterrence and Power" (Abschreckung und Macht) im *Journal of Conflict Resolution* (1960) führt Glenn Snyder eine Reihe von häufigen Irrtümern an:

„Die nachfolgenden Zahlen (d. h. die Auszahlungsmatrix) gründen auf der Annahme, daß beide Seiten die Fähigkeit haben, alle relevanten Werte in einen gemeinsamen Nenner ‚Nutzen' umzuformen, daß sie Wahrscheinlichkeiten bei den gegnerischen Handlungen abschätzen können und das auch tun und daß sie nach dem Prinzip der ‚mathematischen Erwartung' handeln. Letzteres besagt, daß der ‚Erwartungswert' jeder Entscheidung oder Handlung die Summe der Erwartungswerte aller möglichen Ergebnisse ist. Der Erwartungswert eines möglichen Ergebnisses wird bestimmt durch seinen Wert für den Entscheidenden mal der Wahrscheinlichkeit, daß es eintritt. Nach diesem Kriterium bedeutet ‚rational' handeln nichts anderes, als unter den möglichen Handlungsweisen diejenige auszuwählen, die den Erwartungswert auf lange Sicht gesehen am ehesten maximiert (oder die erwarteten Kosten minimiert). Abgesehen von der praktischen Schwierigkeit, den fraglichen Elementen numerische Werte zuzuteilen, gibt es Gründe dafür, daß das Kriterium der mathematischen Erwartung nicht ganz als Leitfaden für Rationalität bei Fragen wie atomare Abschreckung und nationale Sicherheit geeignet ist. Als eine erste Annäherung ist es jedoch brauchbar; die notwendigen Einschränkungen, die mit dem Problem der Unsicherheit und der Nachteiligkeit von großen Verlusten zu tun haben, werden noch gemacht werden."

Snyder fängt ganz richtig an; man muß „alle relevanten Werte in einen gemeinsamen Nenner Nutzen umformen". Daß diese Möglichkeit gegeben ist, muß man annehmen, aber das ist auch alles. Snyder ist auch gewillt anzunehmen, daß beide Seiten „nach dem Prinzip der ‚mathematischen Erwartung' handeln". Aber warum sollte eine Person oder ein Land mehr Interesse daran haben, den Erwartungswert des Nutzens zu maximieren, als den Erwartungswert des Geldgewinns?

Sowohl diese letzte Frage als auch die Annahme von Snyder zäumen das Pferd beim Schwanz auf. Die Wünsche einer Person kommen zuerst; die Nutzenfunktion – falls sie existiert – kommt anschließend. Die Leute versuchen *nicht*, ihren Nutzen zu maximieren – egal ob dessen Erwartungswert oder sonst etwas; die meisten wissen vermutlich gar nicht, daß es so etwas wie Nutzen überhaupt gibt. Ein Spieler kann so handeln, als *ob* er seine Nutzenfunktion maximieren würde, aber nicht, weil er es so beabsichtigt, sondern weil die Nutzenfunktion so zweckdienlich festgelegt wurde. Was – zumindest theoretisch – geschieht, ist, daß die Präferenzen des Spielers erfaßt werden und dann eine Nutzenfunktion festgelegt wird, die der Spieler *scheinbar* maximiert.

Synders Aussage: „nach diesem Kriterium bedeutet ‚rational' handeln nichts anderes als unter den ursprünglichen Handlungsweisen diejenige auszuwählen, die den Erwartungswert auf lange Sicht gesehen am ehesten maximiert (oder die erwarteten Kosten minimiert)" kann aus zwei Gründen kritisiert werden. Erstens ist das Problem verkehrt gestellt, wie schon vorhin. Man maximiert seinen Nutzen nicht, weil man rational ist; die Präferenzen werden *zuerst* erfaßt und *dann* wird die Nutzenfunktion festgelegt. Außerdem spielt der Nutzen „auf lange Sicht" nicht die entscheidende Rolle. Nutzen trifft auf Einzelereignisse zu. Wenn jemand der Auffassung ist, daß das Leben aus einer Reihe von Glücksspielen besteht, bei denen Glück und Pech einander die Waage halten, kann er beschließen, seinen Durchschnittsgewinn in Dollars zu maximieren; das ist ganz in Ordnung. Aber wenn er weniger riskante Alternativen bevorzugt, so ist das ebenfalls in Ordnung, auch wenn das den erwarteten Gewinn herabmindert. Die Nutzentheorie läßt sich auf beide Einstellungen anwenden. Beim „Abschreckungsspiel" werden Risiken eingegangen ohne jede Sicherheit, daß sich die Chancen wiederholen, ja es besteht vielmehr guter Grund zu der Annahme, daß sie sich nicht wiederholen.

Letztlich geht auch der Vorbehalt des Autors bezüglich der „Nachteiligkeit von großen Verlusten" am Kern des Problems vorbei. Entweder existiert eine Nutzenfunktion, oder sie existiert nicht. Wenn die Nutzenfunktion Zahlen mit großen Verlusten in Verbindung bringt, die unangemessen sind, dann ist sie überhaupt keine Nutzenfunktion. Eine Nutzenfunktion, die etwas leistet, muß die Präferenzen einer Person genau wiedergeben: dies ist ihr einziger Sinn und Zweck.

Aufstellen einer Nutzenfunktion

Auch wenn eine Nutzenfunktion benötigt wird, bleibt immer noch das Problem, wie sie tatsächlich bestimmt wird. Grob gesprochen kann man dieses Problem folgendermaßen lösen; eine Person wird ersucht, eine Reihe von einfachen Wahlen zwischen zwei Dingen zu treffen; das können Früchte oder Lotterielose sein. Sie kann z. B. gefragt werden, ob sie einen Lotterieschein bevorzugt mit der Aussicht, mit der Wahrscheinlichkeit von 3/4 eine Birne und 1/4 einen Apfel zu gewinnen, oder die Sicherheit, eine Orange zu bekommen. Zu jeder Frage muß sie eine Präferenz für eine der Möglichkeiten angeben oder sagen, daß sie beiden gegenüber indifferent ist. Aufgrund dieser einfachen Wahlen ist es möglich, eine einzige Nutzenfunktion festzulegen, die jeder Frucht und jeder möglichen Lotterie eine Zahl zuordnet – wobei alle Präferenzen einer Person gleichzeitig erfaßt sind, vorausgesetzt, daß sie konsistent sind. Früchte und Lotterien werden auf eine einzige Dimension gebracht, in der jede Frucht und jedes Lotterielos gleichzeitig verglichen werden kann.

Es ist zu bemerken, daß bei der Erstellung der Nutzenfunktion nichts Neues hinzukam: die große, endgültige Ordnung ist in den Einzelwahlen, die vorher getroffen wurden, impliziert. Aber der praktische Vorteil, der sich durch eine prägnante Nutzenfunktion gegenüber einer Reihe von Einzelpräferenzen ergibt, ist enorm.

Sind die Präferenzmuster der Menschen wirklich konsistent?

Bisher haben wir angenommen, daß die Leute, für die Nutzenfunktionen aufgestellt werden sollen, konsistente Präferenzen haben, d. h. Präferenzen, die die sechs Konsistenzbedingungen, die wir weiter oben aufgeführt haben, erfüllen. Oberflächlich gesehen sind diese Bedingungen intuitiv ansprechend, und man könnte meinen, daß sie von den meisten Leuten mit geringen Einwänden oder gar uneingeschränkt akzeptiert würden. Man hat sogar vorgeschlagen, diese Bedingungen – oder zumindest einige davon – als *Definition* der Rationalität im Entscheidungsprozeß zu verwenden. Aber es stellt sich heraus, daß Leute oft inkonsistente Haltungen haben, die das Aufstellen einer Nutzenfunktion unmöglich machen. Was kann eigentlich alles schiefgehen?

Auf das experimentelle Studium von Verhaltensweisen bei Wetten wurde schon ziemlich viel Mühe aufgewendet, insbesondere um festzustellen, ob diese Verhaltensweisen im früher beschriebenen Sinn „konsistent" sind. In einer Reihe von Versuchen verglich Ward Edwards die Wetten, die von Versuchspersonen gewählt wurden, mit bestimmten anderen Variablen wie z. B. der Durchschnittssumme, die ein Spieler gewinnen konnte, dem Vermögensstand der Versuchsperson zum Zeitpunkt der Wahl, den tatsächlichen numerischen Wahrscheinlichkeiten usw. Unter anderem fand Edwards heraus, daß gewisse Versuchspersonen eher zu Wetten mit Wahrscheinlichkeiten von (1/2, 1/2) neigten, als zu solchen mit (1/4, 3/4), auch wenn der durchschnittliche Gewinn in beiden Fällen gleich war. Es läßt sich leicht nachweisen, daß niemand einer Wettart den Vorzug geben und gleichzeitig die sechs Bedingungen der „Konsistenz" erfüllen kann.

Eine weitere Schwierigkeit ist, daß sich die Präferenzen im Lauf der Zeit ändern. Das scheint kein zu arges Problem zu sein, insoweit Änderungen schrittweise erfolgen, aber dem ist nicht so: die Wechselwirkung zwischen dem Spielgeschehen und den Einstellungen der Spieler darf niemals außer acht gelassen werden. Ein Arbeiter, der lange Zeit auf Streik war, betrachtet ein Angebot mit anderen Augen als einer, der gerade zu verhandeln begonnen hat; im Verlauf der Verhandlungen können sich flexible Einstellungen verhärten und Möglichkeiten, die früher durchaus akzeptabel waren, können inakzeptabel werden.

Jeder, der einmal bei Wettspielen zugesehen hat, hat diese Beobachtungen ohne Zweifel gemacht. Beim Pokerspiel z. B. werden die Einsätze höher, je mehr die Zeit vorrückt: offensichtlich erhöht sich im Lauf des Spiels die Summe, die als akzeptables Risiko betrachtet wird. Dasselbe Phänomen wurde experimentell durch Vergleichen der Wettsummen bei den ersten und letzten Rennen eines Renntags festgestellt. Ein subjektives, aber lebhaftes Bild dieser Situation findet sich in Dostojewskis Roman „Der Spieler".

„Was mich betrifft, so verlor ich schnell jeden Pfennig. Ich setzte geradewegs zwanzig Friedrichsdor auf ‚Pair' und gewann, setzte wieder und gewann wieder und tat dieses noch etwa zwei- oder dreimal. Ich glaube, ich muß innerhalb von fünf Minuten wohl an die vierhundert Friedrichsdor in Händen gehabt haben. Jetzt hätte ich gehen sollen, aber eine sonderbare Empfindung stieg in mir auf, eine Art Trotz gegen das Glück, der Wunsch, es herauszufordern, ihm sozusagen die Zunge herauszustrecken. Ich setzte den höchsten erlaubten Betrag – viertausend Gulden – und verlor. Dann überkam es mich, ich nahm alles, was ich noch hatte, setzte es auf dieselbe Nummer und verlor wieder, worauf ich wie betäubt vom Tische wegging, ich konnte nicht einmal sagen, was eigentlich geschehen war..."

Es gibt auch noch viele andere Probleme. Aus Experimenten geht hervor, daß Entscheidungen oft von scheinbar unwichtigen Variablen abhängen. Die Leute wetten auf eine bestimmte Art, wenn sie um Geld spielen, und auf eine andere, wenn sie um Jetons spielen, die Geld wert sind. Sie wetten anders, wenn Leute da sind, und anders, wenn sie allein sind. Ihre Geschichte – der Erfolg, den sie bisher im Spiel hatten – beeinflußt ihre

Haltung gegenüber dem Risiko. Menschen wählen inkonsistent: einmal wählen sie die eine von zwei Arten von Wetten, das nächste Mal die andere. Und ihre Präferenzen sind intransitiv: sie bevorzugen A, wenn sie die Wahl zwischen A und B haben, und B, wenn sie zwischen B und C wählen können. Und wenn sie vor die Wahl zwischen A und C gestellt werden, bevorzugen sie C.

Es ist beachtenswert, wie der Kontext eines Problems das Fällen einer Entscheidung beeinflussen kann: „Ein Mann, der ein Auto für $ 2 134.56 kauft, ist versucht, es mit einem eingebauten Radio zu bestellen, was den Gesamtpreis auf $ 2 228.41 erhöht, da er den Unterschied als geringfügig empfindet. Wenn er dann aber überlegt, daß er – falls er das Auto schon hätte – sicher nicht $ 93.85 für ein Autoradio ausgeben würde, sieht er ein, daß er einen Fehler gemacht hat." (Aus *The Foundations of Statistics* von Leonard J. Savage, 1954.)

In der letzten Zeit wurden ernsthafte Bedenken hinsichtlich der Grundlagen der Nutzentheorie geäußert. Daniel Kahneman und Amos Tversky (1982) stellten in einem Experiment fest, daß die meisten Versuchspersonen unterschiedliche Entscheidungen in identischen oder ähnlich gelagerten Situationen trafen, wenn diese Situationen auf unterschiedliche Art und Weise beschrieben wurden. Im allgemeinen galt die folgende Regel: Personen, die der Ansicht sind, etwas gewonnen zu haben, versuchen meistens, diesen Gewinn zu erhalten, indem sie jedes Risiko vermeiden. Wenn sie aber meinen, etwas verloren zu haben, sind dieselben Personen in der gleichen Situation bereit, Risiken einzugehen, die sie zuvor für inakzeptabel hielten, um den vermeintlichen Verlust auszugleichen. (Vergleichen Sie auch den Abschnitt „Lösungen" auf S. 75, in dem Sie mehr über dieses Experiment erfahren).

In dem oben beschriebenen Experiment wurde den Versuchspersonen z. B. mitgeteilt, daß im Geschäft A ein Jacket $ 125 und ein Taschenrechner $ 15 kostet. Sie erhielten zudem die Auskunft, daß in einem anderen, 20 Autominuten entfernten Geschäft B der Taschenrechner für $ 10 zu haben sei. Die meisten waren daraufhin bereit, zu Geschäft B zu fahren. Als aber die Ersparnis von $ 5 nicht für den Taschenrechner, sondern für das $ 125-Jacket in Aussicht gestellt wurde, lehnten es die meisten ab, dafür eine 20-minütige Autofahrt auf sich zu nehmen. Vermutlich erschien ihnen eine Preisverminderung um 4 % weniger interessant als eine von 33 1/3 %. Tatsächlich ist dies jedoch lediglich eine weitere Variante des Savage'schen Paradoxons, da man in beiden Fällen $ 5 spart, indem man 20 Minuten fährt.

Trotz aller Schwierigkeiten – trotz der offensichtlichen Irrationalität des menschlichen Verhaltens, trotz aller Ungereimtheiten – sind Nutzenfunktionen erfolgreich aufgestellt worden. In einem Fall beobachteten Experimentatoren die Wetten, die Versuchspersonen auswählten, wenn ihnen einfache Möglichkeiten vorgelegt wurden. Aufgrund dieser Beobachtungen konnten die Experimentatoren vorhersagen, wie die Versuchspersonen handeln würden, wenn man sie vor wesentlich kompliziertere Entscheidungen stellen würde. Wie war das, bei allen Einwänden, die gemacht worden sind, möglich?

Natürlich können nicht alle Einwände abgetan werden, aber das Problem ist nicht so ernst, wie es den Anschein haben mag. Nehmen wir z. B. die intransitiven Präferenzen. Manche Experimentatoren sind der Ansicht, daß echte Intransitivitäten kaum vorkommen. Was ihrer Meinung nach geschieht ist, daß die Leute zu einer Wahl zwischen verschiedenen Möglichkeiten, denen sie indifferent gegenüberstehen, gezwungen werden. Die Reaktion hängt daher von der momentanen Laune ab. Wenn jemand sich nicht entscheiden kann, ob er ein Auto für $ 2000,– kaufen soll, sollte es keine Überraschung sein, wenn er in einem Moment einen nur geringfügig niedrigeren Preis ablehnt und im nächsten einen etwas höheren akzeptiert.

Bei verschiedenen Experimenten wurde beobachtet, daß Versuchspersonen, die intransitive Wahlen treffen, dies nicht konsequent tun. Bei einem Experiment z. B. hatten die Versuchspersonen die Aufgabe, eine Liste von bestimmten Verbrechen in der Reihenfolge ihrer Schwere aufzustellen und das Ausmaß der Strafe zu bestimmen. Es ergaben sich gelegentliche Intransitivitäten, die aber bei einer Wiederholung der Aufgabe fast überall verschwanden.

Es ist sehr wahrscheinlich, daß durch Identifizieren und Steuern der signifikanten Variablen viel „irrationales" Verhalten ausgeschaltet werden kann. Falls Menschen z. B. aggressiver spielen, wenn sie sich in Gesellschaft befinden, als wenn sie allein sind (und das tun sie), so muß dies berücksichtigt werden. Die Versuchspersonen sollten auch etwas Erfahrung im Treffen von Entscheidungen haben, damit sie die Folgen ihres Handelns abschätzen können. Bei dem Beispiel von Savage (der Kauf eines Autos mit Radio) ist dies besonders zutreffend.

Schließlich muß auch die richtige Einstellung vermittelt werden. Bei manchen Experimenten erklärten die Versuchspersonen, daß sie ihrer Meinung nach vom besten Kurs abgewichen seien, nur um die Sache spannend zu machen. Das ist ein ernstes Problem, da der Experimentator begrenzte Mittel hat und nicht so viel bezahlen kann, daß er die Spieler in vollem Ausmaß zu entsprechenden Handlungsweisen veranlassen könnte. Leute, die in einem „heißen, feuchten, aufregenden und verworrenen Karnevalsklima", wie dies von einem Experimentator formuliert wurde, spielen, verhalten sich ganz anders als solche, die sich in einer künstlichen, isolierten Laboratoriumswelt befinden.

Problemlösungen:

1, 3, 6 und 7: Diese Fragen sollen verdeutlichen, daß Menschen ihre Entscheidungen nicht immer aufgrund der objektiven Gegebenheiten treffen, sondern danach, wie die jeweilige Situation zustandekam bzw. beschrieben wird. Wenn Sie wie die Versuchspersonen in dem Experiment von Kahneman und Tversky (1982) entscheiden, ist die Wahrscheinlichkeit, daß Sie Eintrittskarten kaufen, in der Situation von Frage 1 größer als in der von Frage 6. Ebenso lehnten es viele Versuchspersonen ab, sich auf das Risiko in Frage 3 einzulassen, aber akzeptierten das Risiko in Frage 7, obwohl beide Situationen genau identisch sind: der sicheren Summe von $ 250 steht eine 25-prozentige Chance, $ 400 zu gewinnen, und eine 75-prozentige Chance, $ 200 zu gewinnen, gegenüber. Diese offensichtlichen Ungereimtheiten wecken Zweifel an den Grundlagen der Spieltheorie.

Wenn Personen Gefahr laufen zu verlieren, scheinen sie bereit zu sein, Risiken einzugehen, um ihren Verlust auszugleichen. Der Verlierer einer Pokerrunde, der im nächsten Spiel das Doppelte seines Verlustes setzen will, und der Besitzer einer sinkenden Aktie, der darauf wartet, daß die Kurse steigen, um Null auf Null abzuschließen, sind Beispiele für diese Art von Verhalten. Menschen, die gewinnen, scheinen häufig jedes Risiko vermeiden zu wollen – so z. B. der siegreiche Pokerspieler, der nach Hause gehen möchte. Da die Situationen objektiv identisch sind, scheint dies darauf hinzudeuten, daß sich die Spieler unterschiedlich verhalten.

2, 4 und 5: Die Spieltheorie sagt Ihnen nicht, ob sie spielen sollen oder nicht – sie sagt Ihnen nur, wie Sie das, was Sie erreichen möchten, erreichen können. Es ist keineswegs unvernünftig, in Frage 2 die sichere Summe von $ 1 Million vorzuziehen und in Frage 5 um $ 30 zu spielen – die meisten Menschen würden sich so entscheiden. Die „faire" Versicherungsprämie in Frage 4 beträgt $ 1 000 (d. h., daß Sie Null auf Null abschließen, wenn Sie diese Summe häufig setzen), aber es gibt keinen Grund, warum Sie nicht eine höhere Prämie bezahlen sollten, wenn Sie an einem guten Versicherungsschutz interessiert sind, bzw. eine niedrigere Prämie ablehnen, wenn Sie keine Versicherung abschließen möchten.

5. Das Zweipersonen-Nichtnullsummenspiel

Einführende Fragestellungen

Die Spiele, mit denen wir uns bislang beschäftigt haben, waren Nullsummenspiele – Ihr Gewinn entsprach stets dem Verlust Ihres Gegners. Nichtnullsummenspiele kommen weitaus häufiger vor, sind interessanter, aber auch schwieriger zu analysieren. Sie sind Gegenstand verschiedener Theorien, die unterschiedliche Strategien bevorzugen, aber ihre jeweiligen Argumente sind nicht so überzeugend; über das Endergebnis können zwar Mutmaßungen angestellt werden, aber die Vorhersagen sind weniger zwingend. Die Probleme, die in diesem und den folgenden beiden Kapiteln vorgestellt werden, haben mehr mit Ideen als mit Zahlen und Fakten zu tun. Aus diesem Grund ist es besonders interessant, über die einführenden Fragestellungen nachzudenken, bevor Ihre Ideen von unseren Überlegungen geprägt werden.

1. Nehmen Sie an, daß die Matrixeintragungen in Abb. 5.1 Dollarbeträge darstellen. Für jedes Strategienpaar gibt es *zwei* Auszahlungen, eine an Sie (die erste Zahl in der Klammer) und eine an Ihren Partner. Wenn Sie also B wählen und Ihr Partner A, erhalten Sie $ 5 und Ihr Partner geht leer aus. Kommunikation zwischen den Spielern ist nicht erlaubt.

Abb. 5.1

		Ihr Partner A	Ihr Partner B
Sie A		(3,3)	(0,5)
Sie B		(5,0)	(1,1)

a) Welche Strategie würden Sie wählen, wenn das Spiel nur einmal gespielt würde?
b) Würden Sie sich für eine andere Strategie entscheiden, wenn das Spiel zweihundertmal wiederholt würde?
c) Vor einiger Zeit wurden eine Reihe von Personen aufgefordert, Computerprogramme zu schreiben, die genaue Anweisungen für die Entscheidungen in jeder dieser 200 Wiederholungen beinhalten sollten. Es ist zu vermuten, daß die Wahl Ihrer Strategie im 50. Spiel von den vorherigen Spielverläufen abhängt. Im Rahmen eines Turniers trat dann jedes Pro-

gramm gegen jedes andere an (zusätzlich wurde ein Programm nach dem Zufallsprinzip gespielt). Bevor Sie sich nun entscheiden, welche Gesamtstrategie Sie wählen würden, denken Sie bitte zunächst einmal über die Implikationen jeder einzelnen Strategie nach. Dies ist ein besonders wichtiges Spiel, und es ist die Mühe wert, sich darüber einige Gedanken zu machen. Bitte nehmen Sie sich die Zeit, sich damit auseinanderzusetzen.

2. Nehmen Sie an, daß Sie und ein weiterer Spieler an einem Spiel teilnehmen, in dem es erlaubt ist, sich vor Spielbeginn miteinander zu verständigen.

a) Nehmen Sie nun an, daß die Spielregeln geändert und Sie daran gehindert werden, einige Ihrer Strategien einzusetzen. Kann dies womöglich zu Ihrem Vorteil sein?

b) Sie können jetzt nicht mehr mit dem anderen Spieler kommunizieren. Kann dies zu Ihrem Vorteil sein? (Nehmen Sie an, daß Sie zuvor verbindliche Abkommen treffen konnten.)

c) Nehmen Sie an, daß nach den ursprünglichen Spielregeln beide Spieler gleichzeitig ihre Strategien wählen mußten. Die Regeln werden geändert, so daß Sie nun zuerst entscheiden müssen, während der andere Spieler abwartet und seine Wahl dann aufgrund Ihrer Entscheidung trifft. Kann dies zu Ihrem Vorteil sein?

d) Ist es zu Ihrem Vor- oder Nachteil, wenn der andere Spieler Ihre Nutzenfunktion erfährt?

3. Sie handeln mit Antiquitäten, und ein Kunde möchte innerhalb von 24 Stunden eine bestimmte Lampe von Ihnen kaufen. Er ist bereit, dafür $ 5 000 zu zahlen. Ein Großhändler, der vom Kaufinteresse Ihres Kunden erfährt, ersteht die Lampe für $ 3 000. Unmittelbar vor Ablauf der Frist erhalten Sie eine Nachricht von diesem Großhändler, der Ihnen die Lampe zum Kauf anbietet. Ihnen verbleibt lediglich die Zeit, sein Angebot zu akzeptieren und den Gewinn einzustecken oder aber sein Angebot abzulehnen und das Geschäft zu verlieren.

a) Würden Sie das Angebot des Großhändlers akzeptieren, wenn er die Lampe zum Preis von i) $ 4 000, ii) $ 4 500, iii) $ 4 950 verkauft?

b) Würde es einen Unterschied machen, wenn Sie herausfänden, daß der Großhändler fälschlicherweise annahm, Ihr Kunde hätte $ 7 000 anstatt $ 5 000 geboten?

4. In einer Gemeinde wurde vor kurzem eine Geschwindigkeitsbegrenzung angeordnet, und der Stadtrat muß nun entscheiden, wie streng die Durchsetzung dieses Gesetzes gehandhabt wird. Der Spieltheoretiker der Stadt berechnet daraufhin die verschiedenen Kosten und Vorteile, die der Gemeinde und den Fahrern entstehen – wie z. B. die Zeit, die durch über-

höhte Geschwindigkeit eingespart wird, die Gefahr, der die Fahrer einerseits und die Öffentlichkeit andererseits ausgesetzt sind, die Bußgelder, die für Geschwindigkeitsübertretungen eingenommen werden, sowie die Kosten für die Durchsetzung der Geschwindkeitsbegrenzung – und erstellt die in Abb. 5.2 dargestellte Auszahlungsmatrix.

Abb. 5.2

	Gemeinde	
	Durchsetzung des Gesetzes	Nichtdurchsetzung des Gesetzes
Fahrer zu schnell fahren	(-190, -25)	(10, -5)
nicht zu schnell fahren	(0, -20)	(0, 0)

Die Matrix stellt die Auszahlungen dar, wenn das Gesetz in 100 % der Fälle durchgesetzt wird. Ist es „billiger" für die Gemeinde, die Befolgung des Gesetzes zu erzwingen, oder aber das Gesetz zu ignorieren? Gibt es eventuell eine dritte Alternative?

5. Ein philanthropischer Verein fordert Sie und eine andere, Ihnen unbekannte Person auf, eine Zahl zwischen 1 und 10 zu wählen, und kündigt an, daß derjenige, der die kleinere Zahl wählt, das Tausendfache dieser Zahl (in Dollar) erhält. (Wenn beide dieselbe Zahl wählen, wird der Gewinner durch den Wurf einer Münze ermittelt).
a) Welche Zahl sollten Sie wählen, wenn dieses Spiel i) nur einmal, ii) fünfzigmal gespielt wird?
b) Das Spiel soll 50mal gespielt werden. In den ersten beiden Runden wählt der Fremde die Zahlen 10 und 9. Was schließen Sie daraus?

6. Dieses letzte Beispiel stellt eine Art psychologischen Test dar, mit dem die Ihnen und Ihrem hypothetischen Partner gemeinsamen Ziele gemessen werden sollen. Stellen Sie sich vor, Sie beide werden in unterschiedlichen Räumen untergebracht, um zu verhindern, daß Sie miteinander kommunizieren, und jeder von Ihnen erhält eine algebraische Gleichung. In Beispiel a) ist diese Gleichung $2X + 5Y - 100$. Sie wählen nun eine Zahl für X und Ihr Partner eine Zahl für Y. Wenn die von Ihnen beiden gewählten Zahlen das Ergebnis der Gleichung positiv machen, erhalten Sie beide nichts. Wenn das Ergebnis allerdings negativ ist, erhalten Sie X \$ und Ihr Partner Y \$. Wenn Sie also $X=10$ wählen und Ihr Partner $Y=2$, erhalten Sie \$ 10

und Ihr Partner $ 2, da (2) (10) + (5) (2) - 100 = -70 und somit negativ ist. Sie gehen beide leer aus, wenn Sie 40 und Ihr Partner 5 wählen, da (2) (40) + (5) (5) - 100 = 5 und somit positiv ist. Ihr Bestreben ist es, X so groß wie möglich zu wählen, ohne aber Ihre Auszahlung auf Null zu reduzieren.

Um Ihnen dabei zu helfen, sich das Problem bildlich vor Augen zu führen, haben wir die Kurve der Gleichung 2x + 5y - 100 = 0 sowie alle anderen Gleichungen in Abb. 5.3, A bis H, dargestellt. Geometrisch interpretiert, erhalten Sie immer dann, wenn der Punkt (X,Y) unterhalb oder auf der Kurve liegt, X $ und Ihr Partner Y $. Liegt der Punkt oberhalb der Kurve, bekommen Sie beide nichts.

Eine intelligente Entscheidung setzt voraus, daß Sie etwas über Ihren Partner wissen. Nehmen Sie also, wie gewöhnlich, an, daß er ebenso klug ist wie Sie und eine ähnliche Einstellung zum Geld hat.

Das Außergewöhnliche an der Theorie der Zweipersonen-Nullsummenspiele ist, daß sie zu Lösungen verhilft, die noch dazu allgemein akzeptabel sind. In dieser Hinsicht haben die Nullsummenspiele wenig Ähnlichkeit mit den tatsächlichen Problemen des täglichen Lebens, auf die es für gewöhnlich keine glatten Antworten gibt. Nichtnullsummenspiele kommen den Schwierigkeiten des täglichen Lebens schon wesentlich näher. Bei den meisten komplexeren Spielen gibt es keine allgemein akzeptierte Lösung, d. h. es gibt keine Einzelstrategie, die eindeutig besser wäre als die andere, noch gibt es ein einziges klar umrissenes und vorhersebares Resultat. Die eindeutigen Lösungen der Nullsummenspiele kommen hier kaum vor; wir müssen uns in der Regel mit weniger zufriedengeben.

Einfachheitshalber stellen wir uns vor, daß alle Zweipersonenspiele in einem Kontinuum liegen, mit den Nullsummenspielen an einem Ende. In einem Zweipersonenspiel gibt es im allgemeinen sowohl kompetitive als auch kooperative Elemente: die Interessen der Spieler sind in mancher Hinsicht einander entgegengesetzt, sie ergänzen einander aber auch oft. Beim Extremfall Nullsummenspiel haben die Spieler keine gemeinsamen Interessen. Das andere Extrem bilden die rein kooperativen Spiele, bei denen die Spieler ausschließlich gemeinsame Interessen haben. Der Pilot eines Flugzeugs und der Techniker im Kontrollturm spielen ein kooperatives Spiel mit einem einzigen gemeinsamen Ziel – einer sicheren Landung. Zwei Segelboote in einem Ausweichmanöver und zwei Tanzpartner auf dem Tanzparkett spielen ebenfalls ein kooperatives Spiel. Das Problem bei einem derartigen Spiel ist – zumindest dem Konzept nach – leicht zu lösen: man muß nur die Bemühungen beider Spieler möglichst wirkungsvoll koordinieren (z. B. durch Tanzstunden).

Alle übrigen Zweipersonenspiele und somit auch die, mit denen wir uns hauptsächlich beschäftigen werden, liegen zwischen diesen beiden Extremen. Spiele, die sowohl aus kooperativen als auch aus kompetitiven Ele-

Abb. 5.3

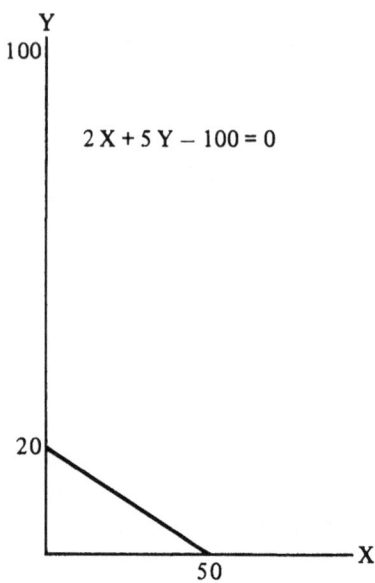

Kurve A

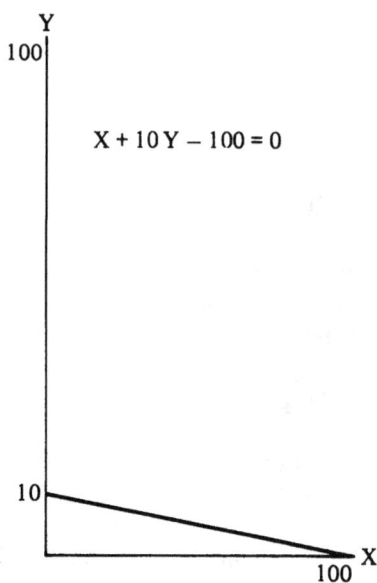

Kurve B

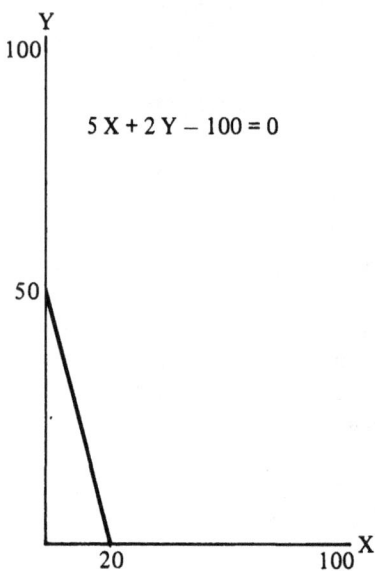

Kurve C

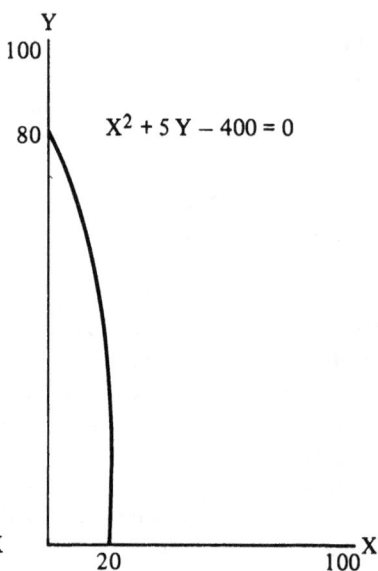

Kurve D

Abb. 5.3 (Fortsetzung)

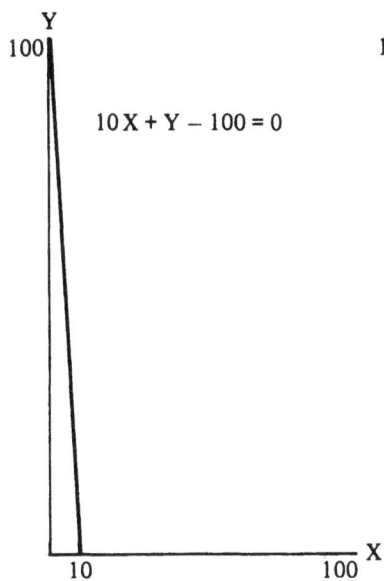

Kurve E

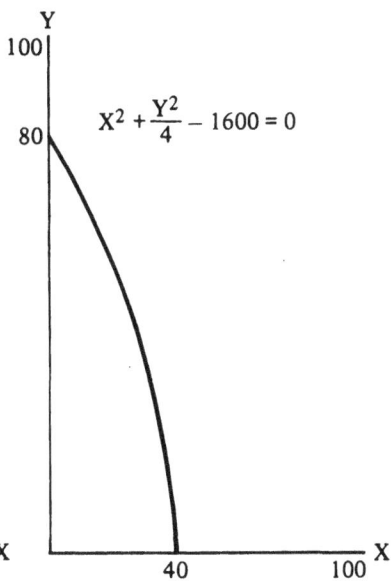

Kurve F

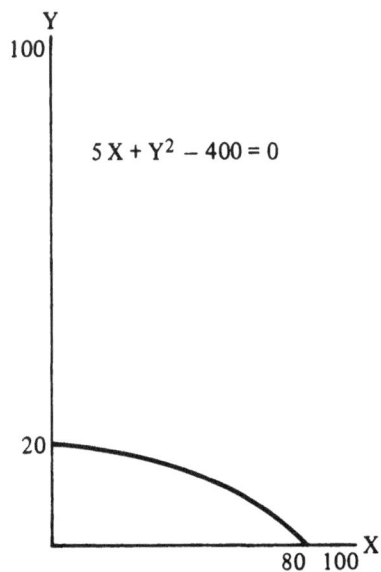

Kurve G

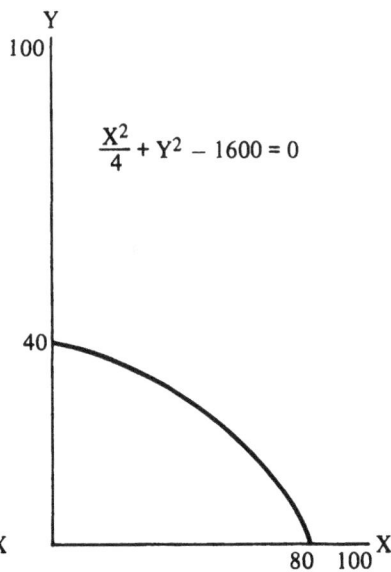

Kurve H

menten bestehen, sind komplexer, interessanter und wesentlich häufiger im täglichen Leben als rein kompetitive oder kooperative Spiele. Einige Beispiele dafür sind: ein Autohändler, der mit einem Kunden verhandelt (beide wollen zu einem Geschäftsabschluß kommen, aber die Preisvorstellungen sind verschieden), zwei Banken, die eine Fusion anstreben, zwei Konkurrenzunternehmen usw. Bei jedem dieser Spiele haben die Spieler gemischte Motive. Es gibt auch viele Situationen, bei denen es den Anschein hat, als ob bei den Parteien keine gemeinsamen Interessen vorhanden wären, während es in Wirklichkeit sehr wohl solche gibt. Zwei Staaten, die gegeneinander Krieg führen, können sich dennoch an bestimmte Abmachungen halten (Waffenstillstand, Nicht-Verwendung von Giftgasen oder Kernwaffen und ähnliches). Nullsummenspiele sind eigentlich fast immer nur eine Approximation der Wirklichkeit – ein Ideal, das in der Praxis nie ganz verwirklicht wird. Im letzten Kapitel zum Beispiel sind die Spiele schon bei der kleinsten Abwandlung nicht mehr Nullsummenspiele. Beim Marketing-Problem haben wir einen konstanten Gesamtverbrauch angenommen. Wenn der Gesamtverbrauch allerdings von der Werbung beeinflußt wird (was in der Praxis anzunehmen ist), so wird das Spiel zum Nichtnullsummenspiel. Selbst wenn der Gesamtverbrauch konstant wäre, so könnten die Firmen gemeinsam ihre Werbesendungen reduzieren (um dadurch die Kosten zu verringern), und man hätte somit wieder ein Nichtnullsummenspiel.

Analyse eines Zweipersonen-Nichtnullsummenspiels

Am einfachsten gewinnt man Einblick in das Nichtnullsummenspiel, wenn man versucht, es so wie das Nullsummenspiel zu analysieren. Angenommen, wir beginnen mit der Matrix in Abb. 5.4. Es ist zu beachten, daß bei Nichtnullsummenspielen die Auszahlungen *beider* Spieler anzugeben sind, da es nicht mehr möglich ist, die Auszahlung des einen Spielers wie bei Nullsummenspielen von der des anderen abzuleiten. Die erste Zahl in der Klammer ist die Auszahlung an Spieler I, die zweite gilt für Spieler II.

Abb. 5.4

Spieler II

A   B

	A	B
a	(0,0)	(10,5)
b	(5,10)	(0,0)

Spieler I

Das gemeinsame Interesse der Spieler ist offensichtlich: beide müssen die Nullauszahlungen vermeiden. Aber dann muß immer noch festgelegt werden, wer 5 und wer 10 bekommt. Eine Möglichkeit, das Problem anzupacken, die schon oft zu Erfolg geführt hat, wäre, das Spiel vom Standpunkt eines der beiden Spieler zu betrachten, sagen wir Spieler I. Für Spieler I hat das Spiel die in Abb. 5.5 gezeigte Matrix. Da ihn die Auszahlungen an Spieler II nicht direkt betreffen, werden sie ausgelassen.

Abb. 5.5

Spieler II

A   B

	A	B
a	0	10
b	5	0

Spieler I

Letzten Endes muß Spieler I entscheiden, was er von diesem Spiel möchte und wie er die Sache anfaßt. Ein guter Beginn wäre es, festzulegen, was er ohne Hilfe von Spieler II erreichen kann: das ist jedenfalls das *wenigste*, mit dem er sich zufriedengeben sollte.

Wenn Spieler I die entsprechenden Methoden anwendet, wird sich herausstellen, daß er bei Verwendung von Strategie a in 1/3 aller Fälle einen durchschnittlichen Gewinn von 10/3 erzielen kann. Wenn Spieler II in 2/3 aller Fälle Strategie A verwendet, kann Spieler I nicht mehr als 10/3 erreichen.

Wenn Spieler II die gleiche Überlegung anstellt und von seiner eigenen Auszahlungsmatrix ausgeht, ohne die von Spieler I zu berücksichtigen, kann er ebenfalls 10/3 bekommen, wenn er in 1/3 der Fälle Strategie A spielt. Wenn Spieler I Strategie a in 2/3 der Fälle spielt, kann Spieler II nicht mehr als 10/3 erreichen.

So weit, so gut. Die Lage sieht ziemlich gleich aus wie beim Nullsummenspiel: jeder Spieler kann 10/3 bekommen; jeder Spieler kann daran gehindert werden, mehr zu erreichen. Warum sollte dies nicht als Lösung gelten?

Das Unbefriedigende an dieser „Lösung" ist, daß die Auszahlungen zu niedrig sind. Wenn es den Spielern gelingt, sich auf eine der beiden Nichtnullauszahlungen zu einigen, so ist das für *beide* besser. Das Argument, das wir für die Auszahlung (10/3, 10/3) verwendet haben, und das beim Nullsummenspiel durchaus gerechtfertigt war, ist hier unzureichend. Obwohl jeder Spieler den anderen daran hindern kann, mehr als 10/3 zu bekommen, besteht kein Grund dafür, warum er das tun sollte. Es stimmt nicht mehr, daß ein Spieler nur dadurch reich werden kann, daß er seinen Gegner arm läßt. Obwohl es wahr ist, daß die Spieler nicht daran gehindert werden können, 10/3 zu bekommen, wären sie doch dumm, wenn sie nicht ein besseres Ergebnis anstrebten.

Aber wie erreicht man etwas Besseres? Angenommen, Spieler I hat alles durchdacht, was wir bis jetzt gesagt haben, und errät, daß Spieler II in 1/3 der Fälle Strategie A spielen wird, um eine Auszahlung von 10/3 zu erzielen. Wenn Spieler I nun zur reinen Strategie a übergeht, bekommt Spieler II immer noch seine 10/3, aber Spieler I erhält nun 20/3: doppelt so viel wie vorher. Das Schwierige dabei ist, daß Spieler II auch ehrgeizig werden könnte. Er könnte ja auch beschließen, seinen Gewinn zu verdoppeln und – in der Annahme, daß Spieler I sich an die übliche Spielweise hält – die reine Strategie A spielen. Wenn beide Spieler das gleichzeitig tun, bekommen beide nichts. Wie beim Nullsummenspiel kommt man mit diesem Kreisgang nicht sehr weit.

Bisher ging es hauptsächlich darum, die verschiedenen Probleme, die auftreten können, grob zu umreißen. Sehen wir uns zu diesem Zweck einige Beispiele an, auf die wir auch später zurückkommen werden.

Der Benzinpreiskrieg

Zwei konkurrierende Tankstellen kaufen Benzin zu 20 Cents pro Gallone und verkaufen zusammen tausend Gallonen pro Tag. Beide verkaufen das Benzin zu 25 Cents pro Gallone und beherrschen den Markt zu gleichen Teilen. Dann möchte einer der Tankstellenbesitzer den anderen unterbieten. Die Preise, die in ganzen Zahlen angegeben werden, werden von den Tankstellen unabhängig voneinander am Morgen festgesetzt und gelten für den ganzen Tag. Die Frage der Kundentreue ist belanglos, so daß die Tankstelle, die das billigere Benzin verkauft, praktisch konkurrenzlos ist. Welchen Preis soll jeder Tankstellenbesitzer festlegen? Wirkt es sich aus, wenn der eine Besitzer weiß, daß der andere am nächsten Tag zusperren muß? Und was ist, wenn er in zehn Tagen zusperren muß? Oder zu einem unbestimmten Zeitpunkt in der Zukunft?

Die jeweiligen Gewinne der Tankstellen bei den einzelnen Preisen sind in der Matrix in Abb. 5.6 eingetragen. Wenn Tankstelle I 24 Cents verlangt und Tankstelle II 23 Cents, gewinnt Tankstelle II den gesamten Markt. Beim Verkauf von tausend Gallonen ergibt dies einen Profit von \$ 30 (3 Cents pro Gallone). Tankstelle I erzielt überhaupt keinen Gewinn.

Abb. 5.6

		Tankstelle II Preis pro Gallone				
		25 ¢	24 ¢	23 ¢	22 ¢	21 ¢
	25 ¢	(25,25)	(0,40)	(0,30)	(0,20)	(0,10)
	24 ¢	(40,0)	(20,20)	(0,30)	(0,20)	(0,10)
Tankstelle I — Preis pro Gallone	23 ¢	(30,0)	(30,0)	(15,15)	(0,20)	(0,10)
	22 ¢	(20,0)	(20,0)	(20,0)	(10,10)	(0,10)
	21 ¢	(10,0)	(10,0)	(10,0)	(10,0)	(5,5)

Versuchen wir, zuerst die einfachste Frage zu beantworten: Welchen Preis soll eine Tankstelle festsetzen, wenn die Konkurrenz am nächsten Tag zusperrt, so daß nur mehr die Maximierung des heutigen Gewinns gesucht werden muß? Zunächst einmal müssen wir festhalten, daß der Preis nie unter 21 Cents und nie über 25 Cents liegen sollte. Wenn er unter 21 Cents fällt, gibt es keinen Profit, wenn er auf 26 Cents oder mehr ansteigt, geht der Markt verloren.

Es zeigt sich nun, daß man niemals 25 Cents verlangen sollte, da dieser Preis von 24 Cents dominiert wird. Wenn die Konkurrenz 24 oder 25 Cents verlangt, fährt man besser, wenn man selbst 24 Cents berechnet; wenn sie einen anderen Preis festsetzt, ist man zumindest nicht schlechter dran. Eine Tankstelle sollte also nicht 25 Cents verlangen und kann auch mit ziemlicher Sicherheit annehmen, daß das Konkurrenzunternehmen diesen Preis nicht in Betracht ziehen wird.

Sobald feststeht, daß ein Verkaufspreis von 25 Cents für beide Tankstellen nicht in Frage kommt, kann man mit derselben Überlegungsweise auch 24 Cents als Verkaufspreis ausschließen, da dieser Preis von 23 Cents auf jeden Fall dominiert wird. Das gleiche kann man mit den nächstmöglichen Preisen machen, bis letzten Endes ein Preis von 21 Cents als einzige Möglichkeit übrigbleibt.

Dabei tritt folgendes Paradoxon ein: am Beginn verlangten beide Tankstellen 25 Cents pro Gallone und hatten einen Gewinn von $ 25; dann
manövrierten sie sich durch logisches Denken in eine Position, wo sie 21
Cents verlangen und nur noch je $ 5 Gewinn haben.

Schwieriger wird die Lage, wenn die eine Tankstelle nicht in einem,
sondern in zehn Tagen zusperrt. Was bisher gesagt wurde, trifft auch hier
zu, aber jetzt geht es nicht mehr um den Profit eines einzigen Tages,
sondern um den von neun weiteren. Und wenn ein „Spieler" an einem Tag
seinen Preis senkt, kann er sicher sein, daß seine Konkurrenz am nächsten
Tag das gleiche tun wird. Es zeigt sich jedoch, daß die Theorie des 21
Cents-Preises auch in diesem Fall ziemlich stichfest ist. Erst wenn der
Krieg ewig dauert, verliert diese Theorie an Gültigkeit.

Dieses Spiel ist eine Abwandlung des „Gefangenendilemmas"; wir werden später mehr darüber hören.

Ein Beispiel aus der Politik

Das Parlament soll über zwei Gesetzesentwürfe zum Bau neuer Straßen in
der Stadt A bzw. B abstimmen. Wenn sich die beiden Städte zusammentun, gewinnen sie genügend politischen Einfluß, um die Gesetze durchzudrücken, aber keine Stadt schafft es allein. Wenn ein Gesetz verabschiedet
wird, kostet dies die Steuerzahler beider Städte eine Million Dollar; die
Stadt, in der die Straßen gebaut werden, gewinnt zehn Millionen Dollar.
Das Parlament stimmt über beide Gesetze gleichzeitig ab; die Abstimmung
erfolgt geheim. Jeder Abgeordnete gibt seine Stimme ab, ohne zu wissen,
was die anderen tun. Wie sollen die Abgeordneten der Städte A und B
stimmen?

Die Auszahlungsmatrix dieses Spiels wird unten gezeigt. Da eine Stadt
auf jeden Fall ihre eigene Sache unterstützt, haben die Abgeordneten nur
zwei Strategien: entweder sie unterstützen die Schwesterstadt, oder sie tun
es nicht.

Die Matrixeintragungen in Abb. 5.7 sind in Millionen Dollar angegeben.
Zur Erläuterung wollen wir uns vorstellen, daß die Stadt A das Projekt der
Stadt B unterstützt, aber nicht umgekehrt. Dann geht das Gesetz für B
durch, jede Stadt zahlt eine Million Dollar, B erhält $ 10 Millionen, A
erhält nichts. Tatsächlich verliert A somit eine Million Dollar, während B
neun Millionen bekommt.

Abb. 5.7

	Stadt B Unterstützung von Projekt A	keine Unterstützung von Projekt A
Unterstützung von Projekt B	(8,8)	(-1,9)
keine Unterstützung von Projekt B	(9,-1)	(0,0)

(*Stadt A* label at left)

Dieses Beispiel aus der Politik stellt eigentlich eine Abart des „ Gefangenendilemmas" dar. Wie schon früher, scheint es am klügsten zu sein, sich gegen das Projekt der anderen Stadt auszusprechen. Und wenn – ebenfalls wie früher – beide diese Strategie befolgen, bekommen beide nichts, anstelle der jeweils $ 8 Millionen, die sie anders hätten bekommen können.

Der Kampf der Geschlechter[4]

Ein Mann und seine Frau beschließen, am Abend entweder ins Ballett oder zu den Ringkämpfen zu gehen. Beide wollen lieber miteinander als allein gehen. Der Mann würde sich zwar am liebsten mit seiner Frau zusammen die Ringkämpfe anschauen, aber er geht lieber mit ihr ins Ballett als allein zu den Ringkämpfen. In ganz ähnlicher Weise möchte seine Frau am liebsten mit ihm zusammen ins Ballett gehen, aber auch ihr ist immer noch lieber, miteinander die Ringkämpfe anzuschauen als allein ins Ballett zu gehen. Abb. 5.8 zeigt die Matrix dieses Spiels.

Abb. 5.8

	Mann Ringkämpfe	Ballett
Ringkämpfe	(2,3)	(1,1)
Ballett	(1,1)	(3,2)

(*Frau* label at left)

---

[4] Aus *Games and Decisions* von R. Duncan Luce und Howard Raiffa (1957).

Die Auszahlungen geben die Reihenfolge der Präferenzen der Spieler an. Dies ist im wesentlichen das gleiche Spiel wie das am Beginn dieses Kapitels erwähnte.

Eine Geschäftspartnerschaft

Ein Baumeister und ein Architekt erhalten das Angebot, gemeinsam ein Gebäude zu entwerfen und zu bauen. Als Zahlung ist eine Pauschalsumme vorgesehen. Die beiden müssen innerhalb einer Woche entscheiden, ob sie den Auftrag annehmen. Da die Zustimmung beider erforderlich ist, müssen sie festlegen, wie die Summe aufgeteilt wird. Der Architekt macht dem Baumeister schriftlich den Vorschlag, den Gewinn 50 : 50 zu teilen. Der Baumeister will den Vertrag nur akzeptieren, wenn er 60 % des Gewinns erhält. Außerdem teilt er dem Architekten mit, daß er für zwei Wochen auf Urlaub geht, daß er nicht erreichbar ist und daß er dem Architekten überlassen bleibt, den Vertrag mit diesen Bedingungen zu akzeptieren oder die ganze Sache abzulehnen.

Der Architekt hat das Gefühl, ausgenützt zu werden. Er ist der Ansicht, daß seine Arbeit genauso wertvoll ist wie die des Baumeisters und daß jeder die Hälfte des Gewinns bekommen sollte. Andererseits ist der voraussichtliche Gewinn hoch, und unter anderen Umständen würde er 40 % einer derartigen Summe als annehmbares Honorar ansehen. Soll er auf das Angebot des Baumeisters eingehen? Dabei ist zu bemerken, daß der Baumeister keine andere Wahl mehr hat; nur der Architekt kann wählen, er kann den Vertrag annehmen oder ablehnen. Dies drückt sich in der Auszahlungsmatrix in Abb. 5.9 aus.

Abb. 5.9

		Baumeister
Architekt	Annahme des Angebots	(40 %, 60 %)
	Ablehnung des Angebots	(0,0)

Ein Beispiel aus dem Marketing

Zwei Konkurrenten wollen jeweils eine Stunde Werbezeit im Fernsehen kaufen, um ihre Produkte vorzustellen. Sie können ihre Werbung entweder morgens oder abends durchführen. Das Fernsehpublikum läßt sich in zwei Gruppen gliedern. 40 % der Zuseher sitzen in den Morgenstunden

vor dem Fernsehapparat, die restlichen 60 % am Abend. Die beiden Gruppen überschneiden sich nicht. Wenn beide Firmen ihre Werbesendungen
für denselben Zeitabschnitt ansetzen, bedeutet das, daß sie an jeweils 30 %
der gerade vor dem Fernsehapparat sitzenden Zuseherschaft verkaufen;
diejenigen, die gerade nicht fernsehen, scheiden aus. Wenn die Werbesendungen zu verschiedenen Zeiten gebracht werden, verkauft jede Firma an
50 % der jeweiligen Zuseherschaft. Wann sollen die Firmen ihre Werbung
bringen? Sollen sie miteinander beratschlagen, bevor sie eine Entscheidung treffen? Die Auszahlungsmatrix für das Spiel ist in Abb. 5.10 dargestellt.

Abb. 5.10

	Firma II	
	Werbung am Morgen	Werbung am Abend
Firma I Werbung am Morgen	(12,12)	(20,30)
Werbung am Abend	(30,20)	(18,18)

Die Matrixeintragungen geben den Prozentsatz der Gesamtzuseherschaft
an, den jede Firma für sich gewinnt. Wenn Firma I Fernsehzeit am Abend
wählt, und Firma II Fernsehzeit am Morgen, dann verkauft Firma I an die
Hälfte von 60 %, das sind 30 %, und Firma II an die Hälfte von 40 %, das
sind 20 %, usw.

Einige Komplikationen

Zweipersonen-Nullsummenspiele kommen in den verschiedensten Zusammenhängen vor, aber sie haben immer die gleiche Grundstruktur. Die
Auszahlungsmatrix spiegelt so ziemlich alles Wissenswerte wider. Bei den
Nichtnullsummenspielen ist das nicht der Fall. Zusätzlich zur Auszahlungsmatrix gibt es viele „Spielregeln", die den Spielcharakter ganz wesentlich
beeinflussen. Diese Regeln müssen geklärt sein, bevor man das Spiel sinnvoll besprechen kann. Es ist unmöglich, allein auf Grund der Auszahlungsmatrix viel auszusagen.
    Um das zu verdeutlichen, wollen wir zum ersten Beispiel, das in diesem
Kapitel besprochen wurde, zurückgehen. Die Auszahlungen waren (0,0),
(10,5) und (5,10). Es gab etliche Details, die wir absichtlich ausgelassen
haben, die jedoch selbstverständlich wichtig sind. Können die Spieler vor

dem Spiel miteinander beratschlagen und ihre jeweiligen Strategien untereinander absprechen? Sind diese Abmachungen verbindlich? Das heißt, besteht der Schiedsrichter, bzw. derjenige, der darauf achtet, daß die Regeln eingehalten werden, auf der Erfüllung dieser Abmachungen, oder sind diese nur im moralischen Sinn gültig? Wenn ein Spieler 5 und der andere 10 hat, dürfen die Spieler dann ihren Gewinn teilen, so daß jeder 7 1/2 erhält? (Bei manchen Spielen ist das möglich, bei anderen nicht.) Ist es beim „Benzinpreiskrieg" möglich (legal), daß sich die beiden Unternehmen auf Fixpreise einigen?

Man muß damit rechnen, daß diese (und andere) Faktoren das Spielergebnis stark beeinflussen, aber ihre Wirkung unterscheidet sich oft von dem, was man erwarten würde.

Nachdem man sich mit dem Zweipersonen-Nullsummenspiel beschäftigt hat, scheinen bestimmte Aspekte des Nichtnullsummenspiels direkt aus „Alice im Wunderland" zu stammen. Viele „selbstverständliche" Wahrheiten – Fixsterne am Firmament des Nullsummenspiels – sind nicht mehr gültig. Sehen wir uns ein paar an:

1. Man müßte meinen, daß die Kommunikationsfähigkeit niemals nachteilig für einen Spieler sein kann. Schließlich kann sich der Spieler ja – auch wenn er die Möglichkeit der Kommunikation hat – weigern, diese Möglichkeit auszunützen, und sich so verhalten, als ob sie nicht bestünde; zumindest hat es diesen Anschein. Tatsächlich ist die Situation jedoch anders. Die *Unfähigkeit*, eine Kommunikation herzustellen – vgl. das Beispiel vom Baumeister und vom Architekten –, kann sich sehr wohl vorteilhaft für einen Spieler auswirken, und dieser Vorteil geht verloren, wenn eine Kommunikationsmöglichkeit existiert, auch wenn sie nicht in Anspruch genommen wird. (Beim Nullsummenspiel existiert dieses Problem nicht. Dort ist die Kommunikationsfähigkeit weder ein Vorteil noch ein Nachteil, da die Spieler einander nichts zu sagen haben.)

2. In einem symmetrischen Spiel – ein Spiel, in dem die Auszahlungsmatrix von beiden Spielern aus betrachtet völlig gleich aussieht – wählt Spieler I als erster seine Strategie aus. Spieler II sieht zu, was Spieler I macht und wählt dann seine Strategie. Bei einem Spiel, in dem beide Spieler identische Rollen haben, außer daß Spieler II in den Genuß zusätzlicher Informationen kommt, müßte man doch glauben, daß Spieler II in einer mindestens ebenso guten Position ist wie Spieler I. Beim Nullsummenspiel wäre diese Situation keinesfalls ein Vorteil für Spieler I. Beim Nichtnullsummenspiel ist dies jedoch möglich. Wir wollen das noch etwas weiter ausführen und feststellen, daß es oft vorteilhaft für einen Spieler ist, wenn er vor seinem Gegner zum Zug kommt, auch wenn die Spielregeln dies nicht verlangen, oder wenn er seine Strategie verlautbart und seine Entscheidung somit unabänderlich wird.

3. Nehmen wir an, die Regeln eines Spiels werden geändert, so daß einer der Spieler manche Strategien, die er früher zur Auswahl hatte, nicht mehr wählen kann. Beim Nullsummenspiel würde der Spieler vielleicht nichts verlieren, aber er würde auf keinen Fall etwas gewinnen. Beim Nichtnullsummenspiel kann er sehr wohl etwas gewinnen.

4. Bei einem Nichtnullsummenspiel kommt es oft vor, daß ein Spieler etwas gewinnt, wenn der Gegner seine Nutzenfunktion nicht kennt. Das ist weiters nicht erstaunlich. Erstaunlich ist jedoch, daß es manchmal von Vorteil ist, wenn man den Gegner die eigene Nutzenfunktion wissen läßt, und daß der Gegner mitunter schlechter abschneidet, wenn er sie erfährt. Bei den Nullsummenspielen stellt sich diese Frage nicht: dort wird angenommen, daß jeder Spieler die Nutzenfunktion des anderen kennt.

Kommunikation

Das Ausmaß, in dem Spieler miteinander kommunizieren können, hat weitreichende Auswirkungen auf das Ergebnis eines Spiels. Es gibt hier ein großes Spektrum von Möglichkeiten. Am einen Ende der Skala haben wir Spiele, bei denen überhaupt keine Kommunikation zwischen den Spielern stattfindet, und die nur einmal gespielt werden (wir werden später besprechen, warum das wichtig ist). Am anderen Ende stehen jene Spiele, bei denen freie Kommunikation zwischen den Spielern herrscht. Im allgemeinen gilt, daß die Kommunikationsfähigkeit umso wichtiger ist, je mehr Kooperation es in einem Spiel gibt, d. h. je mehr die Interessen der Spieler übereinstimmen. Im Nullsummenspiel, das rein kompetitiv ist, spielt die Kommunikation überhaupt keine Rolle. Beim rein kooperativen Spiel liegt das Problem ausschließlich auf der Kommunikationsebene – die Kommunikationsfähigkeit ist daher von entscheidender Bedeutung.

Bei kooperativen Spielen, in denen die Spieler frei kommunizieren können, gibt es keine *begrifflichen* Schwierigkeiten. (Es kann natürlich *technische* Schwierigkeiten geben, wenn z. B. ein Kontrollturm einen Piloten in dichtem Verkehr dirigiert.) Interessante Probleme ergeben sich aber, wenn zwei Spieler nicht direkt miteinander kommunizieren können, wie z. B. die Kapitäne von zwei Segelbooten, die versuchen, bei unruhigem Wasser eine Kollision zu vermeiden, oder zwei Guerrillas hinter feindlichen Linien.

Bei den rein kooperativen Spielen ist die Kommunikation ein wahrer Segen. Bei Spielen, in denen die Spieler auch gegensätzliche Interessen haben, ist die Rolle der Kommunikation etwas komplexer. Sehen wir uns dazu das Spiel in Abb. 5.11 an. Es handelt sich dabei um eine Form des „Gefangenendilemmas". Dieses Spiel hat zwei bemerkenswerte grundlegende Eigenheiten: egal, welche Strategie der Partner spielt – *ein Spieler fährt immer am besten, wenn er Strategie B spielt.* Weiters *fährt ein Spieler immer besser* – egal, für welche Strategie er sich letztlich entscheidet –, *wenn sein Partner Strategie A spielt.* Wenn wir diese beiden Sätze zusammennehmen, ergibt sich ein Konflikt; auf der einen Seite sollte jeder Spieler Strategie B spielen; auf der anderen hofft jeder, daß der andere Strategie A spielt. Und dann ist es noch für beide von Vorteil, wenn der Konflikt so gelöst wird, daß beide A statt B wählen. Was machen die Spieler in so einem Fall?

Abb. 5.11

	Spieler II	
	A	B
A	(5,5)	(0,6)
B	(6,0)	(1,1)

Spieler I (A, B rows)

Wird das Spiel nur einmal gespielt, so sind die Aussichten für das Ergebnis (5,5) – manchmal auch das kooperative Ergebnis genannt – ziemlich düster. Kein Spieler kann das Spiel des anderen beeinflussen, das beste, was jeder Spieler tun kann, ist daher, Strategie B zu spielen. Wenn das Spiel öfter gespielt wird, ändert sich die Lage; man kann dann eventuell so spielen, daß sich der Partner zur Wahl der Strategie A verleiten läßt und es schließlich zu einer Auszahlung von (5,5) kommt.

Vorausgesetzt, daß es eine Möglichkeit gibt, nach wiederholten Malen diese Auszahlung zu erreichen – wie gewinnt man den Partner dazu, in einer bestimmten Situation mitzumachen? Eine Möglichkeit ist, daß man selbst eine offensichtlich minderwertige Strategie wählt (Strategie A in unserem Fall) und hofft, daß der andere Spieler darauf eingeht. Wenn sich der Partner als dumm oder eigensinnig erweist, bleibt nichts anderes übrig, als auf den harten Kurs (Strategie B) zurückzuschwenken und sich mit einer Auszahlung von 1 zu begnügen. So ist es also möglich, in einem Spiel zu kommunizieren, auch wenn es keinen direkten Kontakt zwischen den Spielern gibt.

Diese Art indirekter Kommunikation ist allerdings sehr oft unwirksam, weil sie mißverstanden wird. Merrill M. Flood (1952, 1958) beschrieb einmal ein Experiment, bei dem ein Spiel, das dem vorhin besprochenen ähnlich ist, von zwei guten Spielern hundertmal gespielt wurde. Die Spieler machten während des Spiels schriftliche Notizen, die wenig Zweifel daran ließen, daß die Spieler nicht den Kontakt zueinander fanden. Der gleiche Schluß wurde auch aus anderen Experimenten gezogen, wie wir später noch sehen werden.

Selbst wenn der Wunsch nach Kooperation verstanden wird, mag es für den Partner gar nicht so gut sein, ihn sofort zu akzeptieren. Man gewinnt vielleicht einen Vorteil dadurch, daß man zunächst einmal so reagiert, als ob man „mißverstanden" hätte, um sich dann vom anderen Spieler „belehren" zu lassen. Später, bevor er die Hoffnung aufgibt, sollte man die kooperative Strategie mit ihm spielen. Wenn man diese Strategie in unserem erläuternden Beispiel verfolgt, würde man während des „Lernvorgangs" 6 und anschließend 5 machen. Beim Experiment von Flood dürfte sich das genauso abgespielt haben.

Wie man die Unfähigkeit der Spieler, „zusammenzukommen", ausnützen kann, zeigten Luce und Raiffa (1957) anhand eines amüsanten Beispiels auf: Eine Firma bietet zwei Spielern je zwei Alternativstrategien an – eine „sichere" Strategie und eine „hinterlistige". Wenn beide „sicher" spielen, gewinnen sie je einen Dollar; wenn beide „hinterlistig" spielen, verlieren sie je fünf Cents; wenn einer „sicher" spielt und der andere „hinterlistig", bekommt der „sichere" Spieler einen Dollar, der „hinterlistige" Spieler erhält 1000 Dollar (siehe Abb. 5.12). Solange die Spieler davon abgehalten werden können, miteinander Kontakt aufzunehmen und solange sie das Spiel nur einmal spielen, ist das nach Luce und Raiffa die ideale Gelegenheit für eine Firma, mit wenig Aufwand zu einer guten Reklame zu kommen.

Abb. 5.12

| | | Spieler II | |
		sicher	hinterlistig
	sicher	($ 1, $ 1)	($ 1, $ 1000)
Spieler I	hinterlistig	($ 1000, $ 1)	(-5 ¢, -5 ¢)

Aufgrund der Spiele, die wir bisher betrachtet haben, müßten wir annehmen, daß die Fähigkeit zu kommunizieren, ein Vorteil wäre. Allerdings waren die einzigen Botschaften, über die bisher gesprochen wurde, Kooperationsangebote, die naturgemäß im Interesse beider Spieler liegen. Ansonsten würden diese Angebote nicht gemacht bzw. nicht akzeptiert werden. Aber es ist auch möglich, Drohungen mitzuteilen. Das in Abb. 5.13 dargestellte Spiel geht auf Luce und Raiffa zurück. Vergleichen wir, was geschieht, wenn die Spieler Kommunikationsmöglichkeiten haben, und was geschieht, wenn sie keine haben.

Abb. 5.13

Spieler II

a   b

Spieler I

	a	b
A	(1,2)	(3,1)
B	(0, -200)	(2, -300)

Wenn die Spieler nicht miteinander kommunizieren können, können sie natürlich auch nicht drohen. Spieler I hat keine bessere Möglichkeit als Strategie A, Spieler II hat keine bessere Möglichkeit als Strategie a. Wenn die Spieler jedoch miteinander kommunizieren dürfen, tritt eine radikale Änderung ein. Was tatsächlich passieren wird, ist nicht ganz klar; zu einem gewissen Grad hängt das von Umständen ab, die wir gar nicht besprochen haben. Auf jeden Fall aber verschlechtert sich die Position von Spieler II. Wenn die Spieler gezwungen werden können, sich an ihre einmal getroffenen Abmachungen zu halten, kann Spieler I drohen, daß er Strategie B spielen wird, wenn Spieler II sich nicht für Strategie b entscheidet. Wenn Spieler II nachgibt, gewinnt Spieler I 2 und Spieler II verliert 1 im Vergleich zur ursprünglichen Auszahlung (1, 2). Wenn *Seitenzahlungen* erlaubt sind, wird die Position von Spieler II noch schlechter. Spieler I kann dann nicht nur diktieren, welche Strategie Spieler II anzuwenden hat, sondern er kann auch noch zusätzlich etwas unter der Hand verlangen. Allerdings kann Spieler II ablehnen, mit Spieler I zu verhandeln, und dessen Drohungen einfach ignorieren. Strategie A wäre dann immer noch am günstigsten für Spieler I, aber wer kann sagen, was sein Verhalten stärker beeinflußt – sein Eigeninteresse oder der Ärger über die Abfuhr, die ihm erteilt wurde. Fest steht jedenfalls, daß Spieler II allen diesen Schwierigkeiten entgeht, wenn es keine Kommunikationsmöglichkeit gibt.

Information über die Strategie des Gegners

Beim Nullsummenspiel wählen die Spieler ihre Strategie gleichzeitig, ohne daß der eine die Wahl des anderen kennt. Wenn es einem Spieler gelingt, die Strategie seines Gegners im vorhinein ausfindig zu machen, ist er weit voraus und das Spiel ist zumindest im Prinzip zu trivial, um noch von Interesse zu sein.

Das Nichtnullsummenspiel ist gänzlich anders. Auch wenn ein Spieler die Strategie seines Gegners herausfindet, kann das Spiel alles andere als trivial sein, ja die Tatsache, daß der Gegner zuerst seine Strategie festlegt und daß man diese Strategie kennt, kann sich sogar als Nachteil entpuppen. Sehen wir uns ein Beispiel an.

Ein Käufer und ein Verkäufer handeln einen Vertrag aus, in dem Stückpreis und Warenmenge noch nicht festgelegt sind. Es ist vereinbart, daß der Verkäufer zunächst den Preis festlegt, der später nicht mehr geändert werden kann; der Käufer bestimmt die Menge, die er kaufen möchte.

Im vorliegenden Fall kann ein Großhändler zwei Stück einer Ware vom Hersteller kaufen, wobei der Preis $ 4 bzw. $ 5 ausmacht. Der Detailhändler hat zwei Kunden für diese Posten, von denen der eine $ 9 und der andere $ 10 zu zahlen gewillt ist. Wenn der Verhandlungsmechanismus so abläuft wie eben beschrieben: welche Strategien sollen die Spieler verfolgen? Was ist das Resultat?

Bei diesem Spiel sind bestimmte offensichtliche Merkmale zu beachten. Es ist ein klarer Vorteil für beide Spieler, wenn sie sich zusammentun und den möglichen Gewinn von $ 10 auf irgendeine Weise teilen. Wenn sie diesen Gewinn gleichmäßig teilen und ein „gerechtes Ergebnis" erzielen sollen, müßte der Verkaufspreis mit je $ 7 festgesetzt werden.

Der Großhändler hat aber vielleicht etwas anderes im Auge als ein gerechtes Ergebnis. Wenn er den Preis mit $ 8 anstatt mit $ 7 festsetzt, wäre es immer noch im besten Interesse des Detailhändlers, beide Posten zu kaufen, auch wenn sein Gewinn nur noch $ 3 anstatt $ 5 ausmachen würde. (Wenn er nur ein Stück kauft, wäre sein Gewinn § 2, und wenn er gar nichts kauft, hätte er überhaupt keinen Gewinn.) So kann der Großhändler aufgrund des Verhandlungsmechanismus, der ihn dazu zwingt, den ersten Zug zu machen, zu seinem eigenen Vorteil Druck auf den Einzelhändler ausüben.

Natürlich muß der Detailhändler nicht mechanisch „im eigenen Interesse" handeln und sich ausbeuten lassen. Außerdem werden die Spieler im reinen Verhandlungsspiel, in dem Käufer und Verkäufer freie Verhandlungen über Menge und Preis gleichzeitig führen, nicht immer zu einem Verkaufspreis von $ 7 kommen; Persönlichkeitsfaktoren können den Preis auf die eine oder andere Weise beeinflussen. Obwohl die Folgen der Voraussetzung, daß der Großhändler den ersten Zug machen muß, nicht genau vorhergesagt werden können, ist es doch klar, daß der Großhändler im allgemeinen dadurch einen Vorteil erlangt.

Die Auswirkungen von unvollständigen Informationen

Das oben angeführte Großhändler/Detailhändler-Spiel entstammt einer Reihe von Experimenten, die im Laboratorium durchgeführt wurden. Im Rahmen dieser Reihe wurde auch eine Variation des Spiels gespielt. Die ursprünglichen Ein- und Verkaufspreise wurden beibehalten, aber die Regeln – und mit ihnen der Charakter des Spiels – wurden ein wenig abgeändert. In der neuen Version kannte der Großhändler nur seinen eigenen Profit – wußte also nicht, zu welchem Preis der Detailhändler verkaufte – während der Detailhändler die Profite beider Spieler kannte. Außerdem wußte der Detailhändler, daß der Großhändler seinen Profit nicht kannte.

Der grundlegende Unterschied zwischen diesem und dem ursprünglichen Spiel bestand in der Reaktion des Detailhändlers, wenn der Großhändler einen hohen Verkaufspreis nannte. Im ursprünglichen Spiel, bei dem beide Spieler volle Information hatten, interpretierte der Detailhändler einen hohen Preis des Großhändlers als ein Zeichen von Habgier und weigerte sich aus diesem Grund oft mitzumachen. Wußte der Detailhändler jedoch, daß der Großhändler keine Ahnung hatte, was für einen Anteil des Gesamtgewinns er forderte, so nahm er sein Schicksal im allgemeinen gelassen hin und versuchte, aus den Gegebenheiten das beste zu machen. So schnitt der Großhändler oft besser (und der Einzelhändler oft schlechter) ab, wenn jener weniger Informationen hatte.

Daraus läßt sich ableiten, daß es für einen Spieler oft von Vorteil ist, wenn er sieht, daß sein Partner gut informiert ist. Nehmen wir an, daß bei einem Disput zwischen Arbeitnehmern und Arbeitgeber die Forderungen der Arbeitnehmer so hoch sind, daß ihre Erfüllung den finanziellen Ruin des Unternehmens zur Folge hätte. In einem solchen Fall sollte das Unternehmen trachten, daß die Gewerkschaft über die Auswirkungen ihrer Forderungen informiert wird. Das Interesse des Unternehmens gilt dabei natürlich weniger dem Bestreben, die Gewerkschaft die Wahrheit um der Wahrheit willen wissen zu lassen, als vielmehr sie davon zu überzeugen, daß ihre Ziele unerreichbar sind. Für diesen Zweck ist auch eine Lüge gut genug. Das Unternehmen kann dann versuchen, der Gewerkschaft einzureden, daß im Falle einer Lohnerhöhung die Konkurrenzfähigkeit verloren ginge. Oder es kann über seine Nutzenfunktion Lügen verbreiten und vorgeben, daß es lieber einen lang andauernden Streik als eine Lohnerhöhung hätte, auch wenn das gar nicht stimmt. Die Gewerkschaft kann ihrerseits die Größe des Streikfonds übertreiben. Ralph Cassady, Jr., beschreibt Taktiken, die von den Teilnehmern an einem Taxipreiskrieg zur „Information" (Fehlinformation) ihrer Gegner angewendet wurden. Sie ließen Preislisten drucken – eine Verwendung war nie beabsichtigt – die wesentlich niedrigere Preise als die allgemein verwendeten angaben, und ließen sie der Konkurrenz zukommen. Sie ließen auch die „Information" durchsickern, daß der Besitzer des Unternehmens ein Vermögen geerbt habe (in Wirklichkeit war es nur eine bescheidene Summe) und erweckten so den Eindruck, daß das Unternehmen die Absicht und auch genügend Durchhaltevermögen habe, einige Zeit zu kämpfen.

In einer solchen Situation kann sich der Spieler Vorteile verschaffen, wenn er seinen Gegner überzeugen kann, daß er bestimmte Einstellungen

und Fähigkeiten hat – egal ob er sie nun tatsächlich besitzt oder nicht.
(Wenn man den Preis einer Antiquität aushandelt, die man sehr gern
hätte, ist es immer gut, das den Verkäufer nicht merken zu lassen.) Hat er
diese Fähigkeiten oder Einstellungen wirklich, so haben wir die Situation,
von der wir früher gesprochen haben, nämlich daß ein Spieler im Vorteil
ist, wenn sein Partner bessere Informationen hat.

Die Einschränkung möglicher Strategien

Ein Spieler hat manchmal nicht alle seine üblichen Strategien zur Verfügung. Es ist eines der Paradoxa von Nichtnullsummenspielen, daß diese
Beschränkung zu seinem Vorteil sein kann. Oberflächlich betrachtet
scheint das absurd. Wie kann ein Spieler seine Position verbessern, wenn
er bestimmte Strategien gar nicht anwenden darf? Wenn es vorteilhaft für
ihn wäre, bestimmte Strategien zu vermeiden, könnte er dann nicht den
gleichen Effekt erzielen, wenn er sie einfach nicht verwendete? Nein, er
könnte nicht; es ist nicht das gleiche, ob man auf bestimmte Alternativen
verzichten möchte oder ob man sie tatsächlich nicht hat. Nehmen wir z. B.
an, daß bei den Verhandlungen zwischen Unternehmer und Gewerkschaft
strikte Kriegsverordnungen in Kraft wären, durch die das Unternehmen
offensichtlich nicht in der Lage ist, die Löhne zu erhöhen. In so einem Fall
würden die Arbeitnehmer, die ansonsten streiken würden, mit ziemlicher
Sicherheit ohne Widerspruch weiterarbeiten. Ähnlich wäre es beim
„Kampf der Geschlechter" z. B. von Vorteil für die Frau, wenn sie beim
Anblick von Blut ohnmächtig würde und daher nicht zu den Ringkämpfen
gehen könnte.

Wenn die Umstände die Möglichkeiten eines Spielers nicht einschrän-
ken, kann er versuchen, sie eigenmächtig einzuschränken, um sich dadurch
einen Vorteil zu verschaffen. Das ist allerdings nicht immer von Erfolg
gekrönt. Wenn sich die Frau beim „Kampf der Geschlechter" durch den
Kauf von zwei Karten für sich und ihren Mann von vornherein auf den
Ballettabend festlegt, ist es möglich, daß sich ihr Mann aus Ärger über
eben dieses Vorgehen weigert, sie zu begleiten. Wenn sie aber nicht zu den
Ringkämpfen gehen kann, weil sie beim Anblick von Blut ohnmächtig
wird – ein Faktor, auf den sie keinen Einfluß hat – ist die Haltung ihres
Mannes vermutlich anders.

Das Prinzip, die eigenen Möglichkeiten einzuschränken und dadurch
seine Position zu festigen, kann auch noch in anderen Bereichen angewendet werden. Eine Möglichkeit haben wir bereits am Beispiel der „Ge-
schäftspartnerschaft" gesehen. Eine weitere wäre eine gedachte Waffe,
eine „Weltvernichtungsmaschine", die *automatisch* losgeht, sobald der
Staat, von dem sie erfunden wurde, angegriffen wird.

Der Grund, warum eine solche Waffe gebaut wird, ist folgender: solange
der angegriffene Staat sich die Entscheidung vorbehält, ob er Vergeltungsmaßnahmen treffen wird, ist der Weg zu Angriffen, die unbeantwortet
bleiben, offen. Ein eventueller Angreifer kann versucht sein, einen Angriff
zu unternehmen und dann durch Androhen noch schlimmerer Aktionen
den von ihm angegriffenen Staat an der Vergeltung hindern. Mit der Weltvernichtungsmaschine schaltet der angegriffene Staat eine seiner Möglichkeiten aus; er kann nicht anders als zurückzuschlagen. Hier erweist es sich
wiederum von Vorteil, den Partner gut informiert zu halten; wenn man
eine Weltvernichtungsmaschine hat, ist es gut, das auch jeden wissen zu
lassen.

Drohungen

Eine *Drohung* ist eine Feststellung, daß man auf bestimmte Vorgänge in
einer bestimmten Weise reagieren wird. Wie die Weltvernichtungsmaschine schränkt sie den künftigen Handlungsspielraum ein: „Wenn Du Deinen
Preis um 5 Cent senkst, senke ich meinen um zehn". Der Unterschied
besteht allerdings darin, daß diese Einschränkung, die man sich selbst
auferlegt hat, nicht verbindlich ist; man kann schließlich immer seine Meinung ändern. Eine Drohung hat immer den Zweck, jemandes Verhalten zu
ändern – ihn zu verlassen, etwas zu tun, das er sonst nicht tun würde. Wird
die Drohung wahrgemacht, so ist dies aller Voraussicht nach von Schaden
für die bedrohte Partei; aber auch für die drohende Partei entsteht oft ein
Nachteil.

Eine Drohung ist nur wirksam, solange sie glaubhaft ist. Je größer der
Preis ist, den die drohende Partei zahlen muß, um die Drohung wahrzuma-
chen, desto weniger glaubhaft ist die Drohung. Das führt zu folgendem
Paradoxon: wenn der Schaden für die drohende Partei sehr hoch ist, wird
diese eher vorsichtig sein und sich nicht so rasch auf die tatsächliche
Durchführung ihrer Drohung festlegen. Aber gerade dieses Zögern macht
es der anderen Partei leicht, die Drohung zu ignorieren. Wenn man z. B.
ein Auto kaufen will und über den Preis verhandelt, kann man Behauptungen wie: „ich verkaufe es um keinen Cent billiger als $ 2 000" glatt über-
gehen; wenn der Verkäufer überzeugt ist, daß er das Auto für diesen Preis
nicht loswird, wird auch er später seine eigene Drohung höchstwahrscheinlich ignorieren. Anders ist es in einem Laden, wo die Preise von vornherein fixiert sind und der Kaufabschluß mit einer angestellten Verkäuferin,
die die Preise nicht von sich aus ändern kann, getätigt wird: hier ist die
„Drohung", daß die Preise nicht gesenkt werden, unumstößlich. In einem
solchen Fall muß der Laden natürlich darauf gefaßt sein, daß er ab und zu
einem Käufer verlieren wird, den er bei flexiblem Verhandeln hätte halten

können. Beim „Kampf der Geschlechter" kann einer der Spieler drohen, allein zu gehen, aber diese Drohung wiederum ist nicht unumstößlich, und der andere Spieler kann drohen, die Drohung zu ignorieren. Beim Beispiel von Groß- und Detailhändler mußte sich der Großhändler aufgrund der Spielregeln an seinen vorher angegebenen Verkaufspreis halten; die Drohung war daher viel stärker.

Oft haben auch beide Spieler die Möglichkeit zu drohen. Bei Preisverhandlungen z. B. können sich sowohl Käufer als auch Verkäufer weigern, den Geschäftsabschluß perfekt zu machen, wenn der Preis nicht stimmt. Beim „Kampf der Geschlechter" könnten beide Spieler drohen, sich die jeweils bevorzugte Veranstaltung allein anzusehen. Manchmal kommt es allerdings auch vor, daß nur ein Spieler in der Lage ist, Drohungen auszusprechen. Eine derartige Situation wurde von Michael Maschler (1963) in seiner Analyse eines Inspektionsmodells zur Ausforschung illegaler Kernwaffenversuche geschickt ausgewertet.

Die beiden Spieler in diesem Modell sind Staaten, die ein Abkommen unterzeichnet haben, das Kernwaffenversuche verbietet. Einer der beiden Staaten hat die Absicht, das Abkommen zu verletzen; der andere möchte die Möglichkeit haben, eine etwaige Verletzung des Abkommens zu entdecken. (In der Realität kann ein Staat entweder die eine oder die andere Rolle spielen, oder beide gleichzeitig.) Der inspizierende Staat verfügt über Geräte, die sowohl natürliche als auch künstliche Störungen registrieren. Außerdem ist ihm eine bestimmte Anzahl von Inspektionen an Ort und Stelle zugesichert. Das rein mathematische Problem besteht nun darin, diese Inspektionen zeitmäßig so anzusetzen, daß die Wahrscheinlichkeit, mit der eine eventuelle Vertragsverletzung entdeckt wird, maximal ist; außerdem muß festgestellt werden, ob bzw. zu welchem Zeitpunkt der potentielle Vertragsbrecher seine Versuche machen wird.

Dies ist offensichtlich kein Nullsummenspiel, da es vermutlich sowohl dem inspizierenden als auch dem inspizierten Staat lieber wäre, daß der Vertrag eingehalten wird, als daß es zu Verletzungen kommt, die anschließend entdeckt werden. Diese Annahme wird zumindest im Modell gemacht. Maschler wies nach, daß der inspizierende Staat am besten fährt, wenn er seine Strategie im voraus bekannt gibt und sich daran hält, ähnlich wie der Großhändler durch Festsetzen eines hohen Preises gewinnt. (Dies gründet auf der Annahme, daß der Vertragsbrecher die Ankündigung glaubt und dann in seinem eigenen Interesse handelt. Es gibt keinen Grund dafür, warum der Vertragsbrecher der Ankündigung nicht Glauben schenken sollte, da es im ureigensten Interesse des inspizierenden Staates liegt, die Wahrheit zu sagen.) Warum kann der Staat, der die Versuche durchführen will, nicht eine ähnliche Taktik verfolgen, d. h. seine Absicht, ein bestimmtes Täuschungsmanöver durchzuführen, ankündigen und es dann dem inspizierenden Staat überlassen, entsprechend zu reagieren?

Aus der Auszahlungsmatrix geht hervor, daß das im Prinzip nicht unvernünftig wäre, aber die politischen Gegebenheiten sind so, daß eine praktische Durchführung ausgeschlossen ist.

Wie Henry Hamburger (1979) zeigte, kann dieses Prinzip auch einer Gemeinde bei der Durchsetzung ihrer Geschwindigkeitsbegrenzungen nützen. Er schätzte den Nutzen, der dem potentiellen Schnellfahrer und der Gemeinde jeweils hinsichtlich der folgenden Faktoren entsteht: 1. Zeitersparnis durch überhöhte Geschwindigkeit; 2. Risiko des Fahrers; 3. zu entrichtendes Bußgeld, wenn der Schnellfahrer erwischt wird; 4. Kosten, die für die Durchsetzung des Gesetzes entstehen; 5. Gefahr für die Öffentlichkeit. Seine Schätzungen ergaben die in Abb. 5.14 dargestellte Matrix.

Abb. 5.14

| | | Gemeinde | |
		Gesetz durchsetzen	Gesetz ignorieren
Fahrer	Gesetz verletzen	(-190, -25)	(10, -5)
	Gesetz beachten	(0, -20)	(0,0)

Es scheint, daß es für die Gemeinde immer günstiger ist, die Geschwindigkeitsüberschreitungen zu ignorieren, unabhängig davon wie sich der Fahrer verhält; in diesem Fall kann man davon ausgehen, daß der Fahrer das Gesetz nicht beachtet und die Auszahlung an die Gemeinde -5 beträgt. Wenn die Gemeinde aber ankündigt, daß sie in 10 % der Fälle die Beachtung des Gesetzes erzwingen wird und entsprechende Maßnahmen durchführt, ergibt sich die in Abb. 5.15 dargestellte Situation.

Abb. 5.15

		Gemeinde
Fahrer	Gesetz verletzen	(-10, -7)
	Gesetz beachten	(0, -2)

Nun ist es zum Vorteil des Fahrers, wenn er die Geschwindigkeitsbegrenzung beachtet, und der Verlust der Gemeinde beträgt nur noch 2.

Wenn wir nur Abb. 5.14 betrachten, wäre es theoretisch möglich, daß der Fahrer im voraus seine Strategie wählt und bekanntgibt, um die Gemeinde ihrerseits auf eine Strategie festzulegen, aber dies ist im „richtigen Leben" nicht durchführbar.

Verbindliche Abmachungen und Seitenzahlungen

Wenn Spieler miteinander verhandeln, kommt es oft zu bestimmten Abmachungen. Bei manchen Spielen gibt es keinen Mechanismus, der die Spieler dazu zwingt, sich an ihre Abmachungen zu halten, so daß sie ihr Wort brechen können, ohne eine Strafe befürchten zu müssen. Bei anderen Spielen wiederum ist das ganz anders. Dort muß jede einmal getroffene Vereinbarung den Regeln entsprechend eingehalten werden, und die Tatsache, daß die Vereinbarung freiwillig erfolgte, ändert daran gar nichts. Diese Möglichkeit, *verbindliche Abmachungen* zu treffen, hat einen starken Einfluß auf den Charakter eines Spiels.

Nehmen wir als Beispiel eine Anekdote, die Merrill M. Flood einmal erzählte. Obwohl mehr als zwei Spieler an diesem „Spiel" teilnahmen, paßt es hier herein:

Flood wollte eines seiner Kinder als Babysitter haben. Er schlug vor, daß die Wahl des Babysitters und die Höhe der Bezahlung am besten auf folgende Art bestimmt würde: die Kinder sollten im Rahmen einer „umgekehrten Auktion" gegeneinander bieten. Er würde mit einem Höchstpreis von $ 4 beginnen, die Kinder sollten dann nacheinander ihren Preis nennen, wobei jedes Angebot niedriger als das vorherige sein müsse, bis nicht mehr geboten würde. Derjenige, der zuletzt geboten hätte, würde zum vereinbarten Preis babysitten.

Die Kinder kamen bald auf die Idee, die Sache untereinander abzusprechen. Auf ihre diesbezügliche Frage antwortete der Vater, daß er ihnen ihre „Manipulationen" unter zwei Bedingungen erlauben würde: der endgültige Preis dürfe die $ 4, die er ursprünglich festgelegt hatte, nicht überschreiten, und die Kinder müßten im voraus untereinander vereinbaren, wer der Babysitter sein und wie das Geld aufgeteilt werden sollte. Es stellte sich heraus, daß die Kinder zu keiner Übereinkunft kamen. Einige Tage später wurde eine echte Auktion abgehalten und der endgültige Preis mit 90 Cent festgelegt. Somit stellte sich heraus, daß die Gelegenheit, sich miteinander in Verbindung zu setzen, und das Vorhandensein eines Mechanismus, der Vereinbarungen in Kraft treten läßt, allein nicht ausreichen, um zu garantieren, daß tatsächlich ein Übereinkommen erzielt wird. Bei diesem Spiel wirkte sich das Unvermögen, zu einer Übereinstimmung zu gelangen, so aus, daß das Endergebnis wesentlich schlechter ausfiel, als wenn die Spieler kooperiert hätten.

Bei manchen Spielen kann ein Spieler die Aktionen eines anderen dadurch beeinflussen, daß er ihm eine „Seitenzahlung" offeriert, eine Zahlung also, die „unter dem Tisch" gemacht wird. Beim Babysitter-Beispiel von Flood war dies der Fall. Wenn eine Vereinbarung zustandegekommen wäre, hätte der Babysitter den anderen Kindern für ihr „Nicht-Bieten" eine gewisse Summe bezahlt.

Bei vielen Spielen können oder dürfen die Spieler allerdings keine Seitenzahlungen machen. Manchmal ist es eine politische Frage: Wenn der Staat Privatunternehmen zur Angebotlegung auffordert, wird er von einer kooperativen Strategie (und den entsprechenden Seitenzahlungen) der Bieter nicht gerade begeistert sein. Manchmal sind Seitenzahlungen auch undurchführbar, da es nichts gibt, was von einem Spieler auf den anderen übertragen werden könnte. Beim „Kampf der Geschlechter" beispielsweise ist die Freude, die die Ehefrau empfindet, wenn ihr Mann mit ihr ins Ballett geht, einfach nicht übertragbar. (Sie könnte allerdings in einem späteren Spiel als Gegenleistung ihren Mann zu den Ringkämpfen begleiten.) Ähnlich kann auch ein Abgeordneter einem anderen dessen politische Unterstützung nicht mit einer direkten Zahlung entgelten, aber er kann sich später einmal in gleicher Weise revanchieren.

Das einfache Beispiel in Abb. 5.16 soll dazu beitragen, die Rolle der Seitenzahlungen zu erläutern. Wenn Seitenzahlungen nicht möglich sind, bleibt Spieler II nichts anderes übrig als Strategie B zu wählen und einen Dollar zu nehmen. Wenn Seitenzahlungen jedoch erlaubt sind (und wenn die Spieler verbindliche Abmachungen treffen können), sieht das Spiel ganz anders aus. Spieler II ist dann in der Lage, einen beträchtlichen Teil der $ 1000 von Spieler I zu verlangen; sollte Spieler I ablehnen, kann es passieren, daß ihm nur $ 100 bleiben. Ob es wahrscheinlich ist, daß Spieler II seine Drohung tatsächlich wahrmacht und einen Dollar opfert, muß Spieler I für sich selbst entscheiden.

Abb. 5.16

		Spieler II	
		A	B
Spieler I	a	($ 100,0)	($ 1000, $ 1)

Man kann überhaupt nicht mit Sicherheit vorhersagen, was bei dieser Art von Spiel geschehen wird, oder auch nur eine Theorie aufstellen, was vernünftigerweise geschehen sollte. In der Praxis hängt das, was geschieht, zweifellos stark von dem Preis ab, der auf dem Spiel steht. Bei Spiel A und B in Abb. 5.17 können die Spieler miteinander beratschlagen und verbindliche Abmachungen treffen; es sind jedoch keine Seitenzahlungen erlaubt.

Abb. 5.17

Spiel A
Spieler II

		A	B
	a	(0,0)	($ 1 000, $ 10)
Spieler I			
	b	(0,0)	($ 900, $ 1 000)

Spiel B
Spieler II

		C	D
	c	(0,0)	($1 000, $ 800)
Spieler I			
	d	(0,0)	($ 900, $ 850)

Bei Spiel A wird Spieler II höchstwahrscheinlich versuchen, die $ 1 000 zu gewinnen, indem er Strategie B spielt und Spieler I dazu überredet, Strategie b zu spielen. Ansonsten kann Spieler II drohen, Strategie A zu spielen und somit die Auszahlung von Spieler I völlig zu ruinieren; ihn selbst würde diese Aktion nur $ 10 kosten. Es scheint daher angebracht, daß sich Spieler I mit den $ 900 begnügt.

Bei Spiel B sieht die Sache recht ähnlich aus; die Drohung von Spieler II ist diesmal allerdings weniger glaubhaft. Seine „Trotzstrategie" (Strategie C) kommt ihn viel teurer zu stehen, obwohl seine Drohung gegenüber Spieler I im wesentlichen gleich bleibt. Trotzdem ist es schwierig, vorherzusagen, was die Spieler tatsächlich tun werden. Aber wenn Spieler I beschließt, Spieler II zu zwingen, Farbe zu bekennen, so spielt er in A ein gefährlicheres Spiel als in B.

Eine Gefängnisrevolte

Ein sehr deutliches Beispiel für angewandte Spieltheorie finden wir in einem Artikel in „The New York Times" vom 28. Juni 1965. In diesem Artikel wird ein Aufruhr in einem Gefängnis beschrieben, bei dem zwei Wärter als Geiseln genommen wurden. Der Gefängnisdirektor weigerte sich, mit den Häftlingen zu verhandeln, solange die Wärter gefangen gehalten wurden, und die Wärter wurden schließlich unverletzt freigelassen.

Der Direktor sagte folgendes: „Sie wollten Bedingungen stellen. Ich lasse mir aber von niemandem Bedingungen stellen. Ich habe daher nicht zugehört und weiß auch nicht, worum es bei den Bedingungen ging". Abb. 5.18 analysiert das „Spiel".

Abb. 5.18

		Direktor	
		Häftlinge freigegeben	Häftlinge nicht freigegeben
Häftlinge	Geiseln verletzen	A	C
	Geiseln nicht verletzen	B	D

Zunächst einmal können wir A ausschließen, da die Häftlinge durch ein Verletzen der Geiseln nichts gewinnen, wenn sie ohnehin freigelassen werden. Von den drei übrigen Möglichkeiten ist den Gefangenen B am liebsten, dann D und schlimmstenfalls C. C ist unpopulär, da es eine zusätzliche Strafe ohne entsprechenden Gewinn bedeutet. Der Gefängnisdirektor wollte am liebsten D, dann B (vermutlich) und schlimmstenfalls C.

Für die Häftlinge bestand die einzige Möglichkeit freizukommen, darin, daß sie drohten, die Geiseln zu verletzen, wenn sie nicht freigelassen würden, und zu hoffen, daß der Drohung Glauben geschenkt werde. Aber der Direktor schnitt einfach die Kommunikationsmöglichkeiten ab; er weigerte sich, anzuhören, „worum es bei den Bedingungen ging". Tatsächlich legte er sich auf eine Strategie fest: er gab die Gefangenen nicht frei und zwang sie, zwischen C und D zu wählen. Er hoffte, daß die Häftlinge aus einer schlimmen Situation das beste machen und eher D als C wählen würden. Das taten sie auch, aber wenn sie entsprechend rachsüchtig gewesen wären, hätten sie auch anders handeln können. Ob der Direktor die richtige Wahl traf, ist eine Frage, über die man streiten kann (was der Direktor und die Geiseln vermutlich getan haben).

Das Gefangenendilemma

Zwei Männer, die unter dem Verdacht stehen, zusammen ein Verbrechen begangen zu haben, werden von der Polizei verhaftet und in verschiedenen Zellen eingesperrt. Beide können entweder ein Geständnis ablegen oder schweigen, und beide kennen die möglichen Konsequenzen ihrer Handlung. Diese sind:

1. Wenn der eine gesteht und sein Partner nicht, so wird der, der gestanden hat, als Zeuge der Anklage freigelassen, und der andere kommt für 20 Jahre ins Gefängnis.
2. Wenn beide gestehen, müssen beide auf 5 Jahre ins Gefängnis.
3. Wenn beide schweigen, müssen beide wegen unerlaubten Waffenbesitzes – eines weniger schwerwiegenden Anklagepunkts – auf 1 Jahr ins Gefängnis.

Nehmen wir an, daß es keine „Ganovenehre" gibt und die beiden Verdächtigen nur an sich selbst denken. Was sollten sie unter diesen Umständen machen? Das Spiel wird in Abb. 5.19 dargelegt. Dies ist das berühmte Gefangenendilemma, dessen ursprüngliche Version von A. W. Tucker stammt, und das im Lauf der kurzen Geschichte der Spieltheorie zu einem klassischen Problem geworden ist.

Abb. 5.19

		Angeklagter II	
		gestehen	nicht gestehen
Angeklagter I	gestehen	5 J., 5 J.	Freilassung, 20 J.
	nicht gestehen	20 J., Freilassung	1 J., 1 J.

Sehen wir uns das Gefangenendilemma aus der Perspektive eines der beiden Angeklagten an. Da er seine Entscheidung treffen muß, ohne zu wissen, was sein Partner tun wird, muß er alle Alternativen seines Partners und deren jeweilige Auswirkungen auf sich selbst durchdenken.

Angenommen, der Partner gesteht: unser Mann kann nun entweder schweigen und auf 20 Jahre ins Gefängnis gehen oder gestehen und auf 5 Jahre in Gefängnis gehen. Wenn der Partner schweigt, kann er ebenfalls schweigen und ein Jahr absitzen oder gestehen und somit die Freiheit erlangen. Es ist also anscheinend in jedem Fall *das beste, wenn er gesteht!* Wo liegt dann das Problem?

Das Paradoxe an der Sache ist folgendes: zwei naive Gefangene, die diesem Gedankengang nicht folgen können, sind beide still und bekommen nur ein Jahr Gefängnis. Zwei gescheite Gefangene, die von spieltheoretischen Überlegungen nur so strotzen, gestehen und bekommen fünf Jahre Gefängnis, in denen sie dann ihre Gescheitheit bewundern können.

Wir werden auf dieses Thema noch zurückkommen, aber vorher wollen wir die wesentlichen, charakteristischen Elemente dieses Spiels betrachten. Jeder Spieler hat grundsätzlich zwei Möglichkeiten: er kann „kooperativ" oder „nicht-kooperativ" handeln. Wenn alle Spieler kooperativ handeln, ist dies für jeden einzelnen günstiger, als wenn alle nicht-kooperativ handeln. Gleichgültig aber, welche Strategie der (die) andere(n) Spieler verfolgt (verfolgen), ist es für einen Spieler immer besser, nicht-kooperativ zu spielen.

Bei den folgenden, ganz verschiedenen Beispielen treten die gleichen Grundelemente immer wieder auf:

1. Zwei verschiedene Firmen verkaufen in einem bestimmten Markt das gleiche Produkt. Sowohl der Verkaufspreis des Produkts als auch der Gesamtabsatz beider Firmen zusammengenommen bleiben alljährlich gleich. Was nicht gleichbleibt, ist der Marktanteil, den jede Firma für sich erobert und der von der Höhe des jeweiligen Werbebudgets abhängt. Einfachheitshalber nehmen wir an, daß jede Firma nur zwei Möglichkeiten hat, nämlich 6 oder 10 Millionen Dollar auszugeben. Die Höhe des Werbebudgets bestimmt den Anteil am Markt und letztlich auch den Profit jedes Unternehmens wie folgt:

Wenn beide Firmen 6 Millionen Dollar ausgeben, erzielen beide einen Profit von je 5 Millionen Dollar. Wenn eine Firma 10 Millionen ausgibt und ihre Konkurrenz nur 6 Millionen, so erhöht sich ihr Gewinn auf 8 Millionen, während die Konkurrenz einen Verlust von 2 Millionen hat. Wenn beide Firmen 10 Millionen ausgeben, so ist dieser zusätzliche Marketing-Aufwand umsonst, da der Markt ohnedies genau abgesteckt ist und sich an der Position der beiden Firmen nichts ändert. Die einzige Folge ist, daß der Gewinn jeder Firma auf 1 Million Dollar absinkt. Die beiden Unternehmen dürfen keine Abmachungen untereinander treffen. Das Spiel wird in Abb. 5.20 dargestellt.

Abb. 5.20

		Firma II	
		6 Mill. ausgeben	10 Mill. ausgeben
Firma I	6 Mill. ausgeben	5 Mill., 5 Mill.	-2 Mill., 8 Mill.
	10 Mill. ausgeben	8 Mill., -2 Mill.	1 Mill., 1 Mill.

2. In einer Stadt herrscht Wassermangel, und die Einwohner werden aufgefordert, ihren Wasserverbrauch einzuschränken. Wenn jeder Einwohner

so reagiert, daß er nur an sein eigenes Interesse denkt, wird es zu keiner Wasserersparnis kommen. Die Einsparungsmaßnahmen jedes einzelnen haben ja offensichtlich nur eine sehr geringe Auswirkung auf die allgemeine Wasserversorgung, während die dadurch entstehenden Unannehmlichkeiten für den einzelnen beträchtlich sind. Wenn andererseits wirklich jeder nur im eigenen Interesse handelt, sind die Auswirkungen für alle katastrophal.

3. Wenn niemand seine Steuern zahlte, würde der Staatsapparat zusammenbrechen. Es ist wahrscheinlich jedem Staatsbürger lieber, wenn alle Menschen einschließlich er selbst ihre Steuern zahlen, als wenn niemand Steuern zahlt. Am schönsten wäre es natürlich, wenn alle außer ihm Steuern zahlten.

4. Nach einigen Jahren Überproduktion beschließen die Bauern, ihre Produktionen freiwillig einzuschränken, um die Preise auf einem bestimmten Niveau zu halten. Allerdings produziert kein einzelner Bauer genug, um den Preis ernsthaft zu gefährden, daher beginnt jeder wiederum zu produzieren, was er nur kann, und verkauft zum jeweiligen Marktpreis. So entsteht von neuem eine Überproduktion.

5. Zwei feindliche Staaten stellen ihr Militärbudget auf. Jeder Staat möchte seine Armee ausbauen, um über den anderen einen militärischen Vorteil zu gewinnen, und jeder Staat gibt entsprechend viel Geld aus. Letzten Endes haben beide eine ähnliche militärische Stärke und gleich wenig Geld für andere Zwecke.

Wie aus diesen Beispielen hervorgeht, taucht diese Art von Problemen immer wieder auf. Wir wollen uns einfachheitshalber nur mit einem Spiel beschäftigen und uns zu diesem Zweck nochmals das Beispiel von den beiden Firmen, die ihr Werbebudget festlegen, vornehmen. Wir erweitern aber das Spiel wie folgt: Das Budget wird nicht nur einmal, sondern – realistischer – alljährlich neu bestimmt, und zwar über einen Zeitraum von zwanzig Jahren. Wenn eine Firma ihr Budget für irgendein Jahr beschließt, so ist ihr bekannt, was die Konkurrenz in den vergangenen Jahren ausgegeben hat.

Bei der Besprechung des „Gefangenendilemmas" haben wir festgestellt, daß die Gefangenen keine andere Wahl haben als zu gestehen, wenn das Spiel nur einmal gespielt wird. Im oben erwähnten Beispiel führt der gleiche Gedankengang zu der Folgerung, daß die Firmen jeweils 10 Millionen Dollar ausgeben sollen. Aber wenn das Spiel öfter gespielt wird, verliert das Argument an Stärke. Wenn man in einem bestimmten Jahr 10 Millionen Dollar ausgibt, fährt man damit *in ebendiesem Jahr* zweifellos besser, als wenn man nur 6 Millionen ausgibt. Dieser Satz ist zwar immer noch richtig, aber wenn man in einem Jahr 10 Millionen Dollar ausgibt, gibt man damit höchstwahrscheinlich der Konkurrenz Anlaß, im nächsten Jahr ebenfalls 10 Millionen Dollar auszugeben, und das wiederum will man bestimmt nicht. Eine günstigere Strategie wäre es, zu zeigen, daß man zur Kooperation gewillt ist und nur 6 Millionen Dollar ausgibt, und zu hoffen, daß die Konkurrenz den richtigen Schluß daraus zieht und das gleiche tut. Diese Strategie könnte zu einem kooperativen Ergebnis führen, was in der Praxis ja auch oft vorkommt. Theoretisch gibt es allerdings ein Problem.

Das Argument, daß eine alljährliche Ausgabe von 6 Millionen Dollar die Konkurrenz normalerweise dazu anhält, die gleiche Summe im nächsten Jahr auszugeben, ist für die ersten neunzehn Jahre gut und schön, verliert aber für das zwanzigste Jahr völlig an Gültigkeit. Im zwanzigsten Jahr gibt es *kein nächstes Jahr*. Wenn für die Firmen das zwanzigste Jahr anbricht, sind sie praktisch in derselben Lage, als wenn sie das Spiel nur einmal spielten. Wenn die Firmen ihren Gewinn maximieren wollen – und das nehmen wir doch an – spricht wiederum alles für die nicht-kooperative Strategie.

Aber das ist noch nicht alles. Sobald erkannt wird, wie sinnlos es ist, im zwanzigsten Jahr zu kooperieren, folgt daraus, daß es auch im neunzehnten Jahr keinen Zweck hat, zu kooperieren. Und wenn man im neunzehnten Jahr keine kooperative Reaktion erhalten kann, warum dann im achtzehnten? Wenn man einmal in diese Falle gegangen ist, gibt es kein Entrinnen: Kooperation im achtzehnten, siebzehnten ... oder ersten Jahr ist zwecklos. Wenn man das Argument, das für die nicht-kooperative Strategie spricht, im Einzelfall akzeptiert, folgt daraus, daß man nicht nur im letzten Spiel einer ganzen Reihe, sondern auch in jedem einzelnen nicht-kooperativ spielen muß.

Erst wenn das „Gefangenendilemma" wiederholt gespielt wird – und zwar nicht nur im Rahmen einer Spielreihe, deren Ende determiniert ist, sondern über einen unbegrenzten Zeitraum – kommt die kooperative Strategie voll zur Geltung. Das sind auch genau die Umstände, unter denen das „Gefangenendilemma" oft gespielt wird. Zwei Konkurrenzunternehmen wissen wohl, daß sie nicht auf ewige Zeiten im Geschäft bleiben werden, aber im allgemeinen können sie nicht absehen, wann Tod, Fusionierung, Bankrott oder irgendein anderes Ereignis ihrem Konkurrenzkampf ein Ende setzen wird. Daher können die Spieler nicht analysieren, was in der letzten Runde passieren wird und von dort zurückarbeiten, denn niemand weiß, wann die letzte Ruhe stattfinden wird. Somit wird das zwingende Argument zugunsten der nicht-kooperativen Strategie nichtig, und wir machen einen Seufzer der Erleichterung.

Dieser Seufzer sollte uns zu denken geben: Das „Gefangenendilemma" hat eine Eigenschaft, durch die es sich von den anderen Spielen, die wir besprochen haben, unterscheidet. Bei der Analyse eines Spiels ist man in der Regel zufrieden, wenn man sagen kann, was vernünftige Spieler tun sollten, und wenn man das Resultat vorhersagen kann. Aber beim „Gefangenendilemma" ist die nicht-kooperative Strategie so unerquicklich, daß die Frage, die die meisten Leute zu beantworten versuchen, nicht lautet: „welche Strategie sollte eine vernünftige Person wählen?", sondern: „wie können wir die Anwendung einer kooperativen Strategie rechtfertigen?". Zu dieser letzten Frage sind die verschiedensten Antworten vorgeschlagen worden. Sehen wir uns ein paar davon näher an.

Frühe Untersuchungen über das Problem des „Gefangenendilemmas"

Das „Gefangenendilemma" ist wichtig, da es uns kurz und bündig ein Problem vor Augen führt, das in allen möglichen Zusammenhängen immer wieder auftaucht. Manche Erscheinungsformen des „Gefangenendilemmas" wurden lange vor dem Entstehen einer Spieltheorie besprochen. Thomas Hobbes, ein politischer Philosoph, untersuchte eine Version des Dilemmas, in der die „Spieler" die Mitglieder der Gesellschaft waren.

Hobbes vertrat die Ansicht, daß sich die Gesellschaft ursprünglich in einem Zustand der Anarchie befand. Ständige Fehden und Raubüberfälle waren die Folge davon, daß jeder einzelne nur daran dachte, überall das beste für sich selbst herauszuholen. Es war eine Gesellschaft, in der ein Mensch einen anderen wegen einer nichtigen Habseligkeit umbringen konnte und seinerseits das gleiche Schicksal befürchten mußte. Hobbes war der Ansicht, daß in einer solchen Situation es zum Vorteil jedes einzelnen wäre, wenn der Gesellschaft Einschränkungen auferlegt würden, an die sie sich halten müßte; d. h. daß jeder die Möglichkeit, sich unrechtmäßig zu bereichern, gegen mehr Sicherheit für sich selbst eintauschen würde. Hobbes betrachtete den Gesellschaftsvertrag als ein gesetzlich erzwungenes kooperatives Ergebnis. In seinem *Leviathan* beschrieb er die Schaffung einer Regierung (idealerweise einer Monarchie): „... als ob jeder zu jedem sagte: Ich gebe mein Recht auf Selbstregierung auf und übertrage es diesem Mann oder dieser Gruppe von Männern, unter der Bedingung, daß Du Dein Recht ebenfalls an ihn abtrittst und alle seine Handlungen ebenso wie ich billigst." (Ob dies den historischen Tatsachen entspricht, ist dabei unwichtig: wichtig ist, wie das Problem erfaßt und wie es gelöst wurde.)

Nachdem er die Nachteile des nicht-kooperativen Ergebnisses erläutert hat, macht Hobbes den Vorschlag, daß die vielen voneinander unabhängigen Entscheidungen, ob eine Kooperation stattfinden solle oder nicht, nicht mehr den Menschen, die die Gesellschaft ausmachen, überlassen bleiben sollten. Die Gesellschaft sollte sich im Gegenteil verbindlichen Entscheidungen beugen, und diese sollten von der Regierung gefällt werden. Diese Auffassung ist nicht ungewöhnlich. In ihrem Werk *Games and Decisions* weisen Luce und Raiffa ebenfalls darauf hin: „Manche sind der Ansicht, daß es eine der Grundregeln einer Regierung ist, die Regeln von sozialen ‚Spielen' abzuändern, sobald die Spielsituation darauf hindeutet, daß die Spieler in eine sozial wenig wünschenswerte Position gedrängt werden, wenn sie ihren eigenen Zielen nachgehen."

In bescheidenerem Rahmen stellte der bekannte Soziologe Georg Simmel (1955) fest, daß Konkurrenzunternehmen oft mit „Gefangenendilemma"-artigen Situationen konfrontiert werden. Er beschrieb das Verhalten von Geschäftsleuten, die dieses Spiel ja immer wieder spielen:

„Eine beiderseitige Einschränkung des Konkurrenzkampfs ist dann gegeben, wenn sich eine Anzahl von Konkurrenten freiwillig dazu entschließt, daß sie auf bestimmte Praktiken, den anderen zu übertrumpfen, verzichtet – wobei der Verzicht des einen nur so lange gilt, als sich der andere an die Abmachung hält. Ein Beispiel dafür wäre eine Vereinbarung zwischen den Buchhandlungen in einer bestimmten Gegend, keinen Rabatt zu gewähren..., oder eine Abmachung unter Geschäftsinhabern, ihre Geschäfte um acht bzw. neun Uhr zuzusperren, usw. Es ist offensichtlich, daß hier rein egoistische Nutzenüberlegungen den Ausschlag geben: der eine wendet bestimmte Methoden der Kundenwerbung nicht an, weil er weiß, daß ihn der andere sofort nachahmen würde, und daß der größere Gewinn, den sie sich teilen müßten, die größeren Ausgaben, die ebenfalls geteilt werden müßten, nicht aufwiegen würde... In der Ökonomie ist die dritte Partei der Konsument, und somit ist klar, wie der Weg zur Kartellbildung verläuft. Sobald einmal bekannt ist, daß man ohne eine Reihe von kompetitiven Praktiken auskommen kann, wenn auch die Konkurrenz darauf verzichtet, kann es nicht nur dazu kommen, daß sich – wie bereits erwähnt – ein noch intensiverer und gezielterer Konkurrenzkampf entspinnt, sondern es kann auch das Gegenteil eintreten. Die Abmachung kann so weit gehen, daß der Konkurrenzkampf überhaupt abgeschafft wird und daß sich Unternehmen organisieren, die nicht mehr um den Markt kämpfen, sondern ihn nach einem gemeinsam aufgestellten Plan versorgen... Dieser Vorgang übersteigt das Eigeninteresse der Beteiligten, indem er allen ihren Vorteil einräumt, und bringt das scheinbare Paradoxon zustande, daß sich für jede Partei der Vorteil des Gegners mit ihrem eigenen deckt."

Dabei ist zu beachten, daß Simmel den Konsumenten als einen Außenseiter behandelt, der keinen Einfluß auf die Geschehnisse hat, sondern ihnen ausgeliefert ist. Tatsächlich ist der Konsument kein Spieler. Während die Kooperation zwischen einzelnen Unternehmen leicht zu deren wechselseitigem Vorteil führt, können die Auswirkungen auf die

Gesellschaft als Ganzes ohne weiteres asozial sein. Daher verbietet die Gesellschaft „kooperatives Spiel" in Form von Trusts, Kartellen, Preisabmachungen und Bestechungen.

Dieses Thema – die Tendenz von Konkurrenzunternehmen, einen destruktiven Preiswettbewerb zu vermeiden – wird auch von John Kenneth Galbraith behandelt. In seinem Werk *American Capitalism: The Concept of Countervailing Power* (1952) sagt er: „Das Übereinkommen gegen den Preiswettbewerb ist unvermeidlich... Die Alternative ist Selbstzerstörung." Der Preiswettbewerb wird im allgemeinen durch Konkurrenz bei Verkauf und Werbung ersetzt. Wo es nur einige wenige Verkäufer gibt, verringert sich die Konkurrenz. Wenn ein großer Unternehmerverband mit den Vertretern der Arbeiterschaft Lohnverhandlungen führt, hört der Lohnwettbewerb zwischen den einzelnen Unternehmen zur Anziehung von Arbeitskräften auf. An seine Stelle treten Verhandlungen zwischen den beiden „ausgleichenden Gewalten" Gewerkschaft und Unternehmer.

Probleme von der Art des „Gefangenendilemmas" gibt es in der einen oder anderen Form schon seit langem. Die kooperative Strategie wird allgemein als die „richtige" empfunden (außer wenn sie asoziale Auswirkungen hat), manchmal auch aus ethischen Gründen. Immanuel Kant erklärte, ein Mensch solle das Moralische seiner Handlung an den Auswirkungen ähnlicher Handlungen aller anderen messen; die „Goldene Regel" besagt ähnliches. Professor Rapoport, um zur Gegenwart zurückzukehren, sagt in seinem Werk *Fights, Games and Debates* (1960), daß es außer dem begrenzten Eigeninteresse des Spielers auch noch andere Überlegungen gibt, die dieser bei der Wahl seiner Vorgangsweise in Betracht ziehen sollte. Soll für die Spieler irgendeine Hoffnung bestehen, das schwierige kooperative Ergebnis zu erzielen, so müssen sie nach Ansicht Rapoports bestimmte soziale Werte akzeptieren und, wenn sie diese akzeptiert haben, kooperativ sein, selbst wenn das „Gefangenendilemma" nur einmal gespielt wird. Seine Argumentation ist folgende:

„Jeder Spieler prüft vermutlich die gesamte Auszahlungsmatrix. Die erste Frage, die er stellt, ist: ‚wann sind wir beide am besten dran?' Die Antwort ist in unserem Fall eindeutig: wenn das Ergebnis kooperativ ist. Nächste Frage: ‚Was ist notwendig, damit man zu dieser Wahl kommt?' Antwort: Daß beide Parteien darauf vertrauen, daß die andere das gleiche tun wird wie sie selbst. Die Schlußfolgerung ist dann: ich bin eine der Parteien, ich habe daher Grund zu diesem Vertrauen."

Rapoport ist sich darüber im klaren, daß diese seine Anschauungen mit den „‚rationalen' strategischen Prinzipien" des Eigeninteresses nicht übereinstimmt; er verwirft diese Prinzipien einfach. Er behauptet, daß die Minimax-Strategie im Zweipersonen-Nullsummenspiel auch auf einer Annahme gründet und zwar, daß der Gegner rational handeln wird, d. h. in Übereinstimmung mit seinem ureigensten Interesse. Wenn bei diesem

Spiel der Gegner nicht rational handelt, ist es der Minimax-Strategie nicht möglich, seine Fehler auszunützen. Genau wie beim Nullsummenspiel die Annahme, daß der Gegner rational handeln wird, irrig sein kann, ist es auch beim Nichtnullsummenspiel möglich, daß man sich täuscht, wenn man meint, daß der Partner guten Willens sein müsse.

Da die meisten Leute die nicht-kooperative Strategie nur zögernd als die richtige akzeptieren, ist ihnen im allgemeinen jeder mögliche Ausweg recht. Trotz meiner Hochachtung vor den Ausführungen Rapoports bin ich allerdings nicht der Meinung, daß das Paradoxe am „Gefangenendilemma" wirklich überwunden ist. Blättern wir dazu ein bißchen zurück.

Bei den Beispielen zum „Gefangenendilemma", die in diesem Kapitel besprochen wurden, wurden die Auszahlungen in „Gefängnisjahren" bzw. Nettogewinnen anstelle von Nutzenquanten angegeben. Die tatsächlichen Nutzen, die dahinter stehen, wurden nur durch Sätze wie: „Jeder Spieler beschäftigt sich mit seinem eigenen Interesse" oder „Jede Firma möchte nur ihren eigenen Gewinn maximieren" angedeutet. Einfachheitshalber haben wir eine formellere Beschreibung in Form von Nutzenangaben vermieden. Dem Problem liegen allerdings bestimmte Annahmen zugrunde, die wesentlich sind, auch wenn sie nur ungenau angegeben wurden. Sind diese Annahmen nicht gültig, spielen wir unter Umständen ein völlig anderes Spiel als wir zu spielen glauben. Wenn beim ursprünglichen Gefangenendilemma ein Häftling lieber ein Jahr zusammen mit seinem Komplizen eingesperrt ist, als freizugehen und seinen Freund dafür zwanzig Jahre absitzen zu lassen, ist das Argument, das für ein Geständnis spricht, nicht mehr stichhaltig. Aber dann kann das Spiel auch kaum mehr als Gefangenendilemma bezeichnet werden. Das ursprüngliche Paradoxon wurde nicht gelöst.

Das ist der Einwand auf das Argument von Rapoport (1960): er möchte das Problem mit Hilfe der Methode der „Goldenen Regel" aus der Welt schaffen. Wenn ein Spieler jedoch auf die Auszahlung seines Partners ebenso bedacht ist wie auf seine eigene, kann das Spiel nicht mehr als Gefangenendilemma bezeichnet werden; und wenn jeder Spieler nur an seiner eigenen Auszahlung interessiert ist, treffen die Behauptungen Rapoports nicht zu.

Außerdem ist auch die Analogie zwischen den Annahmen im Nullsummenspiel und denen im Nichtnullsummenspiel nicht sehr überzeugend. Im Nullsummenspiel kann man den Wert des Spiels erhalten, egal ob der Gegner gut, schlecht oder mittelmäßig ist; man muß nicht annehmen, daß er rational ist. Das sagt auch Rapoport, aber dann fährt er fort und sagt, daß man bei Zuhilfenahme der Minimax-Strategie die Möglichkeit einbüßt, Fehler auszunützen, und daß man sich nicht einfach mit dem Wert des Spiels zufriedengeben sollte, wenn man einen dummen Gegner hat.

Das stimmt nicht ganz. Es gibt Spiele – einige davon haben wir auch schon gesehen – bei denen die Auszahlung für den Minimax-Spieler größer ist als der Wert des Spiels, wenn sein Partner eine minderwertige Strategie spielt. Aber selbst bei jenen Spielen, bei denen die Minimax-Strategie eine größere Auszahlung als den Wert des Spiels ausschließt, ist die Analogie fraglich. Um die Schwächen seines Gegners ausnützen zu können, muß man mehr wissen als nur die Tatsache, daß er vom Minimax abweichen wird; man muß auch wissen, wie. Nehmen wir z. B. an, daß wir mit irgendeinem Einfaltspinsel „Kopf oder Adler" spielen und zwar nur ein einziges Mal; wir erwarten, daß er nicht rational spielen wird. Insbesondere glauben wir, daß er mit einer Wahrscheinlichkeit von über 50 % eine Seite der Münze auflegen wird. Aber welche Seite? Und wie können wir uns seine unbeholfene Strategie zunutze machen, wenn wir nicht wissen, welche Seite?

Wenn man bei einem Nullsummenspiel eine Minimax-Strategie anwendet, geschieht das in der Regel nicht deshalb, weil man an die Rationalität seines Gegners glaubt, sondern weil man keine andere, bessere Alternative hat – das gilt auch, wenn man das Gefühl hat, daß der Gegner ohne weiteres einen Fehler machen könnte.

Beim „Gefangenendilemma" allerdings macht man gegebenenfalls wirklich die *Annahme*, daß der Partner kooperativ spielen wird. Wenn man selbst kooperativ spielt, muß man sozusagen als Glaubensakt annehmen, daß der Partner auch kooperativ spielen wird, alles andere wäre Masochismus. Aber selbst wenn der Partner kooperativ ist und der Glaubensakt dadurch gerechtfertigt scheint, werden manche Spieler immer noch die Wahl der kooperativen Strategie in Frage stellen, da eine nicht-kooperative unter Umständen noch besser gewesen wäre. Diese Einstellung mag gierig wirken, aber die Spieler wollen von den Spieltheoretikern ja keine moralischen Grundsätze hören – die haben sie bereits selbst. Alles was sie wollen, ist eine Strategie, die für ihren Zweck – und der mag selbstsüchtig oder sonst etwas sein – geeignet ist.

Der Unterschied zwischen den Annahmen beim Nullsummen- und beim Nichtnullsummenspiel wird noch deutlicher, wenn sie sich nicht bewahrheiten. (Und es ist keine Frage, daß die Leute bei den „Gefangenendilemma"-Spielen oft nicht kooperativ spielen!) Bei Nichtnullsummenspielen führt die Kooperation mit einem nicht-kooperativen Partner zu einer Katastrophe; bei Nullsummenspielen kann einem mit der Minimax-Strategie nichts Ärgeres passieren, als daß man eine Gelegenheit versäumt, seinem Gegner eins auszuwischen.

Die Schiedsrichter-Lösung von Nash

Ein Spieler in einem Verhandlungsspiel ist in einer heiklen Lage. Er möchte das bestmögliche Abkommen erreichen, ohne dabei zu riskieren, daß kein Abkommen zustande kommt, und diese beiden Ziele widersprechen einander in gewissem Sinn. Wenn eine Partei sich gewillt zeigt, auf alle Bedingungen einzugehen, auch wenn ihr Gewinn dabei nur geringfügig ist, wird es sehr wahrscheinlich zu einer Vereinbarung kommen, die dann allerdings wenig attraktiv für sie sein wird. Wenn sie andererseits beharrlich auf ihren Forderungen besteht, wird das Abkommen, so es zustande kommt, zweifellos günstig für sie sein – wobei allerdings durchaus die Möglichkeit besteht, daß kein Abkommen zustande kommt. Ein Autohändler, der sehr darauf bedacht ist, ein Auto zu verkaufen, wird sich bemühen, das dem Käufer nicht zu zeigen; aber er wird umfangreiche Überlegungen anstellen, um herauszufinden, um wieviel er seinen Preis senken muß, damit der Verkauf zustande kommt.

Selbst wenn sich ein Spieler damit abgefunden hat, daß sein Gewinn nur bescheiden ausfallen wird, und er sich sehr um eine Übereinkunft bemüht, wird sein Bemühen oft als Schwäche ausgelegt; sein Partner versteift sich dann auf seine Forderungen, und die Chance, eine Übereinkunft zu erzielen, verringert sich. Das kommt oft vor, wenn einer von zwei Staaten, die gegeneinander Krieg führen, Friedensgespräche anbietet. Bei einer Kontroverse zwischen Gewerkschaft und Unternehmer, die tatsächlich stattfand, offerierte die eine Partei, die nachgiebiger war, günstige Bedingungen, damit der Streit rasch beigelegt werden könne. Das Ergebnis davon war allerdings ganz anders als vorhergesehen. Anstatt auf den üblichen Verhandlungsvorgang zu verzichten und die Bedingungen sofort anzunehmen, schöpfte die andere Partei Verdacht und widersetzte sich dem Vorschlag. Letzten Endes einigte man sich auf dieselben Bedingungen, die ursprünglich angeboten worden waren, aber erst nach langen und harten Verhandlungen.

Eine Möglichkeit, den tatsächlichen Verhandlungsprozeß zu umgehen – zumindest prinzipiell – wäre, die Vertragsbedingungen durch einen Schiedsspruch festzulegen. Damit kann man die Gefahr abwenden, daß keine Übereinkunft erzielt wird. Das Problem dabei ist, daß der Schiedsspruch die Stärke der Spieler realistisch widerspiegeln soll, damit man das Resultat von Verhandlungen ohne das sonst gegebene Risiko erhält. John Nash schlägt hier folgende Vorgangsweise vor.

Er beginnt mit der Annahme, daß zwei Parteien dabei sind, einen Vertrag auszuhandeln. Die Parteien können Gewerkschaft und Unternehmer sein, zwei Länder, die sich um ein Handelsabkommen bemühen, ein Käufer und ein Verkäufer usw. Einfachheitshalber – und ohne daß dies der

Allgemeingültigkeit Abbruch täte – nimmt er an, daß ein Nicht-Zustande-
kommen des Vertrags – kein Handel, kein Verkauf, ein Streik usw. – für
beide Spieler einen Nutzen von null hätte. Dann wählt Nash aus allen
Verträgen, die die Spieler theoretisch machen könnten, ein einzelnes Ergebnis als Schiedsrichterlösung aus: jenes Ergebnis, in dem das Produkt
der Nutzen der Spieler maximiert wird[5]. Die Anwendung dieses Schemas
findet Nash dadurch gerechtfertigt, daß es als einziges folgende vier Anforderungen erfüllt:

1. *Die Schiedsrichterlösung soll von der gewählten Nutzenfunktion unabhängig sein.* Jede Schiedsrichterlösung soll natürlich von den Präferenzen
der Spieler abhängig sein, und diese Präferenzen werden in Form einer
Nutzenfunktion ausgedrückt. Aber wie wir vorher gesehen haben, gibt es
viele Nutzenfunktionen zur Auswahl. Da die Wahl der Nutzenfunktion
völlig willkürlich erfolgt, ist die Forderung, daß die Schiedsrichterlösung
nicht von der gewählten Nutzenfunktion abhängen soll, vernünftig.

2. *Die Schiedsrichterlösung soll paretooptimal sein.* Nash fand es wünschenswert, daß die Schiedsrichterlösung paretooptimal sei, d. h. es soll
kein anderes Ergebnis geben, bei dem beide Spieler gleichzeitig besser
dran sind.

3. *Die Schiedsrichterlösung soll von irrelevanten Alternativen unabhängig
sein.* Angenommen, wir haben zwei Spiele A und B, bei denen jedes
Ergebnis von A auch ein Ergebnis von B ist. Wenn sich die Schiedsrichterlösung für B auch als ein Ergebnis von A erweist, so muß dieses auch die
Schiedsrichterlösung für A sein. Anders ausgedrückt: die Schiedsrichterlösung in einem Spiel bleibt die Schiedsrichterlösung, auch wenn andere
Ergebnisse als mögliche Abkommen ausscheiden.

4. *Bei einem symmetrischen Spiel hat die Schiedsrichterlösung für beide
Spieler den gleichen Nutzen.* Angenommen, die Spieler im Verhandlungsspiel haben symmetrische Rollen: wenn es ein Ergebnis mit einem Nutzen
von x für einen Spieler und einem Nutzen von y für den anderen gibt, so
muß es auch ein Ergebnis mit einem Nutzen von y für den ersten Spieler
und einem Nutzen von x für den zweiten geben. In einem solchen Spiel soll
die Schiedsrichterlösung den gleichen Nutzen für beide Spieler haben.

---

[5] Es ist zu beachten, daß die Spieler nicht nur Nutzenpaare in Verbindung mit
einfachen Abkommen erhalten können, sondern auch dadurch, daß man „gemischte" Abkommen nach der Art gemischter Strategien aushandelt. Nehmen
wir z. B. an, daß beim „Kampf der Geschlechter" der Ballettabend einen Nutzen
von 4 für den Mann und von 8 für die Frau hat, während die Ringkämpfe einen
Nutzen von 6 für den Mann und von 2 für die Frau haben. Beide können einen
Nutzen von 5 erzielen, wenn sie die Wahl ihrer Abendunterhaltung einem Münzwurf überlassen.

Bevor man die Schiedsrichterlösung von Nash anwenden kann, muß man die Nutzenfunktion beider Spieler kennen. Das ist der größte Nachteil daran, da die Nutzen nicht immer bekannt sind, ja vielmehr oft bewußt von den Spielern verschleiert werden. Wenn die Nutzenfunktion eines Spielers falsch dargestellt wird, kann das für den Spieler von Vorteil sein. Das ist in einer Weise beruhigend, da daraus hervorgeht, daß das Schema realistisch ist. Auch im wirklichen Leben wird die Nutzenfunktion, wie wir gesehen haben, oft falsch dargestellt.

Beim Nash-Schema muß man sich unbedingt vor Augen halten, daß es sich weder erzwingen läßt, noch vorhersagt, was geschehen wird. Es handelt sich dabei vielmehr um ein a priori-Ergebnis, zu dem man kommt, wenn man von vielen relevanten Faktoren wie Verhandlungsstärke der Spieler, kulturellen Normen usw. abstrahiert. (In dieser Hinsicht ist es dem Shapley-Wert, den wir später besprechen werden, ähnlich.) Das Ergebnis fällt bei diesem Schema allem Anschein nach oft recht ungerecht aus: die Armen werden noch ärmer und die Reichen reicher. Das ist jedoch zu erwarten. Ein reicher Spieler hat ganz einfach oft eine stärkere Position als ein armer. Sehen wir uns zur näheren Erläuterung folgendes Beispiel an:

Angenommen, ein reicher und ein armer Mann bekommen eine Million Dollar, wenn sie sich darauf einigen können, wie sie das Geld untereinander aufteilen; wenn sie keine Einigung erzielen, bekommen sie nichts. In einem solchen Fall würde der reiche Mann nach dem Nash-Schema normalerweise einen größeren Anteil zugebilligt bekommen als der arme Mann, da die beiden verschiedene Nutzenfunktionen haben. Wir werden gleich feststellen, warum:

Wenn es sich um *verhältnismäßig* große Geldsummen dreht – d. h. um Summen, die im Verhältnis zu dem, was eine Person bereits besitzt, groß sind – gehen die Leute beim Spiel gern auf Nummer Sicher. Die meisten Leute – es sei denn, sie wären sehr reich – haben lieber eine Million Dollar sicher in der Hand, als die Möglichkeit, 10 Millionen Dollar mit einer Wahrscheinlichkeit von 50% zu gewinnen, obwohl sie die Chance, mit einer Wahrscheinlichkeit von 50% zehn Dollar zu gewinnen, einem sicheren Dollar vorziehen würden. Aber eine große Versicherungsgesellschaft würde die 10 Millionen Dollar, die mit einer Wahrscheinlichkeit von 50% gewonnen werden können, der sicheren Million vorziehen; tatsächlich geht sie ja täglich viel höhere Risiken ein. Diese Nutzendifferenzen unter großen Geldsummen sind beim armen Mann viel geringer als beim reichen. Ein Dollar und zehn Dollar wären für den armen Mann im gleichen Verhältnis attraktiv wie eine Million und 10 Millionen Dollar für den reichen. Eine Nutzenfunktion, die die Situation des armen Mannes richtig widerspiegelt, wäre die Quadratwurzelfunktion: $ 100 wären zehn Nutzenquanten, $ 1 wäre eines, $ 16 wären vier usw. Somit wäre der arme Mann indifferent zwischen $ 2 500 sicher und der Möglichkeit, $ 10 000 mit einer Wahrscheinlichkeit von 50% zu bekommen. (Die spezifische Wahl der Quadratwurzelfunktion ist natürlich willkürlich; viele andere kämen genauso in Frage.) Man kann annehmen, daß die Nutzenfunktion des reichen Mannes mit der Geldsumme in Dollar identisch ist. Unter diesen Bedingungen wäre das Ergebnis nach dem Nash-Schema, daß der reiche Mann zwei Drittel der Million Dollar und der arme Mann nur ein Drittel erhält.

Experimente mit dem Zweipersonen-Nichtnullsummenspiel

Ein Grund, warum man experimentelle Spiele untersucht, ist, daß sie interessant sind. Wenn man viel Zeit darauf verwendet, nachzudenken, wie sich Menschen theoretisch verhalten sollten, wird man neugierig, wie sie sich tatsächlich verhalten. Ein zweiter Grund, warum man experimentelle Spiele untersucht, ist, daß man dabei Einsichten gewinnen kann, die einen zu einem besseren Spieler machen. Diese Überlegung ist bei Nichtnullsummenspielen viel wichtiger als bei Nullsummenspielen. Beim Zweipersonen-Nullsummenspiel kann ein Spieler aus eigener Kraft den Wert des Spiels erreichen; er braucht sich nicht um die Aktionen seines Gegners kümmern. Beim Nichtnullsummenspiel *muß* man sich mit der Spielweise seines Partners auseinandersetzen, außer man wäre mit einem minimalen Gewinn zufrieden. Ähnlich werden auch bei einer Serie von „Gefangenendilemma"-Spielen die Vorstellungen, die man sich von der Aktionsweise des Partners macht, die eigene Aktionsweise beeinflussen.

Wenn wir nun annehmen, daß es sich auszahlt, mehr über die Verhaltensweisen der Leute zu erfahren, warum sollten wir deshalb Versuche durchführen, anstatt das tägliche Leben zu beobachten? Es gibt doch zweifellos genügend Beispiele für Nichtnullsummenspiele im täglichen Leben. In ihrem Werk *Bargaining and Group Decision Making* (1960) beantworten Lawrence F. Fouraker und Sidney Siegel diese Frage so: „Im spezifischen Fall des bilateralen Monopols wäre es äußerst unwahrscheinlich, daß geeignete, wirklichkeitsgetreue Daten zur Untersuchung der theoretischen Modelle erfaßt werden könnten. Das ist nicht deshalb so, weil das Phänomen besonders selten wäre, ja es gibt täglich zahllose Fälle, bei denen die Bedingungen eines bilateralen Monopols annähernd gegeben sind: ein konzessionierter Händler verhandelt mit einem Hersteller über Kontingente und Großhandelspreise; zwei öffentliche Versorgungsbetriebe verhandeln darüber, wie ein Preis, den sie für eine gemeinsame Dienstleistung festgesetzt haben, aufgeteilt werden soll; der Besitzer einer Handelskette verhandelt mit einer Konservenfabrik, die wiederum mit einer landwirtschaftlichen Genossenschaft verhandeln muß; Gewerkschaftsführer einer organisierten Arbeiterschaft verhandeln mit dem Unternehmerverband usw."

Der Nachteil an den „echten" Spielen ist, daß ihre Form für uns oft nicht brauchbar ist. Die Variablen sind nicht überschaubar; es ist unwahrscheinlich, daß wir zwei Situationen finden, die mit Ausnahme einer Variablen identisch sind. Dadurch wird es schwierig festzustellen, wie sehr eine Variable das Endergebnis beeinflußt. Außerdem lassen sich die Auszahlungen normalerweise nicht bestimmen. Im Labor hingegen können die Spieler getrennt werden, damit kein persönlicher Kontakt (ein unnötiger, komplizierender Faktor) zustande kommt, die Auszahlungen sind klar, und die Variablen können nach Belieben geändert werden. Außerdem ist es möglich, die Spieler durch entsprechend hohe Auszahlungen zu motivieren – zumindest im Prinzip.

Einige Experimente mit dem „Gefangenendilemma"

Die vielen Experimente, die mit dem „Gefangenendilemma" angestellt wurden, haben alle einen gemeinsamen Zweck: festzustellen, unter welchen Bedingungen Spieler kooperieren. Zu den wichtigen Variablen, die das Verhalten eines Spielers bestimmen, zählen die Höhe der Auszahlungen, die Spielweise des Partners, die Kommunikationsfähigkeit und die Persönlichkeit der Spieler. In einer Experimentserie, die von Alvin Scodel, J. Sayer Minas, David Marlowe, Harvey Rawson, Philburn Ratoosh und Milton Lipetz durchgeführt und im *Journal of Conflict Resolution* im Rahmen von drei Artikeln in den Jahren zwischen 1959 und 1962 beschrieben wurde, wurde ein „Gefangenendilemma" samt Variationen wiederholt gespielt. Dabei wurden folgende Beobachtungen gemacht:

Das Spiel in Abb. 5.21, das wir Spiel I nennen wollen, wurde von jedem der 22 Spielerpaare 50 mal gespielt. K und NK sind die kooperativen bzw. nicht-kooperativen Strategien. Die Spieler waren während dieser fünfzig Spielrunden voneinander getrennt, so daß keine direkte Kommunikation stattfinden konnte. In jeder Runde wußte jeder Spieler, was sein Partner in allen vorhergehenden Runden getan hatte.

Abb. 5.21

Spiel I

	K	NK
K	(3,3)	(0,5)
NK	(5,0)	(1,1)

In jeder Runde hatte jeder Spieler zwei Wahlmöglichkeiten, was insgesamt vier mögliche Resultate ergibt. Wenn die Spieler ihre Strategien aufs Geratewohl ausgewählt hätten, so hätte die kooperative Auszahlung (3,3) in 25 % aller Fälle erwartet werden können, die nicht-kooperative (1,1) in 25 % aller Fälle und eine der gemischten Auszahlungen (5,0) oder (0,5) in 50 % aller Fälle. Tatsächlich herrschte aber die nicht kooperative Auszahlung vor. Von den 22 Paaren hatten 20 eine größere Anzahl von nicht-kooperativen Auszahlungen als von allen anderen möglichen Kombinationen. Noch erstaunlicher war, daß die Spieler dazu neigten, mit fortschreitendem Spiel immer weniger kooperativ zu spielen.

Spiel Ia war eine Wiederholung von Spiel I mit einer Variation: die Spieler durften in den zweiten 25 der 50 Spielrunden miteinander kommunizieren. Wie zu erwarten, waren die Ergebnisse der ersten 25 Runden nicht anders als bei Spiel I. Bei den zweiten 25 Runden gab es noch immer eine Tendenz zu nicht-kooperativem Spiel, die aber nicht so ausgeprägt war, wie wenn die Spieler keine Kommunikationsmöglichkeit gehabt hätten.

Spiel II hatte die gleiche Auszahlungsmatrix wie Spiel I und Ia, aber es wurde eine Variation eingeführt. Die Versuchspersonen spielten nicht gegeneinander, sondern gegen den Experimentator, obwohl sie sich dessen nicht bewußt waren. Der Experimentator spielte nach einer vorbestimmten Formel: er tat in jeder Runde das gleiche wie die Versuchsperson. Spielte sie kooperativ, so spielte der Experimentator ebenso (in derselben Runde), und die Versuchsperson erhielt 3. Spielte sie nicht kooperativ, erhielt sie nur 1. Das Spiel wurde wie Spiel I und Ia fünfzigmal wiederholt. Die Spieler wählten in 60 % der Fälle die nicht-kooperative Strategie und spielten in den zweiten 25 Runden öfter nicht-kooperativ als in den ersten.

Man könnte meinen, daß die Versuchspersonen im Lauf von 50 Runden merken müßten, daß sie nicht einfach gegen irgendjemanden spielen, und daß sie demnach gezielte Strategien verwenden würden. Aber sowohl aus Interviews, die nach dem Experiment gemacht wurden, als aus den Resultaten der Experimente ging hervor, daß jede Versuchsperson die Reaktionen ihres „Partners" für echt hielt. Diejenigen, die erkannten, daß das Spielverhalten des „Partners" ihrem eigenen ähnlich war, hielten das für einen Zufall.

Bei verschiedenen anderen „Gefangenendilemma"-Spielen wiederholte sich das gleiche Muster. In Spiel III z. B. (Abb. 5.22) konnte ein Spieler nur um 2 mehr gewinnen, wenn er vom kooperativen Ergebnis abwich. Trotzdem waren die Spieler in der ersten Hälfte der 30 Spielrunden in 50% aller Fälle nicht-kooperativ. Bei den zweiten 15 Runden stieg der Prozentsatz auf 65% an. Dann wurde der zweite Spieler durch den Experimentator (der immer nicht-kooperativ spielte) ersetzt und das Experiment wiederholt; die Häufigkeit des kooperativen Spielverhaltens blieb ziemlich unverändert.

Abb. 5.22

Spiel III

	K	NK
K	(8,8)	(1,10)
NK	(10,1)	(2,2)

In Spiel IV (Abb. 5.23), einem „Gefangenendilemma", bei dem die Auszahlungen meistens negativ waren und die Spieler kämpfen mußten, um ihre Verluste zu minimieren, gab es praktisch überhaupt keine Kooperation.

Abb. 5.23

Spiel IV

	K	NK
K	(-1, -1)	(-5, 0)
NK	(0, -5)	(-3, -3)

Einige der interessantesten Experimente waren eigentlich überhaupt keine „Gefangenendilemma"-Spiele. Drei davon sind in Abb. 5.24 dargestellt. Alle drei wurden je 30 mal hintereinander gespielt, und es war jedesmal erstaunlich, wie oft die Spieler es versäumten, kooperativ zu spielen.

Abb. 5.24

Spiel V

	K	NK
K	(6,6)	(4,7)
NK	(7,4)	(-3, -3)

Spiel VI

	K	NK
K	(3,3)	(1,3)
NK	(3,1)	(0,0)

Spiel VII

	K	NK
K	(4,4)	(1,3)
NK	(3,1)	(0,0)

Bei Spiel V gab es in der ersten 15 Runden im Durchschnitt 6,38 mal und in den zweiten 15 Runden 7,62 mal keine Kooperation: eine geringe, immerhin statistisch signifikante Steigerung.

Spiel VI und VII verliefen recht ähnlich. Bei Spiel VI waren die Spieler in etwas mehr als die Hälfte aller Fälle nicht-kooperativ; in den ersten fünfzehn Spielrunden wurde allgemein etwas kooperativer gespielt als in den zweiten. Bei Spiel VII kooperierten die Spieler in ca. 53 % aller Fälle, aber in den letzten fünfzehn Runden *kam in mehr als der Hälfte der Spiele keine Kooperation zustande.*

Bei allen diesen Experimenten war die Tendenz zum nicht-kooperativen Spiel durchwegs sehr ausgeprägt. Nicht-kooperatives Spiel ist bei Spielen des Typus „Gefangenendilemma" verständlich, da es dort – zumindest kurzfristig – offensichtliche Vorteile hat. Aber die Tendenz hielt auch bei den letzten drei Spielen an, und das ist wesentlich schwieriger zu erklären.

Bei Spiel V war nicht-kooperatives Spiel nur teilweise von Vorteil: ein Spieler erreichte damit nur etwas, wenn sein Partner kooperativ war – und dann nicht sehr viel. Wenn sein Partner auch nicht-kooperativ spielte, erhielt er mit der nicht-kooperativen Strategie die kleinstmögliche Auszahlung. Bei Spiel VI und VII war es geradezu absurd, nicht-kooperativ zu spielen. Bei Spiel VI gab es bei Anwendung der nicht-kooperativen Strategie keine Chance, etwas zu erreichen, dafür aber einige Möglichkeiten, zu verlieren, und bei Spiel VII *erhielt ein nicht-kooperativer Spieler immer eine kleinere Auszahlung, egal, was der Partner machte.* Trotzdem herrschte bei allen Spielen außer dem letzten nicht-kooperatives Spielverhalten vor. Sogar beim letzten Spiel war das Ergebnis so, daß man meinen konnte, die Spieler hätten ihre Strategien durch einen Münzwurf entschieden. Außerdem wurde die Tendenz zu kooperieren im Lauf des Spiels eher schwächer als stärker.

Warum die Spieler nicht kooperieren, ist nicht ganz geklärt. Ein Spieler möchte seinen Partner vielleicht ausnützen oder könnte befürchten, daß sein Partner ihn ausnützen möchte. Ein Spieler versteht vielleicht nicht, worum es bei dem Spiel überhaupt geht oder könnte bezweifeln, daß sein Partner versteht – obwohl diese letzte Möglichkeit nicht sehr wahrscheinlich ist. Wenn ein Spieler, der das Spiel versteht, nicht-kooperativ spielt, weil er befürchtet, daß sein Partner nicht auf ihn eingehen würde, so würde er vermutlich kooperativ spielen, wenn er mit seinem Partner reden und seine Absichten erklären dürfte. Trotzdem stieg die Kooperation nur leicht an, als die Spieler miteinander kommunizieren durften.

Die Spieler waren nicht nur äußerst zurückhaltend, wenn es um Kooperation ging, sie schienen überhaupt nicht auf die Aktionen ihrer Partner zu achten. Sie schöpften nicht einmal Verdacht, wenn das Spiel ihres Partners mit ihrem eigenen identisch war. Ihr zu 60 % nicht-kooperatives Verhalten bei Spielen über 50 Runden grenzt ans Unglaubliche. *Wenn der Experimentator das Spielverhalten der Versuchsperson genau imitierte, war deren Spiel im gleichen Ausmaß nicht-kooperativ, wie wenn der Experimentator immer nicht-kooperativ spielte.*

Die Versuchspersonen schienen diese Spiele rein kompetitiv zu betrachten: das wichtigste war, den Partner zu schlagen; die eigene Auszahlung war sekundär. Die Tendenz, sich mit dem Partner messen zu wollen, die von vielen Experimentatoren festgestellt wurde und im Lauf des Spiels zunahm, wurde der Langeweile und den geringen Geldauszahlungen zugeschrieben. Es wäre interessant, festzustellen, ob diese Entschlossenheit, den Partner zu schlagen, abnähme, wenn eine ansehnliche Geldsumme auf dem Spiel stünde.

Brian Forst und Judith Lucianovic (1977) berichteten von einem Gefangenendilemma-„Spiel", dessen Teilnehmer echte Sträflinge waren. Sie verglichen die Gruppe von gemeinsam Angeklagten, die sich entweder schuldig bekannten oder schuldig gesprochen wurden, mit der einzelner Angeklagter und stellten fest, daß sie sich im wesentlichen gleich verhielten.

Obwohl die Situation der Gefangenen die Fallen eines Gefangenendilemmas aufwies, bezweifelten die beiden Autoren aber, daß es sich tatsächlich um ein Gefangenendilemma handelte, da es den Angeklagten in der Regel gelang, während der Untersuchungshaft oder des Prozesses miteinander zu kommunizieren und außerdem eine sehr hohe Wahrscheinlichkeit bestand, daß der betrogene Partner später einmal Vergeltung üben würde.

Zahlen setzen

Vor einigen Jahren führten James Griesmer und Martin Shubik (1963) einige Experimente durch, bei denen sie Studenten der Universität Princeton als Versuchspersonen einsetzten. Das Grundexperiment verlief so:

Zwei Spieler wählten gleichzeitig eine Zahl zwischen 1 und 10. Der Spieler, der die größere Zahl wählte, erhielt nichts. Der Spieler, der die kleinere Zahl wählte, erhielt diesen Betrag vom *Experimentator* in Dollar ausbezahlt. Wenn beide Spieler dieselbe Zahl wählten, entschied ein Münzwurf über den Gewinner. Wenn also ein Spieler 5 wählte und der andere 7, erhielt der Spieler mit 5 fünf Dollar vom Experimentator und der andere bekam nichts. Wenn beide Spieler 5 wählten, wurde eine Münze geworfen und der jeweilige Gewinner erhielt fünf Dollar, während sein Partner nichts bekam. Nach jeder Spielrunde wurde jeder Spieler über die Wahl des Partners informiert und das Spiel wurde wiederholt. Die Spieler waren während der ganzen Serie voneinander getrennt und durften nicht miteinander beratschlagen.

Dieses Spiel ist mit dem früher besprochenen Beispiel von Benzinpreiskrieg fast identisch. Mit der gleichen Argumentation können wir die Überlegenheit der am wenigsten kooperativen Strategie „ableiten" und sagen, daß es am günstigsten ist, auf 1 zu setzen. Wenn beide Spieler diese Strategie verfolgen, sind die Auszahlungen sehr klein, nämlich 1/2 im Durchschnitt. Wenn ein Spieler kompetitiv ist und der andere nicht, gewinnt der kompetitive Spieler im allgemeinen etwas, aber nicht sehr viel. Am besten schneiden zweifellos die Spieler ab, die kooperieren. Wenn beide Spieler auf hohe Zahlen setzen, ist der gemeinsame Profit am größten, und auch wenn bei jeder Runde einer der Spieler klarerweise nichts bekommt, haben doch beide durch wiederholtes Spielen die Möglichkeit, erfolgreich zu sein.

Wenn beide Spielpartner erfassen, daß sie am besten fahren, wenn sie kooperieren, gibt es immer noch das Problem, wie sie ohne direkte Kommunikation ihre Aktionen aufeinander abstimmen. Die direkteste Art, die auch den größten Erwartungswert für den gemeinsamen Profit ermöglicht, wäre, immer auf 10 zu setzen. Das würde für jeden Spieler einen erwarteten Gewinn von 5 bedeuten. Das einzige Manko daran ist, daß es trotzdem passieren kann, daß ein Spieler leer ausgeht, da bei einem „Unentschieden" ein Münzwurf über die Auszahlung entscheiden muß. Wenn der erwartete Gewinn nur ein wenig gesenkt wird, können die Spieler ihren sicheren Gewinn beträchtlich erhöhen. In der ersten von zwei Spielrunden wählt jeder Spieler die Zahl 10. Der Spieler, der bei dieser Runde den Münzwurf gewinnt, wählt in der zweiten Runde nochmals 10, während sein Partner auf 9 setzt. Somit gewinnt bei jedem Rundenpaar ein Spieler immer 10 und der andere immer 9. Der Erwartungswert für jeden Spieler ist 4 3/4; der Vorteil dieser Strategie besteht darin, daß jedem ein Gewinn von 4 1/2 auf jeden Fall sicher ist.

Wie sich herausstellte, versuchten fast alle Versuchspersonen, kompetitiv zu spielen; sie wollten lieber einander ausstechen, als gemeinsam den Experimentator ausnützen. Manche Spieler zeigten anfänglich kooperative Ansätze und setzten abwechselnd auf 9 und 10; dies wurde jedoch oft fehlinterpretiert und als Versuch gewertet, den Partner in eine falsche Sicherheit einzulullen. (Dies wurde später von den Versuchspersonen genau bestätigt und ging auch aus ihrem Verhalten während des Spiels deutlich hervor.) Einige wenige Spielerpaare erzielten eine stillschweigende Übereinstimmung und setzten immer abwechselnd auf 9 und 10, so daß jeder in jeder zweiten Runde 9 gewann. Das war zwar nicht die optimale Möglichkeit einer Kooperation, aber für Versuchspersonen, die zum ersten Mal spielten, nicht schlecht.

Eines der Phänomene, das die Experimentatoren untersuchen wollten, war der „Endeffekt" – nicht-kooperatives Spielverhalten in der letzten Runde einer ganzen Serie –, der aber bei diesem Experiment nicht auftrat. Wenn die Spieler zu einer einvernehmlichen Strategie kamen, spielten sie in allen Runden kooperativ, und gegen Ende der Serie war die Kooperation eher besser als am Beginn. Die Experimentatoren wollten den „Endeffekt" gesondert untersuchen und informierten zu diesem Zweck einige Spielerpaare über die genaue Anzahl von Spielrunden, während sie den anderen nichts sagten. Der „Endeffekt" müßte eigentlich auftreten, wenn die Spieler wissen, welche Runde die letzte ist, aber im vorliegenden Fall gab es keinen Unterschied im Verhalten der Spieler. Vielleicht waren die Auszahlungen zu klein, um die Spieler zu einer Änderung der Spielweise zu motivieren. Im allgemeinen waren zwei Spieler, die „einander gefunden hatten", so zufrieden, daß sie auch in gutem Einvernehmen voneinander scheiden wollten. (Wenn die Spieler von Anfang an nicht-kooperativ waren – und das war meistens der Fall –, ergab sich die Situation nicht.)

Eine Variation des Spiels wollen wir im Detail beschreiben, da man an ihr eine Feststellung, die wir im Zusammenhang mit der Nutzentheorie gemacht haben, sehr gut sehen kann. Bei einem Experiment wurden je drei Spielrunden zusammengefaßt und eine zusätzliche Regel wurde eingeführt: wenn ein Spieler in den ersten beiden Runden nichts erhielt, bekam er in der dritten Runde automatisch das, was er gesetzt hatte. Das bedeutete, daß ein Spieler *immer* eine Auszahlung von 10 bekommen konnte, wenn er bei allen drei Runden auf 10 setzte.

Spieler, die bei den früher besprochenen Spielen kompetitiv waren, spielten normalerweise auch bei diesem Spiel kompetitiv. Beide Spieler setzten in den ersten beiden Runden auf niedrige Zahlen und beide gewannen je eine der ersten zwei Runden. Die Situation war somit genauso, als ob sie ein gewöhnliches Spiel gespielt hätten, da die neue Regel nicht anwendbar war. Die Spieler erkannten, daß ihr Profit beträchtlich geringer sein würde, wenn sie in der letzten Runde unverändert kompetitiv spielten, als er gewesen wäre, wenn sie von Anfang an anders gespielt hätten. Selbst wenn sie gewinnen sollten, würde sich daran nichts ändern. Die Erkenntnis, daß sie es besser machen hätten können, beeinflußte offensichtlich ihre Nutzenfunktion, da sie in der dritten Runde wesentlich höher setzten als vorher – obwohl die Situation praktisch identisch war.

Ein beinahe kooperatives Spiel

Das letzte Experiment, das wir besprechen wollen, ist ein kooperatives Zweipersonenspiel, bei dem die Spieler identische oder zumindest sehr ähnliche Interessen haben. Das Hauptproblem bei diesem Spieltypus liegt darin, die Strategien der Spieler zu ihrem gemeinsamen Vorteil zu koordinieren. Bei Spielen, in denen die Spieler nicht direkt miteinander kommunizieren können, sollten sie nach einem Vorschlag von Thomas Schelling nach bestimmten Anzeichen Ausschau halten, die ihnen dabei helfen würde, die Verhaltensweise des Partners vorherzusagen. Ein solches Anzeichen könnte zum Beispiel ein früheres Ergebnis sein, es könnte sich aber auch in der Symmetrie der Auszahlungsmatrix ausdrücken. Richard Willis und Myron Joseph (1959) machten Versuche, um die Theorie von Schelling zu testen, nach der auffallende Ergebnisse eine Hauptdeterminante für das Verhalten bei Verhandlungsspielen sind. Insgesamt wurden drei verschiedene Matrizen verwendet, die wir A, B und C nennen (Abb. 5.25).

Abb. 5.25

A

(10,20)	(0,0)
(0,0)	(20,10)

B

(10,30)	(0,0)	(0,0)
(0,0)	(20,20)	(0,0)
(0,0)	(0,0)	(30,10)

C

(10,40)	(0,0)	(0,0)	(0,0)
(0,0)	(20,30)	(0,0)	(0,0)
(0,0)	(0,0)	(30,20)	(0,0)
(0,0)	(0,0)	(0,0)	(40,10)

Die Spieler wurden in zwei Gruppen eingeteilt. Gruppe I spielte einige
Male Spiel A und ging dann auf Spiel B über, das ebenfalls einige Male
gespielt wurde. Gruppe II begann mit Spiel B und hörte mit Spiel C auf.
Eine Kommunikation der Spieler während des Spiels war nicht erlaubt.

Es ist offensichtlich, daß die Spieler das Problem miteinander lösen
müssen. Wenn sie nicht dieselbe Zeile und Spalte wählen, bekommen
beide nichts. Als Sekundärziel kann jeder Spieler versuchen, das günstigste
Ergebnis auf der Diagonale zu erreichen.

Bei Spiel A gibt uns Schelling keinen Hinweis, was das richtige Spielverhalten sein sollte. Auch bei Spiel C bietet sich kein eindeutiges Ergebnis
an, aber eine der beiden mittleren Strategien scheint eher empfehlenswert
als die beiden äußeren. Nur bei Spiel B existiert eine Symmetrie, die eine
ganz eindeutige Wahl diktiert: Auszahlung (20,20), die der zweiten Strategie jedes Spielers entspricht.

Was tatsächlich geschah, war sehr überraschend. Als die Gruppe I Spiel

A spielte, gab es einen Kampf beider Spieler um die Vorherrschaft. Jeder Spieler wendete die Strategie an, die ihm eine Auszahlung von 20 einbringen würde, wenn der andere nachgäbe. Nach dem anfänglichen Kampf, bei dem wenig Übereinstimmung erzielt wurde, gab ein Spieler letzten Endes nach, und das Team pendelte sich auf einen Gleichgewichtspunkt ein. Wenn die beiden Spieler dann auf Spiel B übergingen, stellte sich heraus, daß ihr Verhalten nunmehr stark von den früheren Geschehnissen beeinflußt war. Anstatt die Auszahlung (20,20) anzustreben, die sich durch ihre Symmetrie anbot, bevorzugten die Spieler meistens einen der asymmetrischen Gleichgewichtspunkte. *In drei Vierteln aller Fälle blieb der Spieler, der in Spiel A dominierte, auch in Spiel B dominant.*

Die Aktionen der Gruppe II waren noch weniger erwartet worden. Gruppe II begann mit Spiel B und erreichte wesentlich rascher einen für beide Partner akzeptablen Gleichgewichtspunkt als Gruppe I, was nicht allzu erstaunlich ist. Aber die Übereinstimmung wurde meistens an einem der Extrempunkte erzielt – erste Zeile und Spalte oder dritte Zeile und Spalte – und nicht in der mittleren Zeile und Spalte, wie die Symmetrie und Prof. Schelling vermuten ließen. Wenn die Spieler von Gruppe II dann auf Spiel C übergingen, war wiederum die gleiche Dominanz, die sich im früheren Spiel herauskristallisiert hatte, vorherrschend.

Im allgemeinen war ein sich wiederholendes Spielverhalten – das oftmalige Wählen ein und derselben Strategie – das Zeichen, mit dem ein Spieler seinem Partner ein bestimmtes Ergebnis nahelegte. Dieses Verhalten wurde fortgesetzt, wenn sich beim Partner eine positive Reaktion darauf einstellte, und oft auch, wenn sie fehlte. Das gerechteste Ergebnis bei Spiel A und C wäre ein synchronisiertes Schema, bei dem abwechselnd der eine und der andere Partner begünstigt ist. Das war jedoch nie der Fall, wahrscheinlich, weil ein derartig kompliziertes Arrangement ohne direkte Kommunikation nicht getroffen werden kann.

Mutter Natur als Strategin

Wie wir schon früher gesehen haben, sind spieltheoretische Modelle bemerkenswert vielseitig. Oft stellt sich heraus, daß ein Modell weit über seine ursprünglich zugedachte Funktion hinaus eingesetzt werden kann. Ein überraschendes Beispiel hierfür ist die Anwendung spieltheoretischer Konzepte auf die Evolution und die Ökologie.

Normalerweise wird die Spieltheorie als Hilfsmittel angesehen, das denkende Menschen in einem Spiel mit anderen denkenden Menschen einsetzen. In einem faszinierenden Artikel hat John Maynard Smith (1978) jedoch einige ganz ungewöhnliche Anwendungen der Spieltheorie dargestellt: Er beschrieb das Verhalten von Organismen, die äußerst raffinierte

Strategien „wählen", um das Überleben ihrer Art zu sichern. Diese Strategien werden nicht bewußt von individuellen Organismen, sondern kollektiv von der gesamten Spezies entwickelt. Es ist, als lenke sie eine „unsichtbare Hand" – ähnlich der, von der man annimmt, daß sie in der Wirtschaft am Werk ist –, die das Verhalten einzelner zu einem Muster für die gesamte Art zusammenfügt. Diese individuellen Verhaltensmuster und ihre Interaktionen können in Form von Auszahlungsmatrizen dargestellt werden. Anhand der Analyse dieser Auszahlungsmatrizen kann man feststellen, ob und in welcher Form eine Art überleben wird.

Unter der *Fitness* eines individuellen Organismus versteht man seine Fähigkeit, zu überleben und Nachkommen zu haben, was ja das oberste Ziel im Überlebensspiel ist. Die Fitness der Spezies bezeichnet ebenfalls ihre Fähigkeit zu überleben. Diese beiden Arten von Fitness sind recht unterschiedlich und nicht unbedingt kompatibel.

Der potentielle Konflikt zwischen diesen beiden Fitnesstypen wirft eine grundlegende Frage über den evolutionären Prozeß auf. Wenn die Individuen einer Gattung Eigenschaften wie Nächstenliebe aufweisen, mag dies zwar dazu beitragen, die Gattung zu stärken, aber auch dazu, das Individuum zu schwächen. Ein Vogel, der einen Warnschrei ausstößt, wenn sich ein Feind nähert, hilft zwar seiner Art zu überleben, lenkt aber gleichzeitig die Aufmerksamkeit auf sich und bringt sich selbst ins Verderben. Hielte er aber den Schnabel, würde er länger leben und mehr Nachkommen zeugen.

Das Paradoxe daran scheint also zu sein, daß es einerseits zwar für das Überleben der Art wichtig ist, daß ihre Genossen bestimmte Risiken auf sich nehmen, aber andererseits sind es gerade die Individuen – und nicht etwa die Spezies –, die sich paaren und die Merkmale der Gattung weitergeben. Der Vogel, der seine Artgenossen warnt, stirbt und mit ihm seine altruistischen Gene, während sein egoistischer Nachbar, der sich stillschweigend in Sicherheit gebracht hat, seine klügeren Gene weitergeben wird. Zukünftige Generationen ungewarnter Vögel werden wohl den Preis für diesen einstweiligen Sieg des Opportunismus zahlen, so scheint es zumindest auf den ersten Blick.

Trotzdem überleben die altruistischen Gene und stärken die Gattung. Den Grund hierfür entdeckte William D. Hamilton (1964). Er beobachtete, daß für das Überleben eines Gens nicht das Wohlbefinden des Organismus ausschlaggebend ist, der dieses Gen besitzt, sondern die Erhaltung und die Reproduktion des Gens selbst. Wenn also ein Vogel, der mit seiner Familie unterwegs ist, infolge seines Warnschreis getötet wird, aber gleichzeitig zehn seiner Küken rettet, die ansonsten dem Feind zum Opfer gefallen wären, müssen die verlorenen, eigenen Gene gegen die geretteten der Nachkommenschaft aufgerechnet werden und zwar in einem bestimmten Verhältnis, da den Genen der Nachkommen ein geringerer Wert beigemessen wird.

Der „Diskontierungsprozeß" läuft ungefähr so ab: Da ein Vogeljunges mit gleicher Wahrscheinlichkeit die Gene des Vaters oder die Gene der Mutter erbt, werden nur die Hälfte aller Küken die Gene eines Elternteils besitzen. Aus Sicht des Gens entspricht das Überleben seines Besitzers dem Überleben zweier seiner Nachkommen. Auch Geschwister zählen jeweils nur ein halbes Gen und entferntere Verwandte noch weniger. Hamilton addierte also alle geretteten Genbruchteile zusammen – wenn das Ergebnis die Summe der verlorenen Gene übertraf, schloß er daraus, daß die Eigenschaft überleben würde.

Die Auszahlungen im spieltheoretischen Überlebensmodell beziehen sich demnach nicht auf das Überleben von Individuen, sondern von Genen. Daraus ergibt sich automatisch die Frage, welche Gene überleben werden, und dies ist die Frage, die John Maynard Smith zu beantworten versucht.

Stellen Sie sich eine Welt vor, in der alle Mitglieder einer Art eine bestimmte Eigenschaft haben. Dann findet eine Mutation statt, und eine kleine Anzahl von Organismen kommt hinzu, die ein anderes Merkmal besitzen. Welche Faktoren bestimmen nun, ob dieses neue Merkmal aussterben oder aber überleben und sich ausbreiten wird? Smith entwickelte ein mathematisches Modell, mit dessen Hilfe man feststellen kann, ob eine Eigenschaft stabil ist, d. h. ob andere, neu hinzugekommene Eigenschaften aussterben werden. Er beschreibt sein Modell anhand des Wettbewerbs von männlichen Tieren um die Gunst eines Weibchens. Tiere, ebenso wie Menschen, befinden sich häufig in Situationen, in denen die Beteiligten gegensätzliche Interessen haben. Wenn zwei Tiere um ein Revier oder ein Weibchen kämpfen, begnügen sie sich zunächst gewöhnlich mit Drohgebärden und -geräuschen. Wenn die Konfrontation jedoch droht, in einen physischen Kampf auszuarten, haben sie die Wahl, zurückzuweichen und die Beute aufzugeben, dafür aber noch einen Tag länger zu leben oder aber ernsthafte Kampfhandlungen aufzunehmen. Smith nennt Tiere, die „Handgreiflichkeiten" meiden, *Tauben*, und die, die sich auf einen Kampf einlassen, *Falken*. Wenn ein Falke gegen eine Taube antritt, ist ihm die Beute sicher, ohne überhaupt darum kämpfen zu müssen. Wenn ein Falke aber auf einen anderen Falken trifft, ist die Wahrscheinlichkeit groß, daß einer von beiden schwer verletzt oder gar getötet wird.

Stellen Sie sich nun vor, daß in einer Population, die ausschließlich aus Tauben besteht, eine Mutation stattfindet und eine kleine Anzahl Falken hinzukommt. Zunächst werden die Mutanten wachsen und gedeihen, denn in Konfrontationen zwischen Falken und Tauben werden die Tauben zurückweichen und die Falken die Gunst der Weibchen erringen. Die Tauben hingegen werden sich nur paaren können, wenn sie konkurrenzlos sind oder aber auf Tauben stoßen, die noch weniger hartnäckig sind als sie selbst. Der Anfangserfolg der Falken trägt aber bereits die Saat ihres Niedergangs in sich, denn mit wachsender Vermehrung nehmen auch die Konfrontationen zwischen den Falken zu. Für eine Taube ist die Konkurrenz von einem Falken lediglich entmutigend, da sie sich nie wird durchsetzen können. Für Falken untereinander kann eine Konfrontation jedoch leicht zu einer Katastrophe werden, die mit dem Tod oder der schweren Verwundung eines der Kontrahenten endet. Nun werden sie vielleicht vermuten, daß das Verhältnis von Tauben und Falken in der Population irgendwann ein Gleichgewicht erreicht. Dies ist richtig. Smith wies den verschiedenen möglichen Konfrontationen quantitative Auszahlungswerte zu und versuchte, auf der Grundlage dieser Auszahlungen das langfristige Ergebnis vorherzusagen. Ein Tier, dem es gelingt, sich zu paaren, erhält demnach eine Auszahlung von +10; ein Tier, das schwer verletzt wird, bekommt Strafpunkte in Höhe von -20. Zwei kämpfende Tauben verletzen einander zwar nicht, aber sie verschwenden Zeit, indem sie versuchen, einander zu täuschen. Daher bestraft Smith sowohl den Gewinner als auch den Verlierer mit einer Auszahlung von -3. (Offensichtlich entscheiden sich Konkurrenzkämpfe zwischen Falken und Tauben bzw. Falken untereinander relativ schnell.)

Aufgrund dieser Überlegungen erhält Smith die Auszahlungen in Abb. 5.26, die die verschiedenen möglichen Konfrontationen darstellen.

Abb. 5.26

	Falke	Taube
Falke	(-5, -5)	(+10, 0)
Taube	(0, +10)	(+2, +2)

Wenn zwei Falken aufeinandertreffen, gewinnt der eine 10 (+10), und der andere verliert 20 (-20). D. h. durchschnittlich erhält ein Falke (-20 +10)/2 = -5. Wenn zwei Tauben miteinander konkurrieren, erhält die erfolgreiche Taube +10 - 3 = 7 und die erfolglose Taube -3. Dies entspricht einer durchschnittlichen Auszahlung von 2. Wenn eine Taube auf einen Falken trifft, bekommt der Falke 10, und die Taube verliert.nichts.

Allgemein gilt: Wenn ein Organismus des Typs X einen Organismus des Typs Y trifft, beträgt die erwartete Auszahlung an X E(X,Y); diese Auszahlung spiegelt alle Faktoren, die für die Weitergabe der Gene von X verantwortlich sind, wider, wie z.B. verschwendete Zeit, das Risiko der Verwundung, die Chance einer erfolgreichen Paarung etc.

Ein Gen I (oder eine Strategie I) gilt als *evolutionär stabil*, wenn es (sie) sich gegen einen neu hinzugekommenen, alternativen Mutanten J behaupten kann und J ausstirbt.

Formal ausgedrückt nach Smith ist eine Strategie I evolutionär stabil, wenn für jede Alternative J entweder Bedingung 1 oder Bedingung 2 zutrifft:

Bedingung 1: E (I, I) ist größer als E (J, I)
Bedingung 2: E (I, I) = E (J, I) und E(I, J) › E (J, J)

Smith argumentiert folgendermaßen: Wenn ein Mutant J zu einer Population hinzukommt, in der Organismen vom Typ I vorherrschen, werden zunächst sowohl J's als auch I's hauptsächlich mit I's konfrontiert. Wenn I gegen I erfolgreicher ist als J gegen I, wird die I-Population schneller wachsen als die J-Population. Dies wird durch Bedingung 1 zum Ausdruck gebracht. Wenn beide Typen gleich erfolgreich sind gegenüber I, werden sie gleich schnell wachsen, und irgendwann wird es eine beträchtliche Menge von Organismen des Typs J innerhalb der Population geben. Wenn I's erfolgreicher sind gegenüber J's als J's untereinander, ist dieser Vorteil entscheidend, und die Wachstumsrate der I's wird größer sein als die der J's. Dies ist der Effekt von Bedingung 2.

Wir wollen nun sehen, wie sich diese Überlegungen auf den Konflikt zwischen Falken und Tauben anwenden lassen. Nehmen wir also an, daß durch Mutation eine Taube zu einer Population Falken hinzukommt. Sobald die Tauben Fuß gefaßt haben, wird ihre Anzahl schneller wachsen als die der Falken, da E (T, F) = 0 größer ist als E (F, F) = -5. Dies bedeutet aber nicht, daß Tauben überlebenstüchtiger sind als Falken. Wenn durch Mutation ein Falke zu einer Population Tauben hinzukommt, wird der Falkenanteil ebenfalls schneller wachsen als der Taubenanteil, da E (T, T) = 2 kleiner ist als E (F, T) = 10. Weder eine reine Tauben- noch eine reine Falkenpopulation ist evolutionär stabil.

Smith stellte fest, daß eine Population nur dann evolutionär stabil bleibt gegenüber einer Invasion von Falken oder Tauben, wenn sie eine „gemischte Strategie" anwendet, so daß 8/13 der Population Falken und die übrigen 5/13 Tauben sind. Wir wollen eine solche Population M nennen und festlegen, daß E (F, M) = E (T, M) = E (M, M) = 10/13 ist, so daß jeder zunächst die gleiche Chance gegen die gemischte Population hat. Wenn sich die Falken aber vermehren, tritt Bedingung 2 ein, und da E (M, F) = -40/13 größer ist als E (F, F) = -5, behauptet sich die gemischte Population. Wenn sich die Tauben vermehren, passiert das gleiche, da E (M, T) = 90/13 größer ist als E (T, T) = 2. Anstatt diese Überlegungen anhand von drei Populationen anzustellen, kann man sich auch vorstellen, daß ein Gleichgewicht im Verhältnis zwischen Falken und Tauben besteht. Jede Störung dieses Gleichgewichts wird im Laufe der Zeit wieder ausgeglichen.

Es läßt sich leicht verifizieren, daß die oben beschriebene gemischte Strategie evolutionär stabil ist. Nicht klar ist hingegen, wie eine Population eine solche Strategie praktisch umsetzt. Es gibt mindestens zwei Möglichkeiten, die beide plausibel sind. Eine Möglichkeit besteht darin, daß 8/13 der Population „Falken"-Gene haben, die ihren Besitzern vorschreiben, ausnahmslos nach Falkenart zu handeln. Die anderen 5/13 besitzen somit „Tauben"-Gene, die das Verhalten ihrer Besitzer entsprechend bestimmen. Die andere Möglichkeit ist die, daß alle Mitglieder der Population das gleiche Gen besitzen, das ihnen vorschreibt, sich in 8/13 der Fälle wie ein Falke und in 5/13 der Fälle wie eine Taube zu verhalten. Beide Populationen wären evolutionär stabil.

Mit Hilfe dieser Analyse evolutionär stabiler Strategien wurde das Verhalten männlicher Dungfliegen, die auf der Suche nach einem Weibchen sind, erklärt. Sowohl menschliche Biologen als auch männliche Dungfliegen wissen nur zu gut, daß die Weibchen ihre Eier auf Kuhfladen ablegen. Folgerichtig beziehen die Männchen, die hoffen, ein Weibchen zu erobern, dort Stellung. Da die Weibchen frische Kuhfladen bevorzugen, besteht offensichtlich die Strategie für die Männchen darin, nicht etwa auf einem Kuhfladen zu verweilen, sondern nur kurz Halt zu machen, und dann zum nächsten, frischen Fladen weiterzuziehen. Wenn aber jedes Männchen dieser Strategie folgen würde, wäre der Wettbewerb sehr hart; ein Männchen würde besser fahren, wenn es eine subtilere Strategie entwickeln und auf einem Kuhfladen bleiben würde, nachdem alle anderen schon weitergezogen sind, um sich der weiblichen Nachzügler anzunehmen. *Jede* reine Strategie, die von allen Männchen der Population verfolgt wird, wäre für die Gattung als ganze unnütz und würde lediglich zu intensiver Konkurrenz um einige Weibchen bei gleichzeitiger Vernachlässigung der anderen führen. Die weitaus sinnvollere Strategie, die in der Praxis auch angewendet wird (vergleichen Sie Abb. 5.27), besteht darin, die Abflugzeiten zu staffeln, wobei die Mehrzahl der Männchen den Fladen früh verläßt auf der Suche nach dem Großteil der Weibchen, während die anderen Männchen nach und nach weiterziehen und sich mit den wenigen, langsamen Weibchen paaren. Obwohl diese Strategie in der Praxis beobachtet wird, ist nach wie vor nicht klar, wie ihre Umsetzung erfolgt – ob jede Fliege ihre eigene, reine Strategie hat und so eine Mischung verschiedener Strategietypen entsteht oder ob alle Fliegen das gleiche tun, nämlich eine gemischte Strategie wählen.

Abb. 5.27

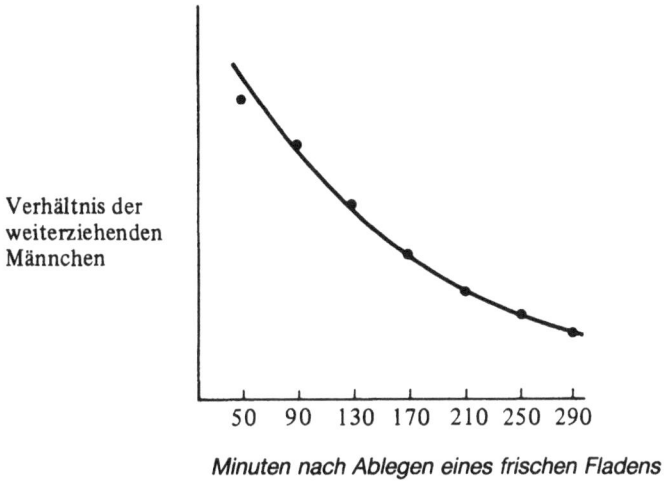

Minuten nach Ablegen eines frischen Fladens

Relative Anzahl männlicher Dungfliegen, *Scatophaga Stercoraria*, die einen Kuhfladen zu unterschiedlichen Zeiten, nachdem er abgelegt wurde, verlassen.
Abgedruckt mit freundlicher Genehmigung des Verlages aus John Maynard Smith und G. A. Parker, „The Logic of Asymmetric Contests". *Animal Behavior*, 24 (1976), S. 171.

Die Fähigkeit von Organismen, ihr Verhalten zu variieren, kommt der Spezies oft zugute – dies trifft sowohl für die Dungfliege als auch für das Falken/Tauben-Modell zu. Ein bestimmter Mutant im Falken/Tauben-Modell ist besonders interessant: er kommt in der Natur tatsächlich vor und illustriert, wie die Natur ein Paradoxon löst, das dem Menschen einige Probleme bereitet, nämlich das „Gefangenendilemma".

In dem Falken/Tauben-Modell ist weder die Falken- noch die Taubenstrategie rundum befriedigend. Zwar ist die Taube einigermaßen erfolgreich im Wettbewerb mit anderen Tauben, gegenüber Falken hat sie jedoch kaum eine Chance. Der Falke hingegen ist im Wettstreit mit Tauben maximal erfolgreich, eine Konfrontation mit anderen Falken endet jedoch leicht mit einer Katastrophe. Es ist also ein Mittelweg vonnöten, der einerseits verhindert, daß es zu physischen Auseinandersetzungen kommt, andererseits aber auch dafür sorgt, daß eine versöhnliche Haltung nicht ausgenutzt wird. Eine Möglichkeit, das zu schützen, was man besitzt, ohne sich übertriebenen physischen Kampfhandlungen auszusetzen, besteht in der Anwendung der sogenannten bourgeoisen Strategie.

Nehmen wir an, daß jedes Tier einer Population sein eigenes Revier besitzt. Von Zeit zu Zeit kommt es zu Konflikten, z. B. um ein Weibchen, und somit zu den Reaktionen, die bereits weiter oben dargestellt wurden. Nachdem man sich gegenseitig bedroht hat, stehen die Tiere nun vor der Wahl, zu fliehen (die Tauben) oder zu kämpfen (die Falken). Zu diesen beiden bereits bekannten Strategien gesellt sich nun eine dritte, die bourgeoise Strategie. Bourgeoise Tiere handeln in ihrem eigenen Revier wie Falken, außerhalb hingegen wie Tauben. Ein Konflikt zwischen bourgeoisen Tieren kann daher nie eskalieren, da jedes Revier nur einem Tier gehört und sich der Fremde stets zurückzieht. Bourgeoise Duelle werden so recht schnell bereinigt; der Eindringling zieht unverrichteter Dinge davon, während der „Hausherr" +10 gewinnt und somit eine durchschnittliche Auszahlung von +5 erzielt wird. Die in Abb. 5.28 verzeichneten Auszahlungen setzen voraus, daß jedes bourgeoise Tier sich mit der gleichen Wahrscheinlichkeit auf eigenem oder fremdem Territorium befindet.

Abb. 5.28

	Falke	Taube	Bourgeois
Falke	(-5, -5)	(10, 0)	(2,5; -2,5)
Taube	(0, 10)	(2, 2)	(1, 6)
Bourgeois	(-2,5; 2,5)	(6, 1)	(5, 5)

Da E (B, B) = 5 größer ist als E (F, B) = 2,5 und E (T, B) = 1, schützt eine einmal etablierte bourgeoise Strategie die Population vor unerwünschten Tauben und Falken. Zudem ist E(B, F) = -2,5 größer als E (F, F) = 5, und E(B, T) = 6 ist größer als E (T, T) = 2, so daß jede Population, die ausschließlich aus Tauben bzw. Falken besteht, gegenüber einer bourgeoisen Invasion angreifbar ist.

Die Überlegenheit der bourgeoisen Strategie gegenüber dem reinen Falken/Tauben-Modell scheint sich auch in der Praxis zu bestätigen. Smith (1978) führt zwei Beispiele an; das erste wurde von Hans Kummer, das zweite von N. B. Davies beobachtet.

Die Männchen einer Pavianart gehen dauerhafte Beziehungen mit einem oder mehreren Weibchen ein. In einem Versuch brachte Kummer das Männchen A mit einem Weibchen zusammen, während das Männchen B zusah. Als die drei später wieder vereint waren, machte B keine Anstalten, die Verbindung, die das Männchen A mit dem Weibchen eingegangen war, anzufechten. Um die Möglichkeit auszuschließen, daß A lediglich B dominierte, wurde einige Wochen später B mit einem Weibchen zusammengetan, während A zusah. In diesem Fall war es das Männchen A, das sich mit der Verbindung zwischen B und dem Weibchen abfand. Das Besitzkriterium war jeweils dafür ausschlaggebend, daß Streitigkeiten nicht aufkamen bzw. beigelegt wurden.

Davies beobachtete, daß auch der gefleckte Waldschmetterling eine bourgeoise Strategie zur Lösung von Territorialkonflikten heranzieht. Die männlichen Schmetterlinge steuern stets sonnenbeschienene Flecken auf dem Waldboden an, da sich dort normalerweise die Weibchen aufhalten. Natürlich gibt es nie genügend „Platz an der Sonne" für alle Männchen, so daß sie permanent über den Wald hinwegfliegen, um Vakanzen zu orten. Wenn ein Fremder nun Anstalten macht, sich auf einem bereits besetzten Fleck niederzulassen, fliegen Eindringling und „Hausherr" kurz spiralförmig auf. Während der Fremde seinen Aufwärtskurs fortsetzt, kehrt der Anlieger stets zu seinem angestammten Platz zurück. Davies stellte fest, daß die Durchsetzung des Besitzanspruchs nicht einfach nur eine Frage der Stärke ist; die meisten Schmetterlinge, die er beobachtete, fanden irgendwann ein Plätzchen. Wiederum war es das Kriterium des Besitzes – und nicht der Stärke – aufgrund dessen Konflikte beigelegt wurden.

Wenn ein Schmetterling einige Sekunden unangefochten auf einem Fleck verweilen konnte, betrachtete er diesen Platz als seinen Besitz. Davies stellte sich nun die Frage, was wohl passieren würde, wenn sich zwei Männchen gleichzeitig als Besitzer desselben Flecks betrachteten. Um diese Frage zu beantworten, schleuste Davies einen Schmetterling auf einen bereits besetzten Platz und wartete ab, was geschah. Es kam zu einer Konfrontation, wobei jedoch der Spiralflug der beiden Kontrahenten zehnmal länger dauerte als normalerweise, wenn sich die Beteiligten über die Besitzverhältnisse im Klaren waren. Offensichtlich ist ein Schmetterling bereit, eine Eskalation des Streits in Kauf zu nehmen, wenn es um seinen vermeintlichen Besitz geht.

Nicht alle Territorialstreitigkeiten lassen sich so leicht bereinigen; schiere Kraft kann dabei durchaus gelegentlich eine Rolle spielen. Wenn sich männliche Winkerkrabben um einen Bau streiten, gewinnt meistens der Besitzer (nach Smith in 349 von 403 beobachteten Fällen). In einigen Fällen siegte aber auch der Eindringling, weil er einfach stärker war.

Computersimulation eines Evolutionsmodells

Vor einigen Jahren entwickelte der Politikwissenschaftler Robert Axelrod zwei interessante Experimente, an denen Menschen und Computer teilnahmen (1980 a,b). Auf den ersten Blick scheinen diese Experimente mit dem Modell von Smith wenig gemeinsam zu haben, aber tatsächlich stehen sie in engem Bezug zueinander. Wie sich herausstellen sollte, gewähren die

Experimente Einblick in verschiedene Aspekte des evolutionären Prozesses.

In beiden Experimenten wurde eine Gruppe von Personen eingeladen, an einem „Gefangenendilemma"-Turnier teilzunehmen. Es handelte sich dabei durchweg um Personen, die mit Spieltheorie vertraut waren, wie z. B. Evolutionswissenschaftler, Sozialwissenschaftler, Mathematiker usw., von denen viele bereits Aufsätze über dieses Gebiet veröffentlicht hatten. Das „Gefangenendilemma", um das es ging, wird anhand seiner Auszahlungen in Abb. 5.29 dargestellt.

Abb. 5.29

		Gegner	
		K	NK
Spieler	K	(3, 3)	(0, 5)
	NK	(5, 0)	(1, 1)

Jeder der Teilnehmer spielte gegen jeden anderen Teilnehmer rund 200 „Gefangenendilemma"-Spiele mit den oben aufgeführten Auszahlungen. Zudem spielten alle Mitglieder eine Runde gegen einen Spieler, der nach dem Zufallsprinzip verfuhr, sowie eine Runde gegen ihr eigenes „Spiegelbild".

Am Turnier selbst nahmen die Spieler nur mittelbar teil. Sie mußten ihre Spielstrategie einem Computer mitteilen anhand von Programmen, die sie vor Spielbeginn geschrieben hatten und die im Verlauf des Spiels nicht geändert werden durften. Das jeweilige Programm zeigte auf, was ein Spieler bei jedem Zug zu tun wünschte. Diese Entscheidungen konnten z. B. aufgrund des bisherigen Spielverlaufs, nach dem Zufallsmechanismus oder nach dem Prinzip, stets zu kooperieren oder nie zu kooperieren, erfolgen. Die Spieler wußten im voraus, daß sie gegen einen Zufallsspieler antreten würden, aber sie hatten keine Ahnung, was der andere Spieler tun würde. (Sie waren sich aber durchaus darüber im klaren, daß ihre Gegner raffiniert waren).

Die Spieler hatten die Qual der Wahl einer angemessenen Strategie. Ein Extrem bestand z. B. darin, nie zu kooperieren. Während diese Strategie intuitiv zwar nicht so reizvoll zu sein scheint, sprechen für sie bestimmte Argumente, die sich nicht ohne weiteres von der Hand weisen lassen, auch wenn das Spiel mehrfach wiederholt wird, wie es hier der Fall war. Eine nicht-kooperative Strategie eignet sich am besten gegenüber Strategien, die die Erfahrungen der Vergangenheit ignorieren, anderen rein kompetitiven Strategien, rein kooperativen Strategien und Zufallsstrategien. Das andere Extrem bestand darin, immer zu kooperieren. Diese Strategie ist erfolgreich gegenüber seinesgleichen, nicht aber gegenüber allen anderen Strategien. Die übrigen Strategien befinden sich irgendwo zwischen diesen beiden Extremen.

Die meisten Strategien, die gewählt wurden, entsprachen, wenn auch nicht gleich, so doch nach und nach, der eines kooperierenden Partners. Der wichtigste Unterschied zwischen den Strategien bestand darin, wie sie mit nicht kooperierenden Partnern umgingen. Einige nachtragende Strategien bestanden darin, bis zum Ende des Spiels nicht wieder zu kooperieren, sobald der Partner auch nur ein einziges Mal defektierte, unabhängig davon, was er im weiteren Spielverlauf tat. Einige kooperierten nur im nächsten Spiel nicht, um dann wieder zu kooperieren, falls ihr Partner den Wink mit dem Zaunpfahl verstanden hatte. Und andere wiederum führten ihre Kooperationsstrategie noch einige Spiele fort, um ihrem Partner die Chance zu geben, sich zu bessern, bevor sie Vergeltung übten.

Einige Programme spielten allerdings ein gefährlicheres Spiel. Sie defektierten ein- oder zweimal in der Hoffnung, einen toleranten Partner zu haben, der „erzieherisch" tätig werden würde, bevor er ernsthafte Vergeltungsmaßnahmen einleitete. Wenn sie mit dieser Strategie Erfolg hatten, konnten sie sich einige Extrapunkte sichern. Einige der zynischeren Progamme kooperierten nur am Ende einer Runde nicht (die Länge des ersten Turniers war festgelegt) und nutzten somit die Tatsache aus, daß zu diesem Zeitpunkt des Spiels weder Belohnung noch Bestrafungen erfolgen konnten. Und schließlich gab es einige Strategien, die die Vergangenheit ihrer Partner durchforsteten, um auf Hinweise hinsichtlich ihres künftigen Verhaltens zu stoßen. Wenn ihre Partner in der Vergangenheit schon einmal bereit waren, eine Nicht-Kooperation zu tolerieren, gingen sie eventuell das Risiko ein, ansonsten aber nicht.

In Anbetracht der Raffinesse der Mitspieler sowie der Vielzahl der zur Verfügung stehenden Strategien war das Resultat der Experimente überraschend eindeutig: die „freundlichen Strategien", die nur dann nicht kooperierten, wenn der Partner zuerst defektierte, schlugen alle anderen. Es gab keine Ausnahmen von dieser Regel; jede freundliche Strategie schlug jede unfreundliche Strategie.

Die erfolgreichsten freundlichen Strategien bestraften Nicht-Kooperation, aber hatten ein kurzes Gedächtnis. Stets gaben sie ihrem Gegner die Chance, sich zu bessern. Strategien, die „Sünder" im weiteren Verlauf des Spiels immer bestraften, waren lange nicht so erfolgreich. Wenn eine unversöhnliche, aber freundliche Strategie auf einen Partner traf, der nur ab und zu defektierte in der Hoffnung, einige Extrapunkte zu sammeln, wurde die Konfrontation für beide zum Desaster. Wenn sein minderes Delikt gleich einem Schwerverbrechen geahndet wurde, verlor der Nicht-Kooperierende beträchtlich; angesichts der unnachgiebigen Strategie seines Partners hatte er auch keine Chance, sich zu bessern, was dazu führte, daß schließlich auch die freundliche Strategie verlor.

Der Gewinner beider Turniere war eine überraschend einfache Strategie von Anatol Rapoport namens „Tit for Tat". Nach dieser Strategie kooperierte der Spieler im ersten Spiel, um dann in allen folgenden das zu tun, was sein Partner zuvor getan hatte. „Tit for Tat" wies eine Reihe von Schwächen auf: die Strategie war z. B. nicht in der Lage „festzustellen", daß sie gegen einen Spieler spielte, der nach dem Zufallsprinzip verfuhr, und unternahm somit den vergeblichen Versuch, den Gegner zu bessern. (Gegen einen Zufallsspieler schnitt „Tit for Tat" schlechter ab als jedes andere Programm). Doch trotz dieser Unzulänglichkeiten und der Existenz von kompetitiven Programmen, die zwar prinzipiell die gleiche Philosophie verfolgten, aber auch raffiniertere Variationen kannten, war „Tit for Tat" der klare Gewinner in beiden Turnieren.

Die drei Eigenschaften, denen diese Strategie ihren Erfolg verdankte, waren Freundlichkeit, Nachsicht und die Bereitschaft, Vergeltung zu üben: sie war nie die erste, die defektierte, war nicht nachtragend, aber ignorierte auch nicht die „Sünden" ihres Partners. „Tit for Tat" ähnelt der bourgeoisen Strategie in dem Modell von Smith: sie kooperierte (der bourgeoise Spieler beugte sich seinem Partner, wenn es angebracht war), aber war nicht bereit, Defektion ungestraft hinzunehmen (der bourgeoise Spieler nahm in Kauf, daß ein Streit eskalierte, wenn sein Partner die Territorialgesetze brach). Nach Meinung von Axelrod ähnelt die Wahl einer Überlebensstrategie im Modell von Smith der Wahl einer Strategie in dem Computerspiel. Tatsächlich könnte man in dem Computerspiel ein Modell für ökologische, wenn auch nicht für evolutionäre Entwicklung sehen. („Ökologisch" deshalb, weil in dem Computerspiel keine Mutationen erlaubt sind; die Strategien stehen von vornherein fest.)

Stellen Sie sich eine Tierpopulation vor, in der sich Paare von Zeit zu Zeit gegenüberstehen. Nehmen Sie weiter an, daß jedes Tier zwischen zwei Strategien wählen kann, nämlich zu kooperieren oder nicht zu kooperieren, und daß die Auszahlungen in Form der „erwarteten Anzahl der überlebenden Nachkommenschaftseinheiten" erfolgen. Stellen Sie sich desweiteren vor, daß in dieser Population zunächst jede Strategie gleichermaßen vertreten ist, und nehmen Sie an, daß der Erfolg, den eine Strategien in dieser Generation erzielt, durch die Anzahl der Tiere, die sie in der nächsten Generation verwenden, widergespiegelt wird (dies entspricht der Anzahl der Punkte, die mit ihrer Hilfe gesammelt werden konnten). Axelrod und Hamilton (1981) berechneten, was passieren würde, wenn die miteinander konkurrierenden Strategien im Rahmen eines Turniers immer wieder aufeinander treffen würden. Da sich die Populationen von Generation zu Generation verändern, unterliegt auch die Leistungsfähigkeit der Strategien einem Wandel: was für eine Population nützlich ist, gilt nicht unbedingt auch für eine andere. Es stellte sich aber heraus, daß Strategien, die sich schon in der ersten Runde als untauglich erwiesen, früh ausschieden, so daß sich ein Gleichgewicht der Strategienarten einstellte. Bis zur 500. Generation hatten sich elf Strategiegruppen durchgesetzt; nämlich die elf, die von Anfang an am besten abgeschnitten hatten. „Tit for Tat" war bereits in der ersten Runde am erfolgreichsten und blieb es in allen darauffolgenden Runden.

Wenn man davon ausgeht, daß zwischen dem Überleben in einem Computerturnier und der Wahl einer effektiven Evolutionsstrategie eine Analogie besteht, liegt die Vermutung nahe, daß „Tit for Tat" nicht nur auf dem einen, sondern auch auf dem anderen Gebiet erfolgreich sein könnte. Und wie sich herausstellen sollte, trifft dies in der Realität auch unter bestimmten Umständen zu.

Biologen haben beobachtet, daß in der Natur viele symbiotische Beziehungen vorkommen, d. h. Beziehungen, in denen Tiere zu ihrem gemeinsamen Vorteil kooperieren. Bevor diese Beziehungen aber zustande kommen können, muß die gleiche Art Hindernisse überwunden werden, die in dem Beispiel, in dem die Spieler Menschen waren, einer kooperativen Lösung im Wege standen. Mit einigen dieser Hindernisse beschäftigen sich Robert Axelrod und William D. Hamilton, ein Evolutionsbiologe, in ihrem Aufsatz „The Evolution of Cooperation" (1981). Ihre Erkenntnis ist inzwischen allgemein bekannt: „Das Problem besteht darin, daß ein Individuum von beiderseitiger Kooperation zwar profitiert, aber noch besser fährt, wenn es die Kooperationsbereitschaft des anderen ausnutzt... Bei zwei Personen, die niemals wieder aufeinandertreffen werden, kann nur eine Strategie als Lösung des Spiels betrachtet werden, nämlich nicht zu kooperieren, trotz des scheinbar paradoxen Ergebnisses, daß sich beide damit schlechter stellen, als wenn sie miteinander kooperiert hätten" (S. 1391). Wenn die Wahrscheinlichkeit gering ist, daß sich Tiere mehr als einmal über den Weg laufen, sind sie kaum motiviert, miteinander zu kooperieren, und „Tit for Tat" (oder jede andere kooperative Strategie) hat kaum eine Chance, sich zu etablieren. Erst wenn das „Gefangenendilemma"-Spiel mehrfach wiederholt wird, weil die Wahrscheinlichkeit groß ist, wieder aufeinanderzutreffen, kommt „Tit for Tat" zum Einsatz. Und unter diesen Bedingungen ist „Tit for Tat" auch häufig in der Natur zu beobachten.

Überraschenderweise läßt sich diese Art von spieltheoretischer Analyse auf eine Vielfalt von Situationen anwenden. Das liegt zum einen daran, daß die beteiligten Organismen kein Gehirn haben müssen. Axelrod und Hamilton verweisen darauf, daß sogar Bakterien fähig sind zu spielen, da sie die Reaktion eines Partners wahrnehmen und entsprechend auf ihre chemische Umgebung reagieren können. Dies reicht aus, um sie in die Lage zu versetzen, Nicht-Kooperation zu bestrafen und Kooperation zu belohnen, da sie über die Fähigkeit verfügen, die Fitness ihrer Partner zu beeinträchtigen, ebenso wie ihre Partner diese Macht über sie haben. Überdies können sie diese Unterscheidungsfähigkeit an ihre Nachkommen vererben.

Die zwei Organismen, die an einem kooperativen Spiel teilnehmen, müssen noch nicht einmal fähig sein, ihre Partner zu „erkennen": es reicht schon aus, daß sie fortwährend miteinander in Verbindung stehen. Axelrod und Hamilton führen eine Reihe von Beispielen für derartige symbiotische Beziehungen an, wie z. B. zwischen einem Einsiedlerkrebs und seiner Partnerin, der Seeanemone, zwischen einer Zikade und den Kolonien von Mikroorganismen auf ihrem Körper oder zwischen einem Baum und den Pilzen, die auf ihm wachsen.

Ein alltäglicheres Beispiel für „Tit for Tat" in der Natur bietet das Spiel zwischen einer weiblichen Feigenwespe und einem Feigenbaum. Nach Auffassung der Feigenwespe besteht ihre Aufgabe darin, Eier zu legen; aus Sicht des Baumes hingegen dient sie der Befruchtung seiner Blüten. Wenn eine Feigenwespe sich also darauf konzentriert, ihre Eier in eine Feige zu legen, und dabei ihre Befruchtungspflichten vernachlässigt, trennt sich der Baum kurzerhand von der heranreifenden Feige, und die gesamte Nachkommenschaft der Wespe stirbt.

Axelrod und Hamilton geben ein weiteres Beispiel für ein kooperatives Spiel, nämlich zwischen einem kleinen Fisch und seinem potentiellen Freßfeind. Der kleine Fisch frißt die Parasiten, die sich auf dem Körper und sogar auf dem Maul des großen Fisches befinden, und dieser besorgt sich dafür seine Mahlzeiten andersweitig. Für eine solche Beziehung ist es essentiell, daß die Partner beständig Kontakt miteinander haben, was dadurch gewährleistet wird, daß man einen gemeinsamen Treffpunkt vereinbart. Derartige Beziehungen wurden nur in Küstennähe oder auf Riffen beobachtet, nie aber auf offener See.

Um eine kooperative Beziehung während einer Reihe von Gefangenendilemmas aufrechtzuerhalten, muß die Wahrscheinlichkeit, daß Nicht-Kooperation bestraft und Kooperation belohnt wird, groß sein. In Ameisenkolonien, die einen festen Standort haben, sind symbiotische Beziehungen normal, bei Honigbienenvölkern, die sich ständig in Bewegung befinden, sind sie unbekannt. Wenn abzusehen ist, daß eine Beziehung morgen zu Ende geht, ist die Wahrscheinlichkeit groß, daß schon heute nicht mehr kooperiert wird. Axelrod und Hamilton haben z. B. beobachtet, daß scheinbar harmlose Bakterien schädlich werden, so bald eine Perforation der Darmwände eintritt. Andere, normalerweise freundliche Bakterien erweisen sich plötzlich als gefährlich, wenn ihr Gastgeber alt und gebrechlich wird. In jedem dieser Fälle überwiegt der augenblickliche Vorteil die künftigen Aussichten.

Als letztes Beispiel soll ein Spiel von Martin Shubik angeführt werden, das zunächst als ein harmloser Zeitvertreib gedacht war, aber, wie sich herausstellen sollte, einige ernstzunehmende Anwendungsmöglichkeiten besitzt. Vor einiger Zeit stellte Shubik (1971) das folgende Gesellschaftsspiel vor: Man versteigere einen Dollar, aber ändere die üblichen Regeln leicht ab: Zur Kasse gebeten wird nicht nur die Person mit dem höchsten Gebot, die dafür ja auch den Preis bekommt, sondern auch die Person mit dem *zweithöchsten* Gebot, die dafür jedoch keine Gegenleistung erhält. Man isoliere nun die Mitspieler, so daß keine geheimen Absprachen getroffen werden können.

Shubik sah voraus, daß unerfahrene Spieler eventuell mehr bieten würden als der Dollar wert war. Nehmen Sie an, Sie bieten 95 Cents, und Ihr Konkurrent erhöht auf $1. Sie stehen nun vor der Wahl, entweder 95 Cents zu bezahlen und nichts dafür zu bekommen (wenn die Versteigerung bei einem Dollar abbricht) oder $ 1,05 zu bieten in der Hoffnung, den Dollar zu gewinnen und so Ihren Verlust auf 5 Cents zu beschränken. (Das Problem ist nur, daß Ihr Konkurrent die Versteigerung möglicherweise aus dem gleichen Grund fortsetzt.)

Richard Tropper (1972) hat die Voraussagen von Shubik formal getestet. Seine Versuchspersonen nahmen an drei verschiedenen Auktionen teil, die nach Shubiks Regeln durchgeführt wurden. In den beiden ersten Versteigerungen überstiegen die Höchstgebote jeweils den Wert des zu ersteigernden Preises, in einem Fall sogar um das Dreifache. Erfahrung macht aber offensichtlich klug – in der letzten Auktion wurden die Gebote beträchtlich reduziert.

Auf den ersten Blick erscheint dieses Spiel frivol und ohne jede Anwendungsmöglichkeit (noch nicht einmal auf echte Auktionen, bei denen ja nur der Meistbietende zahlen muß). Tatsächlich besitzt es aber mehrere Anwendungsmöglichkeiten. Bei seiner Beschreibung des Spiels wies Shubik darauf hin, daß es in vielerlei Hinsicht einem Rüstungswettlauf ähnelt. Mit jeder Versteigerungsrunde in einer Shubik-Auktion vergrößern zwei Bieter ihren potentiellen Verlust, ohne daß einer von ihnen seine Chance, die Auktion zu gewinnen, erhöht. Ein Rüstungswettlauf verläuft ähnlich: beide Parteien tätigen gewaltige Investitionen, um ihr Waffenarsenal aufzustocken, möglicherweise ohne daß einer der Konkurrenten den Wettlauf für sich entscheiden kann.

Wie John Haigh und Michael Rose (1980) zeigen, läßt sich dieses Modell auch auf einen evolutionären Konkurrenzkampf anwenden, z. B. um ein Spiel zwischen zwei konkurrierenden Tieren zu beschreiben. Zwei Gegner, die sich für dasselbe Revier oder Weibchen interessieren, beschließen, ihren Konflikt zu lösen, indem jeder versucht, den anderen „auszusitzen". So verharren sie, bis einer von beiden die Geduld verliert: der Ausdauerndere erhält zwar seine Belohnung, aber beide bezahlen den Preis der verlorenen Zeit.

Nachdem sie einige quantitative Annahmen bezüglich der Auszahlungen gemacht hatten, versuchten Haigh und Rose, eine evolutionär stabile Strategie abzuleiten. Offensichtlich ist es nicht ratsam, eine Wartezeit festzulegen, denn in einer Population von Tieren, die nur eine bestimmte Zeit ausharren, bevor sie aufgeben, wäre jeder Mutant mit nur geringfügig längerem Atem den anderen überlegen. Die Autoren kamen zu dem Schluß (wie schon die Natur vor ihnen), daß eine gemischte Strategie vonnöten ist. Eine noch bessere Lösung bestünde allerdings darin, anhand asymmetrischer Merkmale der Situation – welches Tier größer, stärker, länger im Revier ist usw. – die Angelegenheit zu entscheiden; dies würde allen Beteiligten Zeit sparen.

Einige allgemeine Beobachtungen

Experimentelle Spiele werden untersucht, um die Faktoren, die das Verhalten der Spieler bestimmen, genau festzulegen. Man hofft, daß man letztlich genügend Wissen gesammelt haben wird, um Verhaltensweisen vorhersagen zu können. Bisher wurde allerdings nur eine begrenzte Anzahl von Experimenten gemacht, und die Resultate waren manchmal widersprüchlich. Die meisten Arbeiten konzentrierten sich auf das Zweipersonen-Nichtnullsummenspiel, mit dem Hauptgewicht auf dem „Gefangenendilemma" und insbesondere der Bestimmung der Elemente, die für kompetitives oder kooperatives Verhalten ausschlaggebend sind.

Teilnehmer am „Gefangenendilemma"-Spiel sind – wie sich herausstellte – oft nicht kooperativ. Wir haben bereits früher einige mögliche Gründe dafür angegeben. Einem Spieler geht es vielleicht nur darum, seine eigenen Interessen zu fördern. Oder er versucht vielleicht, besser als sein Partner zu sein (anstatt seine eigene Auszahlung zu maximieren). Oder er hat das Gefühl, daß der Partner seine kooperativen „Annäherungsversuche" mißversteht, oder, wenn er sie versteht, daß er sie nur ausnützen würde. Oder er versteht vielleicht ganz einfach nicht, welche Auswirkungen seine Handlungsweise hat.

Es besteht kaum Zweifel darüber, daß sich die Spieler in den meisten Fällen nicht aller Dinge bewußt sind, die in einem Spiel vor sich gehen. Professor Rapoport (1960) sagt zum Beispiel, daß die Leute bei Nullsummenspielen oft deshalb nicht Minimax spielen, weil ihnen die nötige Einsicht fehlt. Es gibt genügend Beweise dafür, daß die Leute bei Nichtnullsummenspielen aus dem gleichen Grund nicht-kooperativ sind. Den Spielern ist oft einfach nicht klar, daß man ja auch anders als kompetitiv spielen kann. Bei einer Serie von „Gefangenendilemma"-Spielen ging aus Interviews, die anschließend gemacht wurden, hervor, daß von 29 Versuchspersonen, die die Grundstruktur des Spiels verstanden hatten, nur zwei die nicht-kooperative Strategie wählten. Bei den Experimenten von Griesmer und Shubik, die wir weiter vorne besprochen haben, waren viele Spieler deshalb kompetitiv, weil sie sich nicht aller Möglichkeiten bewußt waren. Sie hielten das Spiel von Anfang an für kompetitiv und dachten einfach nicht an Kooperation. Und diejenigen, die kooperativ spielten, hatten kein gutes Gefühl dabei – als ob sie sich gegen den Experimentator verschworen und ihn um seine Resultate betrogen hätten.

Trotz dieser Feststellungen und auch, wenn wir annehmen, daß Rapoports Beobachtungen über die Nullsummenspiele richtig sind, scheint doch noch etwas anderes als die Unwissenheit der Leute mitzuspielen, wenn sie sich in Nichtnullsummenspielen nicht kooperativ verhalten. Zunächst einmal spielen sehr versierte Leute oft nicht-kooperativ, vor allem in Spielen, die nur über eine Runde gehen. Zweitens kann entweder kooperatives oder kompetitives Verhalten hervorgerufen werden, wenn die Belohnung entsprechend verlockend ist. Offensichtlich sind die Faktoren, die bestimmen, ob das Verhalten kooperativ oder kompetitiv ist, sehr komplex; aus den Experimenten geht das Verhältnis der Komponenten Mißtrauen, Ehrgeiz, Unwissenheit und Konkurrenzlust, die zu kompetitivem Spiel führen, nicht hervor.

Der Experimentator hat nicht alle signifikanten Variablen eines Spiels in der Hand. Eines der wichtigsten Elemente des Spiels ist die Persönlichkeit der Spieler. Man kann annehmen, daß zwei Leute selbst in völlig gleichen Situationen verschieden reagieren. Wenn es uns also irgendwie gelingen soll, das Ergebnis eines Spiels vorherzusagen, müssen wir über die formalen Regeln hinaus in die Gedankenwelt der Spieler sehen – eine schwierige Aufgabe.

Die Experimentatoren wissen schon seit langem, wie wichtig die Persönlichkeit ist, und haben auf verschiedenen Arten versucht, sie zu messen oder ihre Auswirkungen zu kontrollieren. Jeremy Stone (1958) konstruierte zum Beispiel folgendes raffinierte Schema, mit dessen Hilfe das Spielverhalten eines Spielers und seine Einstellung zum Risiko gemessen werden können:

Man gab einem Spieler eine große Anzahl von Karten und teilte ihm mit, daß er eine Serie von Spielen gegen einen nicht genannten Gegner spielen würde. Auf jeder Karte waren die Regeln eines bestimmten Spiels angegeben. Eine typische Karte konnte z. B. lauten: „Sie und Ihr Partner wählen jeweils eine Zahl. Wenn Ihre Zahl und die doppelte Zahl Ihres Partners zusammen nicht mehr als 20 ausmacht, erhalten Sie beide Ihre jeweils gewählte Zahl in Dollar ausbezahlt, anderenfalls bekommen Sie nichts." Auf einer anderen Karte war genau das gleiche Spiel mit vertauschten Rollen der Spieler beschrieben. Sie lautete demnach: „Sie und Ihr Partner wählen jeweils eine Zahl. Wenn Ihre Zahl doppelt genommen und die Zahl Ihres Partners zusammen nicht mehr als 20 ausmacht, erhalten Sie beide Ihre jeweils gewählte Zahl in Dollar ausbezahlt, anderenfalls bekommen Sie nichts." Dann wurden die Karten paarweise zusammengefaßt, so daß die Versuchsperson die Rolle beider Spieler übernahm – in Wirklichkeit also gegen sich selbst spielte. Wieviel ein Spieler letztlich gewann, hing nur von seinem eigenen Verhalten ab.

Manche Experimentatoren versuchten, allerdings vergeblich, die Handlungsweisen eines Spielers beim „Gefangenendilemma" zu seinem Verhalten bei bestimmten psychologischen Tests in Beziehung zu setzen. Zwischen der politischen Einstellung der Spieler und ihrer Handlungsweise im Spiel ließ sich allerdings ein Zusammenhang feststellen. In einer Untersuchung von Daniel R. Lutzker (1960) wurden die Spieler anhand ihrer Reaktionen auf Sätze wie: „Wir bräuchten eine Weltregierung mit einer für alle Mitgliedstaaten verbindlichen Gesetzgebung" oder „Die Vereinigten Staaten sollten mit keinem kommunistischen Land Handel treiben" auf einer Internationalismus-Skala eingestuft.

Lutzker stellte fest, daß extreme Anhänger der Isolationspolitik beim „Gefangenendilemma" weniger zur Kooperation neigten als extreme Anhänger des Internationalismus.

Morton Deutsch (1960b) stellte in einer ähnlichen Untersuchung fest, daß zwei Charakteristika, die Einfluß auf das Verhalten beim „Gefangenendilemma" haben, voneinander abhängig sind, und daß jedes wiederum vom Verhalten der Versuchsperson bei einem bestimmten psychologischen Test abhängt. Bei diesen beiden Charakteristika handelt es sich um (aktives) „Vertrauen" und „Vertrauenswürdigkeit". Um diese beiden näher zu untersuchen, wurde eine Variation des „Gefangenendilemmas" gespielt, bei der das Spiel in zwei Stufen gegliedert wurde: Zunächst wählte ein Spieler seine Strategie. Sodann wählte der andere seine Strategie, *nachdem er von der Handlungsweise des ersten Spielers in Kenntnis gesetzt wurde.* Jeder Spieler spielte beide Rollen und zwar in vielen verschiedenen Spielen. Ein Spieler hatte dann *Vertrauen*, wenn er als erster spielte und die kooperative Strategie wählte, er war dann *vertrauenswürdig*, wenn er als zweiter spielte und als Reaktion auf ein kooperatives Spiel seines Partners die kooperative Strategie wählte. Es stellte sich heraus, daß *Vertrauen* und *Vertrauenswürdigkeit* stark voneinander abhängen und daß beide Begriffe in umgekehrter Beziehung zu autoritärem Verhalten stehen (das durch einen bestimmten psychologischen Test gemesssen wurde: die F-Skala des „Minnesota Multiphasic Personality Inventory" MMPI).

Es wurde auch versucht, das Spielverhalten einer Person mit anderen Attributen wie Intelligenz oder Geschlecht in Verbindung zu bringen – allerdings mit geringem oder gar keinem Erfolg. Es ist offensichtlich, daß die Erfahrungen, die eine Person im Lauf der Zeit gesammelt hat, und vor allem ihr Beruf das Spielverhalten stark beeinflussen. Geschäftsleute und Studenten z. B. verhielten sich in der letzten Runde einer Serie von Großhändler/Einzelhändler-Spielen sehr verschieden. Es gibt übrigens eine Studie von „Gefangenendilemma"-Spielen, bei der Gefangene als Versuchspersonen verwendet wurden. Die Resultate strafen die berühmte „Ganovenehre" Lügen. Die Gefangenen verhielten sich bei diesem Spiel nämlich ganz wie die Studenten: im großen und ganzen waren sie eher nicht-kooperativ.

Manche Experimentatoren haben auch versucht, auf die Persönlichkeit der Spieler einzuwirken, indem sie ihnen eine bestimmte Einstellung einschärften. So wurde den Spielern gesagt: „Machen Sie aus jeder Situation das beste für sich, und kümmern Sie sich nicht um Ihren Partner" oder „Schlagen Sie Ihren Partner". Auf diese Art hoffte man, das Verhalten steuern zu können. Diese Anweisungen hatten jedoch wenig Wirkung.

Verhaltensmuster

Experimentatoren, die ganze Serien von „Gefangenendilemma"-Spielen untersucht haben, konnten immer wieder bestimmte wiederkehrende Muster beobachten. Spieler haben zum Beispiel die Tendenz, bei der Wiederholung von Spielen eher weniger als mehr Kooperation zu zeigen – obwohl nicht geklärt ist, warum. Auch die Reaktionen von Versuchspersonen auf das Verhalten ihres Partners zeigen gewisse Regelmäßigkeiten. Nehmen wir an, daß eine Serie von „Gefangenendilemma"-Spielen in zwei Hälften geteilt wird und weiters, daß in einem Fall ein Spielpartner in der ersten Hälfte immer kooperativ handelt und in einem anderen Fall immer nicht-kooperativ. (Bei solchen Experimenten ist der „Partner" immer der Experimentator.) Es stellte sich heraus, daß ein nicht-kooperatives Verhalten in der ersten Hälfte der Spiele eher eine kooperative Reaktion in der zweiten Hälfte auslöst als kooperatives Verhalten.

Wenn man den Spielern Kommunikationsmöglichkeiten zugesteht, so ist deren Auswirkung ebenfalls komplizierter als man zunächst annehmen möchte. Manche Experimentatoren stellten fest, daß die Möglichkeit, zu einem kooperativen Ergebnis zu kommen, mit der Kommunikation zunahm. Aus einem Experiment von Deutsch ging jedoch hervor, daß dies nur für die Individualisten unter den Spielern zutraf: jene Spieler, die soviel wie möglich gewinnen wollten und denen das Schicksal ihrer Partner egal war. Auf das Spielverhalten des kooperativen Spielers, der sich auch darum kümmerte, wie es seinem Partner erging, und des kompetitiven Spielers, dem es hauptsächlich darum zu tun war, seinen Partner zu übertrumpfen, hatte die Kommunikation keinerlei Einfluß.

Bei einem anderen Experiment von Deutsch, das die Auswirkungen der Kommunikation weiter durchleuchten sollte, wurden drei Grundsituationen geschaffen: die der bilateralen Drohung, bei der jeder Spieler eine

Drohung gegen den anderen hat, die der unilateralen Drohung, bei der nur einer der beiden Spieler eine Drohung gegen seinen Partner hat, und die ohne jede Drohung. (Ein Spieler hat dann gegen den anderen eine Drohung, wenn er die Auszahlung seines Partners verringern kann, ohne dabei seine eigene zu ändern.) Bei allen drei Situationen gab man einigen Spielern die Möglichkeit, miteinander zu kommunizieren, und anderen nicht. Die Spieler, die Kommunikationsmöglichkeiten hatten, nützten diese jedoch nicht aus. Bei einer Situation – der bilateralen Drohung – war das kooperative Verhalten stärker, wenn die Spieler zwar die Möglichkeit zu kommunizieren hatten, aber sie nicht ausnützten, als wenn sie tatsächlich miteinander kommunizierten. Wenn die Spieler versuchten, zu kommunizieren, so arteten die Verhandlungen oft in eine Wiederholung von Drohungen aus. Im Falle der unilateralen Drohung wiederum waren die Spieler nach einer Kommunikation im allgemeinen weniger kompetitiv; wenn sie zwar miteinander kommunizieren durften, es aber nicht taten, so entstanden bzw. verschärften sich Konfliktsituationen. Kurz gesagt hängen die Auswirkungen einer Kommunikation zwischen den Spielern von den Einstellungen der Spieler ab; die Einstellungen der Spieler wiederum können von ihrer Kommunikationsfähigkeit abhängen.

Der schlimmste Nachteil dieser Experimente sind wieder einmal die geringfügigen Auszahlungen. Diese Verzerrung manifestierte sich direkt und indirekt auf die verschiedensten Arten. Sie spiegelte sich in einer Überbetonung des Wettkampfes wider; es wurde wichtiger, seinen Partner zu schlagen, als die eigene Auszahlung zu maximieren. Sie wurde von den Spielern selbst ausgesprochen; diese gaben zu, daß sie bei langen, monotonen „Gefangenendilemma"-Spielen nicht ernsthaft gespielt hätten. Sie zeigte sich aber auch in der allgemeinen Tendenz (zumindest von seiten der Studenten), beim Großhändler/Einzelhändler-Spiel kooperativ zu spielen, sobald ein stillschweigendes Übereinkommen erzielt war, und sie zeigte sich darin, daß jeder „Ausreißer" umgehend bestraft wurde. (Es ist leichter, einen habgierigen Partner zu bestrafen, wenn es einen selbst nur $ 10 kostet, als wenn es $ 10 000 kostet). Mit allen diesen Feststellungen wollen wir nicht sagen, daß die Experimentatoren irrten, sondern wir wollen nur betonen, daß die Resultate von Experimenten mit Vorsicht zu analysieren sind und nicht unbedingt dem wirklichen Leben entsprechen.

Das Zweipersonen-Nichtnullsummenspiel in der Praxis

Es ist schwierig, „Spiele" zu untersuchen, die im wirklichen Leben tatsächlich „gespielt" werden. Der Versuch wird dennoch immer wieder unternommen. Die Feststellung, wie fruchtbar derartige Versuche sind, überlassen wir lieber den Experten. Wir wollen uns damit begnügen, ein paar Worte hierzu zu sagen.

Eines der Gebiete, das spieltheoretisch untersucht worden ist, ist das Geschäftsleben; hier ist die Analyse hauptsächlich beschreibend. Eine Untersuchung, von der wir früher gesprochen haben, beschäftigte sich mit den verschiedenen Taktiken, die bei einem Taxifahrpreis-Krieg verwendet wurden. An anderer Stelle wurde der Konkurrenzkampf im Geschäftsleben mit bewaffneten Auseinandersetzungen verglichen, und die Umstände, die zu Preiskriegen führen, wurden genau durchleuchtet. Auf dem Gebiet der Werbung sind formalere Modelle konstruiert worden, die viele Probleme umfaßten: das Festsetzen des Werbebudgets, die Aufteilung von Geldern auf die verschiedenen Medien bzw. geographischen Gebiete, das Bestimmen optimaler Reklamezeiten usw. Es wurde sogar der Versuch unternommen, den indischen Jutehandel im Rahmen spieltheoretischer Überlegungen auf mögliche Koalitionen, Strategien und Drohungen zu untersuchen.

Die Politologie hat ebenfalls spieltheoretische Konzepte des Zweipersonen-Nichtnullsummenspiels übernommen. Wir erwähnten Professor Maschlers Untersuchung von Abrüstungsmodellen (1963). Andere Modelle befaßten sich mit nuklearer Abschreckung, H-Bombenversuchen, dem „atomaren Patt" und anderen militärischen Anwendungen. Die Rolle der Kommunikation, besonders zwischen den Vereinigten Staaten und der Sowjetunion, wurde ebenfalls auf dieser Basis untersucht.

Bei diesen Modellen ist es praktisch unmöglich, einen genauen quantitativen Ausdruck für die Auszahlungen zu erhalten. Dennoch kann man schon bei Verwendung von Annäherungswerten so viel Einblick gewinnen, daß die Untersuchungen gerechtfertigt sind.

Im nächsten Kapitel, in dem es um Spiele gehen wird, an denen mehr als zwei Personen teilnehmen, werden noch schwierigere quantitative Schätzungen angestellt – so soll z. B. untersucht werden, wieviel Macht ein Ausschußmitglied bei Abstimmungen hat.

Problemlösungen

1. Dieses Spiel stellt das berühmte „Gefangenendilemma" dar, und die beiden Fälle, daß das Spiel nur einmal gespielt oder aber mehrfach wiederholt wird, wurden im Text ausführlich diskutiert. Es gibt keine eindeutige Antwort auf a), b) oder c), aber „Tit for Tat" erwies sich als die erfolgreichste Strategie in dem Computerspiel.

2. a) Es kann durchaus zu Ihrem Vorteil sein, wenn Ihre Strategien eingeschränkt werden; ein Spirituosenhändler, der seine Preise senkt, um kon-

kurrenzfähig zu bleiben, kann möglicherweise von einem Gesetz profitieren, das die Preise festsetzt.

Abb. 5.30

		Ihr Partner	
		A	B
Sie	C	(1, 3)	(5, 1)
	D	(0, -90)	(3, -100)

b) Wenn Kommunikation besteht und es möglich ist, verbindliche Vereinbarungen zu treffen, können Sie drohen, D zu spielen, wenn Ihr Partner nicht zustimmt, B zu spielen; ohne Kommunikation kann Ihr Partner getrost A spielen und sich ziemlich sicher sein, daß Sie C spielen werden.

c) In dem symmetrischen Spiel von Abb. 5.31 ist das Ergebnis nicht eindeutig. (Es hängt davon ab, ob Sie kommunizieren und Seitenzahlungen entrichten können und ob Sie über Verhandlungsgeschick verfügen.) Aber wenn Sie nach den Regeln des Spiels den ersten Zug machen müssen und C spielen, ist die Wahrscheinlichkeit groß, daß Sie 30 und somit Ihre bestmögliche Auszahlung erhalten.

Abb. 5.31

		Ihr Partner	
		A	B
Sie	C	(10, 10)	(30, 25)
	D	(25, 30)	(20, 20)

d) Es kann sowohl zu Ihrem Vor- als auch zu Ihrem Nachteil sein, Ihren Gegner über Ihre Nutzenfunktion zu informieren. Wenn Güter, die Sie dringend benötigen, Gegenstand von Verkaufsverhandlungen sind, tun Sie gut daran, Ihre Gefühle zu verbergen. Eine Firma hingegen, die sich in finanziellen Schwierigkeiten befindet, sollte, wie in dem oben erwähnten Beispiel, daran interessiert sein, die Gewerkschaft bei Tarifverhandlungen davon in Kenntnis zu setzen.

3. Die Antworten auf alle Teile dieser Frage hängen von Ihrem persönlichen Dafürhalten ab; klar ist allerdings, daß Sie, wenn Ihr Anteil ent-

sprechend klein ist, nicht versuchen werden, Ihren Gewinn zu maximieren, sondern den Ihres Gegners zu minimieren.

4. Wie man der Matrix entnehmen kann, ist es billiger für die Gemeinde, das Gesetz zu ignorieren als seine Befolgung stets zu erzwingen. Wenn die Gemeinde aber nur in 10 % aller Fälle dafür sorgt, daß das Gesetz beachtet wird, ergeben sich die in Abb. 5.32 dargestellten Auszahlungen. Bei entsprechender Publicity wird diese Auszahlung rationale Geschwindigkeitssünder (?) dazu verleiten, langsamer zu fahren, und der Gemeinde entstehen nur Kosten in Höhe von 2.

Abb. 5.32

		Gemeinde 10%ige Durchsetzung
Fahrer	zu schnell fahren	(-10, -7)
	nicht zu schnell fahren	(0, -2)

5. a) Dies ist eine andere Spielart des „Gefangenendilemmas". Beachten Sie, daß i (i+1) dominiert; d.h., Sie stellen sich mit 9 mindestens so gut wie mit 10, mit 8 mindestens so gut wie mit 9 usw. Daher scheint es, daß alle Spieler die 1 wählen sollten. Andererseits ist es unbefriedigend, ein Resultat von durchschnittlich 1/2 zu akzeptieren, wenn jeder Spieler 5 bekommen könnte. Noch weniger akzeptabel ist dieses Ergebnis, wenn das Spiel 50mal gespielt wird.

b) In einem frühen Experiment von James Griesmer und Martin Shubik (1963) wählten die Spieler manchmal abwechselnd 10 und 9, um zu signalisieren, daß sie bereit waren zu kooperieren. In den meisten Fällen betrachteten ihre Partner das Spiel jedoch als einen Konkurrenzkampf und nahmen an, daß ihre „Gegner" entweder dumm waren oder sie betrügen wollten. Nur in wenigen Fällen wurde das Signal richtig interpretiert zum Vorteil beider Spieler.

6. Ich hoffe, Sie haben es nicht erraten, aber Ihr Partner waren Sie selbst. Wenn Sie die Kurven a, c; d, g; b, e und f, h vergleichen, werden Sie feststellen, daß es sich stets um dasselbe Spiel handelte – nur jeweils aus der Perspektive der verschiedenen Spieler. Folglich haben Sie gegen sich selbst gespielt.

Um Ihnen eine grobe Richtlinie zur Bewertung Ihrer Ergebnisse an die Hand zu geben, habe ich hier neben den Spielpaaren den jeweiligen Nash-Wert (für die Maximierung von XY) aufgelistet. Wenn Sie viele Nullen erhalten, waren Sie zu gierig; wenn Ihre Ergebnisse zwar positiv sind, aber weit unter den Nash-Summen liegen, waren Sie zu bescheiden.

Spielpaar	Summe der Nash-Werte
a – c	25 + 10
b – e	50 + 5
d – g	11,5 + 53,3
f – h	56,6 + 28,3
	239,7 für alle acht Spiele

Dieses Experiment wurde ursprünglich von Jeremy Stone entwickelt (1958).

6. Das n-Personenspiel

Einführende Fragestellungen

Mit jedem weiteren Kapitel scheinen unsere Spieler zunehmend die Kontrolle über ihr Schicksal zu verlieren. In Zweipersonen-Nullsummenspielen mit Gleichgewichtspunkten konnten sie in jedem Spiel eine sichere Mindestauszahlung erzielen oder, wenn kein Gleichgewichtspunkt vorhanden war, zumindest im Durchschnitt. In Zweipersonen-Nichtnullsummenspielen mußten sie die Kontrolle über ihr Schicksal mit einem Partner teilen, hatten aber gleichzeitig Kontrolle über dessen Schicksal und besaßen somit ein Druckmittel. In n-Personen-Spielen ist im allgemeinen sogar dieses Mittel den Spielern versagt. Sie sind gezwungen, mit anderen Spielern Koalitionen einzugehen, und zu überlegen, welche Anreize sie bieten und welche sie akzeptieren müssen. Wiederum schlagen wir vor, daß Sie zunächst versuchen, die einleitenden Fragen zu beantworten.

1. Ein Ingenieur, ein Rechtsanwalt und der Leiter der Finanzabteilung werden arbeitslos, als ihr Brötchengeber Konkurs anmeldet. Man bietet ihnen neue Arbeitsplätze sowie einen zusätzlichen Bonus, wenn sie sich als Team zur Verfügung stellen. Der Zusatzbonus (in $ 1 000) für das Paar Ingenieur-Rechtsanwalt beträgt 16, für das Paar Ingenieur-Finanzmanager 20 und für das Paar Rechtsanwalt-Finanzmanager 24. Wenn alle drei der neuen Firma beitreten, erhalten sie einen Gesamtbonus von 28.

Abb. 6.1

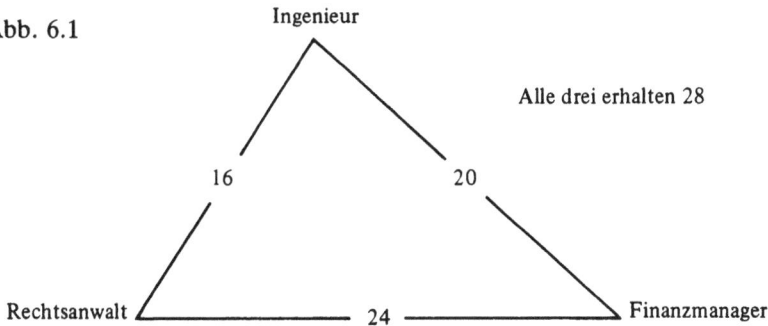

Bevor sie das Angebot annehmen, muß das Team entscheiden, wie der Bonus aufgeteilt werden soll.
a) Sollen bzw. werden alle drei gemeinsam in die Firma eintreten (da sie so den größtmöglichen Bonus erhalten)? Wenn ja, wird jedes Paar mindestens den Betrag erhalten, den es ohne den Dritten bekommen hätte? (Wenn nicht, warum sollte ein Paar sich nicht von dem Dritten trennen und sich somit besser stellen?)

b) Wie sollten die Spieler den Bonus aufteilen, wenn alle drei Paare für die Firma tätig werden?

c) Bitte beantworten Sie Fragen a) und b) unter der Annahme, daß der Bonus für alle drei 40 statt 28 beträgt; die übrigen Bedingungen bleiben gleich.

2. Die drei Ladenbesitzer A, B und C, deren Geschäfte saisongebunden sind, teilen sich ein Lagerhaus, das stets nur von einem der drei genutzt wird. Ihr Lagerraumbedarf ist unterschiedlich. A benötigt Lagerkapazität für rund $ 6 000, B für $ 8 000 und C für $ 10 000. Da das Lagerhaus nur über die Kapazität verfügen muß, die derjenige mit dem größten Bedarf benötigt, beträgt die Miete $ 10 000. Wie sollen die drei Mieter nun die Miete aufteilen, so daß ihr unterschiedlicher Bedarf berücksichtigt wird?

3. Im Laufe dieses Kapitels werde ich versuchen, eine Maßeinheit für „Macht" zu definieren. Wie würden Sie die folgenden Fragen nach Ihrem intuitiven Verständnis von Macht beantworten?

a) Ein Komitee, das aus den Mitgliedern A, B und dem Vorsitzenden C besteht, muß sich auf eine von drei Alternativen einigen: X, Y oder Z. A zieht X gegenüber Y vor und Y gegenüber Z. B wiederum bevorzugt Z gegenüber X und X gegenüber Y, C schließlich favorisiert Y vor Z und Z vor X. Während die Entscheidung des Komitees per Mehrheitsbeschluß gefällt wird, ist die Stimme des Vorsitzenden ausschlaggebend, wenn sich die zwei anderen Mitglieder auf keine Alternative verständigen können. Welches Ausschußmitglied besitzt die größte Macht? Mit welchem Ergebnis ist zu rechnen, wenn man davon ausgeht, daß alle Beteiligten intelligent sind? (Bitte beachten Sie, daß diese Frage kniffliger ist als es zunächst scheint.)

b) Im Board of Estimates von New York City besaßen der Bürgermeister, der Rechnungsprüfer und der Ratspräsident jeweils drei Stimmen, die Präsidenten der Stadtteile Brooklyn und Manhattan jeweils zwei und die Präsidenten aller anderen Stadtteile jeweils eine. Nun haben alle Stadtteilpräsidenten je zwei Stimmen und die übrigen Mitglieder jeweils vier. Gesetze werden per Mehrheitsbeschluß verabschiedet. Welche Mitglieder haben mehr, welche weniger Macht, nachdem die Stimmverteilung geändert wurde?

c) In einem Gremium werden Entscheidungen per Mehrheitsbeschluß verabschiedet.

i. Eine kleine Gruppe bildet eine Fraktion; vor jeder Entscheidung zieht sie sich in einen Nebenraum zurück, um sich per Mehrheitsbeschluß auf eine gemeinsame Position zu einigen und ihre Entscheidung im Gesamtgremium einstimmig abzugeben. Hat dieses Verfahren Einfluß auf ihre Macht? Inwiefern?

ii. Nehmen Sie an, daß die Mitglieder des Gremiums über unterschiedliche Stimmanteile verfügen (wie z. B. Aktionäre, deren Stimmanteil ihrem Aktienpaket entspricht). Nun kommt ein neues Mitglied hinzu, so daß sich die Gesamtsumme der Stimmen erhöht. Heißt das, daß die „alten" Mitglieder notwendigerweise an Macht verlieren? Ist es sogar möglich, daß sie an Macht gewinnen? (Nehmen Sie an, daß die drei ursprünglichen Mitglieder des Gremiums jeweils 13, 7 und 7 Stimmen haben und das neu hinzugekommene Mitglied 3.)

d) Jeder Bundesstaat der Vereinigten Staaten hat so viele Wahlmännerstimmen wie Sitze im Repräsentantenhaus und im Senat. Während die Anzahl der Abgeordneten eines Staates im Repräsentantenhaus ungefähr der Größe seiner Bevölkerung entspricht, entsenden alle Staaten, ob groß oder klein, jeweils zwei Senatoren in den Senat. Schmälern diese beiden Stimmen, die jedem Staat eingeräumt werden, die Macht der bevölkerungsstarken Staaten auf unfaire Weise?

e) In einem fünfköpfigen Gremium, in dem Entscheidungen per Mehrheitsbeschluß getroffen werden, verfügen die Mitglieder über jeweils eine, zwei, drei, vier und fünf Stimmen. Was können Sie bezüglich der relativen Macht dieser Stimmberechtigten sagen? Ist ihre Macht proportional zu ihrem Stimmanteil?

4) Von einem Abgeordneten, der in einer Sache entgegen seiner Überzeugung stimmt, um als Gegenleistung Unterstützung für eine ihm wichtigere Angelegenheit zu erhalten, sagt man in der amerikanischen Umgangssprache, daß er einen „Baumstamm rollt" (*logrolling*). *Logrolling* verschleiert die Präferenzen der Stimmberechtigten und verzerrt den Wahlmechanismus, aber scheint den Beteiligten offenbar zu nützen, da sie sich ansonsten auf solche „Kuhhändel" nicht einlassen würden. Ist Logrolling für die Gesamtheit der Gesellschaft gut oder schlecht?

5. Es gibt verschiedene Wahlverfahren, die einem Gremium bei der Entscheidungsfindung zur Verfügung stehen: es kann z. B. seinen Mitgliedern unterschiedliche Stimmanteile einräumen oder Stichwahlen vorsehen. *Jedes* vernünftige Verfahren muß jedoch bestimmte Grundregeln beachten. Würden Sie die folgenden dazu zählen?

a) Wenn bei einer paarweisen Abstimmung die Alternative A gegenüber B bevorzugt wird und B gegenüber C, sollte A auch gegenüber C bevorzugt werden.

b) Wenn jedes Mitglied eine Stimme besitzt, sollte es diese für die Alternative abgeben, die es am meisten bevorzugt, und in der Gruppe sollte die Alternative gewinnen, die mit relativer Mehrheit gewählt wird.

c) Die Gruppe sollte niemals die Alternative A wählen, wenn es eine Alternative B gibt, die die Gruppe bei einer paarweisen Abstimmung vorziehen würde.

6) Die Anzahl der Abgeordneten eines Bundesstaates im Repräsentantenhaus sollte der Größe seiner Bevölkerung genau entsprechen. Praktisch würde dies jedoch bedeuten, daß viele Staaten Bruchteile von Abgeordneten entsenden müßten. Stellen Sie sich die folgende Annäherung an den Idealzustand vor: Ermitteln Sie die ideale Repräsentation eines jeden Staates in Form von ganzen Zahlen zuzüglich der entsprechenden Bruchzahl. Weisen Sie nun jedem Staat Repräsentanten in Höhe der ganzen Zahl zu und geben Sie den Staaten mit den höchsten Bruchzahlen einen weiteren Abgeordneten, so daß die Gesamtanzahl der Abgeordneten aller Staaten der festgelegten Mitgliederzahl des Hauses entspricht. Können Sie sich einen Grund vorstellen, den man gegen diesen Vorschlag anführen könnte?

7. Die Mitglieder eines Gemeinderates beraten über verschiedene Projektvorschläge, aber haben nur die Mittel, um eines der Projekte zu finanzieren. Alle sind sich darüber einig, daß ihre Entscheidung die Meinung der einzelnen Ratsmitglieder widerspiegeln und den Präferenzen eines jeden Mitglieds gleiches Gewicht beigemessen werden sollte. Wie denken Sie über jeden der folgenden Pläne:
a) Jedes Mitglied gibt eine einzige Stimme für sein Lieblingsprojekt ab und schließt sich der Präferenz der Mehrheit an.
b) Es findet ein „Turnier" statt, wobei in jeder Runde zwei Projekte zur Abstimmung stehen. Nach jeder Entscheidung kommt der „Gewinner" weiter, der „Verlierer" scheidet aus. Das „überlebende" Projekt wird realisiert.
c) Alle Mitglieder geben ihre Stimme für ihr Lieblingsprojekt ab, und das Projekt mit der niedrigsten Stimmenanzahl scheidet aus. Dieses Verfahren wird so lange wiederholt, bis nur noch ein Projekt übrig ist.

Das *New York Times Magazin* veröffentlichte vor einigen Jahren einen kritischen Artikel, in dem die Rolle untersucht wurde, die das Wahlmännersystem bei der Wahl des Präsidenten der Vereinigten Staaten spielt. Der Autor behauptete, daß Wähler in großen Staaten gegenüber Wählern in kleinen Staaten einen Vorteil haben, obwohl die großen und kleinen Staaten jeweils die gleiche Anzahl von Senatoren haben. Der Autor schreibt: „Mit der Regel, daß die Mehrheit in einem Staat sämtliche Wahlmännerstimmen erhält, üben die großen Staaten ungebührlich viel Macht aus. Es gehen zwar viel mehr Wähler in New York als in Alaska zu den Wahlurnen, aber sie haben auch die Chance, viel mehr Wahlmännerstimmen zu beeinflussen, und im ganzen gesehen hat jeder New Yorker eine viel bessere Chance, das Wahlergebnis zu beeinflussen."

Der Vorteil, den ein Wähler eines großen Staates hat, ist nicht unmittelbar einleuchtend. Der Block von Wahlmännerstimmen, der von New York kontrolliert wird, ist natürlich mächtiger als der von Rhode Island, aber ein einzelner Wähler in New York hat weniger Einfluß darauf, wie sein Staat wählt, als der einzelne Wähler in Rhode Island; und gerade die Stärke des einzelnen Wählers ist es, worauf es uns ankommt. Der Autor wägt diese zwei gegenläufigen Tendenzen gegeneinander ab und kommt zu einem Vorteil für die großen Staaten. Zur Veranschaulichung zieht er statistisches Material heran. Er zeigt, daß bei der Präsidentenwahl 1884 ein Umschwung von 575 Wählerstimmen in New York genügt hätte, um James Blaine anstelle von Grover Cleveland zum Präsidenten zu machen. Er zählt dann noch vier Präsidentenwahlen auf, bei denen 2 555 Stimmen, 7 189 Stimmen und 10 517 Stimmen in New York bzw. 1 983 Stimmen in Kalifornien zum Sieg der damals unterlegenen Kandidaten genügt hätten. Daraus schließt er, daß die großen Staaten einen Einfluß auf die Präsidentenwahlen haben, der ihre relative Größe noch übersteigt.

Wenn nun die großen Staaten (oder besser die Wähler in großen Staaten) tatsächlich einen Vorteil haben, so stellt sich die Frage, ob dies eine Eigentümlichkeit der Art und Weise ist, wie die Stimmen im amerikanischen Kongreß verteilt sind, oder ob es bei dieser Art von Wahlsystem immer zutrifft. Allgemein: wie kann man die „Macht" eines einzelnen Wählers beurteilen?

Es stellt sich heraus, daß Wähler in großen Staaten nicht unbedingt mehr Einfluß haben als andere Wähler. Nehmen wir an, wir haben fünf Staaten, vier davon mit einer Million Wähler und einen mit 10 000 Wählern. Wenn wir annehmen, daß Entscheidungen im Wahlmännerkollegium durch Mehrheitsbeschluß gefällt werden und die großen Staaten alle gleich viele Wahlmänner haben, so ist es ganz gleichgültig, wieviele Wahlmänner der Staat mit den 10 000 Wählern stellt, solange er nur überhaupt im Wahlmännerkollegium vertreten ist. Er ist genauso stark wie jeder andere Staat, da die Mehrheit im Wahlmännerkollegium drei Staaten umfassen muß, gleichgültig um welche es sich dabei handelt. Im Endeffekt haben also alle Staaten gleiche Stärke im Wahlmännerkollegium. Ein einzelner Wähler in einem kleinen Staat hat aber viel mehr Einfluß darauf, wie sein Staat stimmt, und ist somit mächtiger.

Verändern wir die Situation ein wenig. Nehmen wir an, ein Staat hat 120 Stimmen im Wahlmännerkollegium, drei Staaten haben je 100 und einer 10 Stimmen. Jetzt ist der Staat mit den 10 Stimmen absolut machtlos, und ebenso die Wähler in diesem Staat. Wie immer das endgültige Wahlergebnis aussieht, die Stellungnahme des Staates mit den 10 Wahlmännern ist irrelevant. Er kann das Ergebnis durch eine Änderung seiner Haltung nicht beeinflussen. Die Wähler in dem kleinen Staat haben praktisch kein Wahlrecht.

Das zweite Problem, nämlich wie man den Spielern Zahlen zuordnen kann, die ihren Einfluß bei der Abstimmung wiedergeben, werden wir später behandeln.

Die amerikanische Präsidentenwahl ist selbst eine Art von Spiel. Die Wähler sind die Spieler, die Kandidaten die Strategien, und das Wahlresultat die Auszahlung. Es handelt sich um ein n-Personenspiel, ein Spiel, an dem mehr als zwei Personen beteiligt sind. Diese Unterscheidung ist sinnvoll, da Spiele mit drei oder mehr Spielern im allgemeinen ganz anders sind als Spiele mit weniger als drei Spielern.

Natürlich gibt es auch bei den n-Personenspielen viele verschiedene Fälle. Betrachten wir zunächst einige Beispiele.

Einige Beispiele aus der Politik

1. In einer Gemeinderatswahl ist der hauptsächliche Streitpunkt die Größe des Jahresbudgets. Man weiß, daß jeder Wähler ein bestimmtes Budget bevorzugt und für die Partei stimmen wird, die seinen Vorstellungen am nächsten kommt. Die drei Parteien andererseits sind vollkommen opportunistisch. Sie kennen die Wünsche der Wähler und wollen möglichst viele Stimmen gewinnen; der politische Inhalt der Streitpunkte an und für sich ist ihnen egal. Wie soll die Strategie der Parteien sein, wenn sie die Budgets, die sie vorschlagen, gleichzeitig verkünden müssen? Würde es einen Unterschied machen, wenn sie ihre Entscheidungen nicht gleichzeitig treffen müßten? Würde es einen großen Unterschied machen, wenn es zehn Parteien statt drei gäbe? Wie wäre es, wenn es nur zwei Parteien gäbe?

2. Drei Bezirke müssen entscheiden, wie eine Finanzhilfe des Staates zwischen ihnen aufgeteilt werden soll. Die Hilfe soll für den Schulbau verwendet werden. Im ganzen sollen vier Schulen gebaut und auf die drei Bezirke verteilt werden.

Vier verschiedene Pläne werden vorgeschlagen – wir nennen sie A, B, C, D –, von denen jeder eine bestimmte Verteilung vorsieht. Der endgültige Plan soll durch Mehrheitsbeschluß von zwei der drei Bezirke ausgewählt werden. In Abb. 6.2 ist die Verteilung der Schulen nach den einzelnen Plänen dargestellt.

Abb. 6.2

Plan

		A	B	C	D
	I	4	1	2	0
Bezirk	II	0	0	1	2
	III	0	3	1	2

Die Eintragungen in Abb. 6.2 geben an, wieviele Schulen die einzelnen Pläne für jeden Bezirk vorsehen. Welcher Plan wird gewinnen, wenn man annimmt, daß jeweils durch Abstimmung einer von zwei Plänen gewählt wird, bis alle außer einem eliminiert sind, und wenn jeder Bezirk denjenigen Plan unterstützt, der ihm die meisten Schulen gibt? Macht es etwas aus, in welcher Reihenfolge abgestimmt wird? Könnte es einem Bezirk nützen, für einen Plan zu stimmen, wenn er in Wirklichkeit einen anderen vorzieht?

3. Im Parlament einer Nation sind fünf politische Parteien vertreten. Ihre Stärke in der gesetzgebenden Körperschaft wird durch die Anzahl der Sitze, die sie haben, bestimmt: acht, sieben, vier, drei und eins. Eine Regierungskoalition wird gebildet, wenn sich genug Parteien zusammenschließen, um eine Mehrheit sicherzustellen, d. h. wenn die Koalition zwölf der 23 Sitze innehat. Wenn man annimmt, daß es Vorteile gibt, die der Regierungskoalition zukommen, wie etwa Einfluß auf die Besetzung von Stellen, Übernahme von Ressorts etc., welche Koalition sollte dann zustande kommen? Welchen Anteil sollten die einzelnen Parteien bekommen?

Einige ökonomische Beispiele

1. In einer Stadt liegen alle Häuser an einer einzigen Straße. Wo sollen die Händler ihre Geschäftslokale bauen, wenn wir annehmen, daß die Kunden immer in dem ihnen nächstgelegenen Geschäft einkaufen? Ändert sich etwas durch die Anzahl der Geschäfte?

2. Mehrere Modeschöpfer stellen ihren neuen Stil an einem bestimmten Tag der Öffentlichkeit vor, danach kann nichts mehr geändert werden. Was den neuen Kleidern ihre besondere Note gibt und letztlich entscheidet, welche Kleider gekauft werden, ist die Rocklänge. Jede Kundin hat ihre eigenen Vorstellungen darüber und wird jenes Kleid kaufen, das ihnen

am nächsten kommt. Welchen Stil sollen die Firmen herstellen, wenn wir annehmen, daß die Designer den Prozentsatz der Frauen, die einen bestimmten Stil kaufen werden, kennen?

3. Ein Agent schreibt drei Schauspielern, daß er einen Job für zwei von ihnen hat. Die drei Schauspieler sind nicht gleich bekannt, so daß der Geldgeber verschiedene Honorare vorsieht: A und B können zusammen $ 6000 bekommen, A und C $ 8000, und B und C $ 10 000. Die zwei, die den Job bekommen, können die Summe teilen wie sie wollen, aber bevor sie den Job annehmen können, müssen sie ausgehandelt haben, wie sie das Geld teilen. Die ersten zwei Schauspieler, die sich einigen können, werden engagiert. Ist es möglich vorauszusagen, welches Paar den Job erhalten wird? Wie werden sie ihre gemeinsame Gage teilen?

4. Ein Großhändler möchte mit irgend einem von vier Einzelhändlern, die zusammen ein Stadtgebiet beherrschen, fusionieren. Wenn die Fusion zustande kommt, machen der Großhändler und der Einzelhändler einen gemeinsamen Profit von einer Million Dollar. Die Einzelhändler haben eine Alternative: sie können sich zusammentun und an eine Realitätenfirma verkaufen, wobei sie einen gemeinsamen Profit von einer Million Dollar machen. Kann man das Ergebnis vorhersagen? Wenn sich der Großhändler mit einem Einzelhändler zusammentut, wie sollen sie die Million Dollar aufteilen?

5. Ein Erfinder und eine von zwei konkurrierenden Firmen können eine Million Dollar verdienen, wenn sie das Patent des Erfinders und die Fabrikanlagen der Firma verwenden. Wenn der Erfinder und eine der beiden Firmen zu einer Zusammenarbeit gelangen sollten, wie sollen sie ihren Profit teilen?

Eine Analyse

Einer der Vorteile, ein Spiel als Modell zu verwenden, ist, daß hierbei viele scheinbar verschiedene Probleme auf einmal analysiert werden können. Das ist hier der Fall. Bei den Gemeinderatswahlen in unserem ersten Beispiel aus der Politik sind die Parteien in einer sehr ähnlichen Situation wie die Händler im ersten ökonomischen Beispiel, und diese wiederum stehen vor demselben Problem wie die Modeschöpfer im zweiten ökonomischen Beispiel. In dem politischen Beispiel muß der Streitpunkt nicht quantitativ sein, wie es der Beschluß über ein Budget ist. Es könnte sich um alle möglichen Probleme handeln, bei denen es darauf ankommt, auf einer mehr oder weniger eindimensionalen Skala von Meinungen wie „liberal-konservativ" oder „hohe Zölle – Freihandel" Stellung zu beziehen.

Auf den ersten Blick könnte es scheinen, daß die Parteien irgendwo in der Mitte Position beziehen sollten; und wenn es nur zwei Parteien gibt und diese ihre Entscheidungen nacheinander statt gleichzeitig treffen, geschieht dies auch im allgemeinen tatsächlich. Bei Präsidentenwahlen tendieren die konservative und die liberale Partei oft (wenn auch nicht jedesmal) zur Mitte, aus der Überlegung heraus, daß die extremen Wähler nirgendshin ausweichen können. Unter ähnlichen Verhältnissen werden die konkurrierenden Geschäfte die Tendenz haben, sich im Stadtzentrum zusammenzuballen, und die Modeschöpfer werden gemäßigtem Geschmack folgen. Wenn es viele politische Parteien gibt (oder viele Geschäfte oder viele Modeschöpfer), kann es besser sein, eine extreme Position einzunehmen. Wenn nach dem Proportionalwahlrecht gewählt wird, könnte sich eine von zehn Parteien mit 20 Prozent der Wählerstimmen zufriedengeben, auch wenn das bedeutet, daß sie jede Chance, Stimmen im Zentrum zu erhalten, aufgibt.

Wenn man die Probleme betrachtet, die die Spieler in diesen Spielen zu lösen haben – nämlich: wie erhält man die meisten Stimmen bzw. die meisten Schulen, wie verkauft man die meisten Kleider – sieht man, daß es sich vor allem um Macht handelt: die Macht eines Spielers oder einer Koalition von Spielern, das Endergebnis des Spieles zu beeinflussen.

Macht in einem n-Personen-Spiel ist ein sehr realer, aber schwer zu fassender Begriff. Sie ist viel schwieriger zu bewerten als in den einfacheren Einpersonen- und Zweipersonenspielen. Im Einpersonenspiel bestimmt der Spieler selbst das Ergebnis, oder er muß nur mit einer nichtböswilligen Natur rechnen. Im Zweipersonen-Nullsummenspiel ist die Macht eines Spielers – das, was er sich allein aufgrund seiner eigenen Kräfte sichern kann – ein guter Maßstab dafür, was er von dem Spiel erwarten kann.

Das Zweipersonen-Nichtnullsummenspiel ist ein bißchen komplizierter. Hier hat ein Spieler auch die Macht, den Partner zu bestrafen oder zu belohnen. Ob diese Macht über den Partner dazu ausgenützt werden kann, die eigene Auszahlung zu erhöhen und in welchem Ausmaß, hängt von der Persönlichkeit des Partners ab. Da diese Macht, zu belohnen oder zu bestrafen, also nicht vom Spieler allein in bare Münze umgesetzt werden kann, kann man ihr auch keinen eindeutigen Wert zuschreiben. Trotzdem ist diese Art von Macht außerordentlich bedeutsam und muß von jeder sinnvollen Theorie beachtet werden.

Im n-Personenspiel ist der Begriff der Macht noch viel schwerer faßbar. Freilich gibt es immer eine minimale Auszahlung, die sich der Spieler allein sichern kann. Um mehr zu erhalten, muß er sich mit anderen verbünden, wie im Zweipersonen-Nichtnullsummenspiel. Wenn die anderen Spieler aber nicht kooperieren wollen, hat er im n-Personenspiel keinen Ausweg. Es scheint also, daß er über eine minimale Auszahlung hinaus hilflos ist. Und doch haben Koalitionen von scheinbar ohnmächtigen Spielern sehr wohl Macht. Der Spieler hat somit potentielle Macht, zu deren Realisierung er der Kooperation anderer bedarf. Dieses Konzept der potentiellen Macht zu präzisieren ist eine der Hauptaufgaben der n-Personen-Spieltheorie.

Um zu zeigen, wie das Problem der Bewertung der potentiellen Macht eines Spielers angepackt werden könnte, wollen wir eines unserer früheren Beispiele näher betrachten. Nehmen wir in dem Beispiel mit den Schauspielern an, daß einer der Schauspieler sich, bevor die Verhandlungen beginnen, an eine dritte Partei wendet und dieser gegen Bezahlung einer Pauschalsumme anbietet, was immer er aus dem Geschäft erhalten wird. Die dritte Partei würde die Verhandlungen für den Schauspieler übernehmen: sie könnte im Namen des Schauspielers anbieten und annehmen, was sie für richtig hält, und hätte natürlich auch das Risiko zu tragen, daß die Verhandlungen fehlschlagen und sie leer ausgeht. Der Betrag, den die dritte Partei für das Vorrecht, den Schauspieler zu vertreten, zu bezahlen gewillt wäre, kann als Index für die Macht des Schauspielers in dem Spiel angesehen werden.

Dies ist zwar eine genauere Formulierung des Problems der Bewertung der potentiellen Macht, bringt uns aber einer Lösung nicht näher. Tatsächlich sind für diese Art von Spielen viele verschiedene Lösungskonzepte möglich, die wir später besprechen werden. Zunächst wollen wir einen Ansatz näher betrachten. Abb. 6.3 faßt das Spiel zusammen.

Abb. 6.3

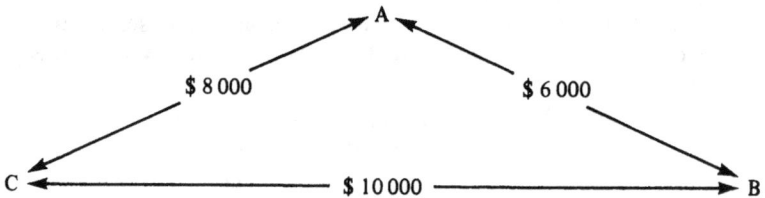

Auf den ersten Blick neigt man zu der Annahme, daß sich B und C verbünden, da sie am meisten zu gewinnen haben, nämlich $ 10 000. Wie sie diese Summe teilen wollen, ist eine andere Sache. Vermutlich spielt A, der bei dieser Koalition zwischen B und C nicht einmal dabei ist, eine wichtige Rolle bei der Bestimmung, wie das Geld aufgeteilt wird; denn wenn B und C keine Einigung erreichen, müssen sie sich beide an A wenden. Die Anteile von B und C an den $ 10 000 sollten irgendwie zum Wert der Koalition AB und AC in Beziehung stehen. Und da die Koalition AB einen kleineren Wert als die Koalition AC hat, scheint der Schuß berechtigt, daß B weniger als die Hälfte der $ 10 000 erhalten wird.

Dieses Argument hat allerdings eine offensichtliche Schwäche. Sobald A seine schwache Position erkennt, muß er seine Ansprüche heruntersetzen. Es ist offensichtlich besser für ihn, in irgendeine Koalition hineinzukommen, auch wenn er den Löwenanteil seinem Partner überlassen muß, als allein zu bleiben und nichts zu bekommen. So scheint sogar die einzige Schlußfolgerung, die wir glaubten ziehen zu können, nämlich, daß B und C die Koalition bilden werden, in Frage gestellt.

Dies sollte einen knappen, qualitativen Eindruck geben, wie man das Problem anfassen könnte, und das ist im Augenblick genug. Immerhin mag es interessant sein, ein bißchen vorzugreifen und einige Schlußfolgerungen zu betrachten, die sich aus einer bestimmten Spieltheorie ergeben, ohne uns mit dem dahinterliegenden Gedankengang näher zu beschäftigen. Wir werden die Aumann-Maschler-Theorie verwenden, weil sie besonders einfach ist.

In dem Beispiel mit den drei Schauspielern sagt die Aumann-Maschler-Theorie *nicht* voraus, welche Koalition, wenn überhaupt eine, sich bilden wird. Sie sagt aber wohl voraus, was ein Spieler bekommen wird, wenn er es schafft, einer Koalition beizutreten, und dieser Betrag hängt zumindest für dieses Spiel nicht davon ab, welche Koalition sich bildet. Bei unserem Beispiel sagt die Theorie voraus, daß A $ 2 000, B $ 4 000 und C $ 6 000 erhalten soll.

Bei der Großhändler-Einzelhändler-Fusionierung (4. ökonomisches Beispiel) sagt die Aumann-Maschler-Theorie nicht voraus, welche Koalition sich bilden wird (das tut sie nie). In diesem Fall sagt sie nicht einmal genau voraus, wie die Spieler die Million Dollar teilen werden. Sie stellt einfach fest, daß der Einzelhändler, der sich mit dem Großhändler zusammentut, eine Summe irgendwo zwischen einer viertel und einer halben Million Dollar bekommen wird. Im Beispiel des Erfinders und der zwei konkurrierenden Firmen sagt die Theorie voraus, daß der Erfinder nahezu den ganzen Profit erhalten wird.

Das Beispiel der Schulbauten und das der Regierungsbildung sind typische Abstimmungsspiele („voting games"), die ein typischer Ausgangspunkt der n-Personen-Spieltheorie sind. Das Problem, den Parteien im Parlament eine bestimmte Stärke zuzuschreiben, und das Problem, den Bundesstaaten im Wahlmännerkollegium eine bestimmte Stärke zuzuschreiben (das wir früher behandelt haben), sind einander sehr ähnlich. Beim Beispiel der Regierungsbildung haben wir eine Situation, in der die reale Macht der Spieler, d. h. der Parteien, nicht das ist, was sie zu sein scheint. In diesem Fall hat die Partei mit den vier Sitzen genau dieselbe Stärke wie die Partei mit den sieben Sit-

zen. Die Partei mit den vier Sitzen hat folgende mögliche Koalitionspartner, wenn sie ein Mitglied einer Mehrheitskoalition sein will:
a) die Partei mit den acht Sitzen (dazu möglicherweise noch andere);
b) die Partei mit den sieben Sitzen und eine kleinere Partei (dazu möglicherweise noch andere).

Dasselbe gilt auch für die Partei mit den sieben Sitzen, mit der Ausnahme, daß in der Alternative b) die Partei mit den vier Sitzen die Rolle der Partei mit den sieben Sitzen spielt.

In dem Schulbauten-Problem ist die Reihenfolge, in der die Bezirke abstimmen, von ausschlaggebender Bedeutung. Nehmen wir an, die Reihenfolge ist C A B D. Das heißt, daß zuerst über Vorschlag C und A abgestimmt wird; dann wird B dem Sieger aus dieser Abstimmung gegenübergestellt und zuletzt D mit dem Sieger aus der zweiten Abstimmungsrunde konfrontiert. Das Ergebnis, das eintreten sollte, kann wie in Abb. 6.4 dargestellt werden.

Abb. 6.4

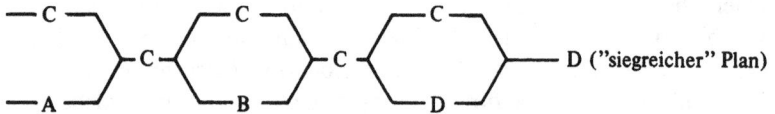

In einer Abstimmung zwischen C und B gewinnt C, was durch C > B angedeutet werden soll. Wir stellen alle möglichen Abstimmungen mit ihren vermutlichen Ergebnissen zusammen:
D>A, C>A, D>C, B>D und A = B (d. h. zwischen A und B gäbe es ein Unentschieden).

Wenn die Reihenfolge D A C B ist, so sollte das Ergebnis wie in Abb. 6.5 eintreten.

Abb. 6.5

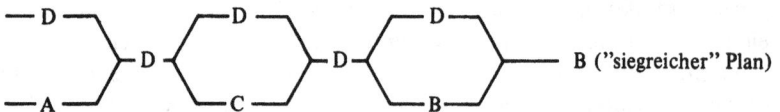

Man beachte, daß es in der ersten Reihenfolge (C A B D) von Vorteil für Bezirk I ist, strategisch abzustimmen: In der zweiten Runde sollte Bezirk I besser für B als für C stimmen, obwohl er C vorzieht. Wenn er tatsächlich für B stimmt, gewinnt B die zweite Runde und in der letzten Runde gewinnt B wieder. Auf diese Weise erhält Bezirk I wenigstens eine Schule. Wenn Bezirk I immer blindlings für den Plan stimmt, den er vorzieht, ohne strategische Überlegungen anzustellen, würde Plan D angenommen und Bezirk I hätte überhaupt keine Schule.

Diese Illustrationen sind zugegebenermaßen sehr vereinfacht. Die Realität ist fast ausnahmslos viel komplizierter. Ein Senator zum Beispiel kann viel mächtiger sein als ein anderer, obwohl jeder eine Stimme hat. Ein so komplexes Phänomen wie die Wahl des Präsidenten der Vereinigten Staaten kann kaum durch ein einziges Modell erfaßt werden. Bedenken wir einige Schwierigkeiten:

Im Verlauf einer Präsidentenwahl werden viele Spiele gespielt. Eines findet auf dem nationalen Parteitag statt: unter den Delegierten befindet sich eine kleine Zahl von Parteiführern, die einen großen Prozentsatz der Stimmen hinter sich haben und die so handeln oder zu handeln versuchen, daß sie ihre politische Macht maximieren. Diese Parteiführer müssen zwei grundlegende Entscheidungen treffen: welchen Kandidaten sie unterstützen und wann sie ihre Unterstützung bekanntgeben. Die Parteiführer haben a priori Präferenzen zwischen den Anwärtern, aber sie müssen vorsichtig sein, weil sie alles verlieren, wenn sie einen Kandidaten unterstützen, der sich nicht durchsetzt. Wenn es ihnen gelingt, den späteren Sieger zu unterstützen, trägt ihnen das bestimmte Vorteile ein, die davon abhängen, wie stark die Parteiführer sind, wie sehr der Kandidat ihre Unterstützung braucht etc. Diese Vorteile können auch die Form von gegenseitiger Unterstützung und Protektion annehmen.

Zwei Politologen, Nelson W. Polsby und Aaron B. Wildavsky (1963), konstruierten ein Modell eines Parteitages, das solche Phänomene in Rechnung stellt wie

1. das Überlaufen vieler Delegierter zu einem Anwärter, dessen Erfolg offensichtlich wird;
2. die gegenläufige Beziehung zwischen den Chancen eines Anwärters und den Konzessionen, die er machen muß, um Unterstützung zu erhalten;
3. die Notwendigkeit für einen Anwärter, siegessicher zu wirken. Wenn ein Anwärter innerhalb einer bestimmten Zeitperiode nicht gewinnt oder seinen Anhang erhöht, wird sein Anhang danach nicht konstant bleiben; er wird fallen. Aus diesem Grunde halten Anwärter oft Stimmen, die ihnen sicher sind, zurück und werfen sie erst nach und nach in die Waagschale, wenn sie glauben, daß sie ihnen am nützlichsten sind.

Sobald die Kandidaten nominiert sind, beginnt ein neues Spiel – sehr ähnlich dem, das in unserem ersten politischen Beispiel beschrieben ist. Nur müssen die zwei Parteien nicht nur zu einem einzigen, sondern zu vielen Problemen Stellung nehmen. Natürlich sind sie in dieser Hinsicht nicht ganz so frei, wie wir in unserem Beispiel angenommen haben, da die Parteien gewisse ideologische Verpflichtungen haben.

Auch der Wähler spielt sein Spiel. Sogar im einfachsten Fall, wo es nur zwei Kandidaten gibt, kann es Probleme geben. Wenn die Position eines Wählers am einen Ende des politischen Spektrums ist, kann es ihm passieren, daß seine Wünsche praktisch ignoriert werden, wenn er mechanisch für den Kandidaten stimmt, dessen Position der seinigen am nächsten kommt. Wenn er seine Stimme nicht abgibt, wird die Wahl des anderen, weniger favorisierten Kandidaten wahrscheinlicher. Diesem Risiko steht die Chance gegenüber, daß er seinen Einfluß in der Zukunft erhöht. Die politischen Parteien werden die extremen Wähler ernster nehmen, wenn es zu starken Stimmenthaltungen kommt, sobald sie sich zu sehr zur Mitte hin bewegen. (Wenn es mehr als zwei ernsthafte Kandidaten gibt, ist die Situation noch komplizierter, denn dann muß man sich entscheiden, ob man seine Stimme seinem Kandidaten mit einer zweifelhaften Chance gibt oder einem weniger wünschenswerten Kandidaten mit einer einigermaßen guten Chance.)

Offensichtlich ist es ausgeschlossen, alle diese Spiele in ihrer ursprünglichen Form zu analysieren. Stattdessen müssen wir einfache Modelle nehmen und versuchen, eine plausible Lösung zu formulieren. Das kann auf verschiedene Weise geschehen. Einige Lösungen versuchen, einen gleichsam durch Schiedsgericht festgestellten Punkt anzugeben, wobei von der Stärke der Spieler ausgegangen wird. Andere versuchen, Gleichgewichtspunkte zu finden wie sie in einem Markt von Anbietern und Nachfragern existieren. Wieder andere definieren eine Lösung als Menge von möglichen Ergebnissen, die bestimmten Stabilitätsanforderungen genügen.

Die von-Neumann-Morgenstern-Theorie

In ihrem Buch *Spieltheorie und wirtschaftliches Verhalten* (1961) definierten von Neumann und Morgenstern als erste das n-Personenspiel und führten auch ihr Konzept einer Lösung ein. Alle Arbeiten, die seither über n-Personenspiele entstanden sind, sind stark von diesem nunmehr klassischen Werk beeinflußt. Es wird das Verständnis erleichtern, wenn wir den von-Neumann-Morgensternschen Ansatz (wir werden von nun an die Abkürzung N-M verwenden) anhand eines Beispiels erläutern.

Nehmen wir an, daß jede von drei Firmen – A, B und C – einen Dollar wert ist. Nehmen wir weiters an, daß je zwei oder auch alle drei eine Koalition bilden können. Wenn eine Koalition zustande kommt, bekommt sie zusätzlich $ 9, so daß eine Koalition von zwei Personen $ 11 wert ist:

den einen Dollar, den beide Firmen ursprünglich hatten, dazu die zusätzlichen $ 9. Die Dreipersonenkoalition ist $ 12 wert. Wir nehmen an, daß jede Firma vollständig informiert ist und der Einfachheit halber, daß Nutzen und Geld identisch sind. Es soll nun bestimmt werden, welche Koalition sich bilden wird und wie das Geld geteilt wird. Bevor wir dieses Problem in Angriff nehmen, wollen wir uns allerdings noch einige allgemeine Gedanken zu den n-Personenspielen machen.

Die charakteristische Funktion

Von dem Spiel, das wir gerade beschrieben haben, sagt man, es sei in charakteristischer Funktionsform. Jeder Koalition ist eine Zahl zugeordnet: der Wert dieser Koalition. Der Wert der Koalition ist analog dem Wert des Spieles im Zweipersonenfall. Er ist die untere Schranke für das, was sich die Koalition sichern kann, wenn sich alle Mitglieder zusammentun und als ein Team spielen.

Für viele Spiele ist die Beschreibung durch die charakteristische Funktion ganz natürlich. In einer gesetzgebenden Körperschaft zum Beispiel, in der Entscheidungen durch Mehrheitsbeschluß getroffen werden, liegen die Werte der Koalition auf der Hand. Eine Koalition, die eine Mehrheit der Spieler umfaßt, hat alle Macht; eine Koalition ohne Mehrheit hat keine. In anderen Spielen wiederum, z. B. in Spielen, in denen die Spieler Käufer und Verkäufer in einem offenen Markt sind, mag der Wert einer Koalition nicht so klar sein. Aber N-M zeigen, daß auch bei dieser Art von Spielen eine charakteristische Funktion gefunden werden kann, und zwar so:

N-M beginnen mit einem n-Personenspiel in Normalform. Das ist ein Spiel, in dem jeder Spieler eine von mehreren Alternativen auswählt, und als Folge dieser Wahl kommt es zu einem Ergebnis: einer Auszahlung für jeden Spieler. Die Strategien, die den Spielern zur Verfügung stehen, können sein: Festsetzung von Preis und Menge, Abgabe einer Stimme, Anstellung einer Anzahl neuer Handelsvertreter etc. N-M fragen nun, was geschehen würde, wenn eine Koalition von Spielern (nennen wir sie S) beschließt, aufeinander abgestimmt vorzugehen, um zusammengenommen eine möglichst große Auszahlung zu erhalten. Wieviel könnte sich die Koalition S erhoffen?

Dieses Problem, bemerken N-M, ist eigentlich dasselbe wie im Zweipersonenspiel. Die Mitglieder von S bilden einen „Spieler", und alle anderen bilden den anderen „Spieler". Wie vorher können wir die maximale Auszahlung für Koalition S ausrechnen unter der Annahme, daß die Spieler, die nicht in S sind, in einer feindseligen Weise handeln. Dieser

Betrag, der mit V (S) bezeichnet wird, heißt *Wert* der Koalition S. Der Wert jeder beliebigen Koalition kann so berechnet werden.

Diese Vorgangsweise wirft dieselbe Frage auf, die sich schon früher stellte: Werden die Spieler, die nicht in S sind, tatsächlich versuchen, die Auszahlung der Spieler in S zu minimieren? Die Antwort von N-M ist hier dieselbe wie im Zweipersonenspiel: sie werden es versuchen, wenn das Spiel streng kompetitiv ist. Um das sicherzustellen, nehmen N-M an, daß das n-Personenspiel ein Nullsummenspiel ist, d. h. wenn man den Wert einer Koalition S und den Wert der Koalition, die aus den Spielern besteht, die nicht in S sind, addiert, so ergibt sich immer dieselbe Summe. (Wenn sich mehr als zwei Koalitionen bilden, so könnte die Summe der Werte der Koalitionen niedriger sein, sie kann aber nie größer sein.)

Superadditivität

Da es viele verschiedene Arten von n-Personenspielen gibt, können die Werte, die den Koalitionen zugeschrieben werden, fast jede Konfiguration annehmen – fast jede, aber nicht wirklich jede. Es besteht eine grundlegende Beziehung zwischen den Werten von bestimmten Koalitionen, welche eine Folge der Art ist, wie diese Werte definiert werden.

Nehmen wir an, R und S seien zwei Koalitionen, die keinen Spieler gemeinsam haben. Es bildet sich eine neue Koalition, die sich aus allen Spielern zusammensetzt, die entweder in R oder in S sind; die neue Koalition wird mit R $\cup$ S (mengentheoretisch ausgedrückt: die Vereinigungsmenge von R und S) bezeichnet. Offensichtlich muß der Wert der neuen Koalition zumindest so groß sein wie die Summe der Werte der Koalition R und der Koalition S. Die Mitglieder von R können die Strategie spielen, die ihnen V (R) garantiert, und die Spieler von S können die Strategie spielen, die ihnen V (S) garantiert. So kann R $\cup$ S zumindest $V(R) + V(S)$ bekommen. (Es ist natürlich leicht möglich, daß R $\cup$ S noch besser abschneidet.) Diese Bedingung, die von der charakteristischen Funktion erfüllt werden muß, heißt *Superadditivität*. Anders ausgedrückt, eine charakteristische Funktion ist superadditiv, wenn für beliebige zwei Koalitionen R und S, die keine Spieler gemeinsam haben, $V(R) + V(S) \leqslant V(R \cup S)$ gilt.

Kehren wir nun zu dem ursprünglichen Beispiel zurück, und betrachten wir einige mögliche Ergebnisse. Eine Möglichkeit ist, daß sich alle drei Spieler zusammentun. In diesem Fall würde die Symmetrie nahelegen, daß jeder der Spieler eine Auszahlung von 4 bekommt. Wir wollen eine solche Auszahlung mit (4, 4, 4) bezeichnen, wobei die Zahlen in Klammern die entsprechenden Auszahlungen für Firma A, B und C darstellen. Eine andere Möglichkeit ist, daß nur zwei Spieler, sagen wir B und C, ein

Bündnis eingehen, ihre $ 11 gleichmäßig teilen und dem dritten Spieler, A, nichts geben. In diesem Fall wäre die Auszahlung (1, 5 1/2, 5 1/2), denn A hätte noch immer seinen $ 1. Eine dritte Möglichkeit ist, daß sich die Spieler nicht einigen können und bleiben, wo sie ursprünglich waren. Die Auszahlung ist dann (1, 1, 1). Um festzustellen, ob eines der erwähnten Ergebnisse oder irgendein anderes Aussicht auf Verwirklichung hat („eintreten sollte"), wollen wir uns vorstellen, wie die Verhandlungen laufen könnten.

Nehmen wir an, einer der Spieler eröffnet die Verhandlung mit dem Vorschlag einer Auszahlung von (4, 4, 4). Das scheint durchaus gerecht. Aber ein unternehmungslustiger Spieler, sagen wir A, erkennt, daß er besser fahren kann, wenn er sich mit einem anderen Spieler, sagen wir B, verbündet und mit ihm den Extraprofit teilt. Die Auszahlung wäre dann (5 1/2, 5 1/2, 1). Das ist eine plausible Möglichkeit. Sowohl A als auch B bekommen mehr als bei der früheren Auszahlung von (4, 4, 4). C wird natürlich unglücklich sein, aber er kann nicht viel dagegen machen – zumindest nicht direkt. C kann allerdings ein Gegenangebot machen. Er könnte sich an B wenden und ihm $ 6 anbieten, $ 5 für sich behalten und A auf seinem $ 1 sitzenlassen; es würde sich also eine Auszahlung von (1, 6, 5) ergeben. Wenn B das Gegenangebot von C akzeptiert, liegt es an A, um seinen Platz an der Sonne zu kämpfen.

Natürlich kann dieses Herumspringen von Auszahlung zu Auszahlung endlos sein, denn jede Auszahlung ist instabil in dem Sinn, daß es immer zwei Spieler gibt, die Macht und Motivation haben, zu einer anderen, besseren Auszahlung überzugehen. Bei jeder Auszahlung gibt es immer zwei Spieler, die zusammen nicht mehr als $ 8 bekommen. Diese zwei Spieler können sich zusammentun und ihren gemeinsamen Profit auf $ 11 erhöhen. Man sieht also, daß man so nicht weiterkommt.

Zurechnungen und individuelle Rationalität

Wenn man sich das erste Mal mit n-Personenspielen beschäftigt, unterliegt man der Versuchung, eine beste Strategie (oder eine beste Menge gleichwertiger Strategien) für jeden Spieler und eine eindeutige Menge von Auszahlungen, die gute Spieler normalerweise erreichen, zu suchen; kurz eine Theorie, ganz ähnlich der des Zweipersonen-Nullsummenspiels. Aber es wird bald klar, daß das viel zu anspruchsvoll ist. Schon die einfachsten Spiele sind zu komplex, als daß sie nur eine einzige Auszahlung zuließen. Selbst wenn man eine Theorie, die eine solche Auszahlung voraussagt, konstruieren könnte, wäre sie nicht plausibel und kein richtiges Abbild der Realität, weil es gewöhnlich eine ganze Reihe von möglichen Ergebnissen gibt, sobald ein wirkliches Spiel gespielt wird. Das ist so, unabhängig davon, wie gewitzt die Spieler sind. Es gibt einfach zu viele Variablen – das Verhandlungsgeschick der Spieler, die Normen der Gesellschaft etc. –, die eine formale Theorie nicht alle berücksichtigen kann.

Eines allerdings können wir tun: die Anzahl der möglichen Auszahlungen verringern, indem wir jene ausschließen, die offensichtlich nicht eintreten. Das ist auch das erste, was N-M machen. Die N-M-Theorie nimmt an, daß die endgültige Auszahlung paretooptimal ist. (Eine Auszahlung ist paretooptimal, wenn keine andere Auszahlung existiert, durch die alle Spieler *gleichzeitig* besser gestellt werden.) Oberflächlich betrachtet scheint dies vernünftig. Warum sollten die Spieler eine Auszahlung von (1, 1, 1) akzeptieren, wenn alle drei Spieler bei einer Auszahlung von (4, 4, 4) besser fahren? N-M nehmen auch an, daß die endgültige Auszahlung individuell rational ist; d. h. jeder Spieler erhält in der endgültigen Auszahlung zumindest so viel wie er bekommen könnte, wenn er allein spielte. In unserem Beispiel würde das heißen, daß jeder Spieler mindestens 1 bekommen muß. Eine Auszahlung, die paretooptimal und individuell rational ist, wird Imputation oder Zurechnung genannt.

Kollektive Rationalität und der Kern

Bei der Beurteilung von Zurechnungen könnte man z. B. auch fordern, daß eine Zurechnung nur dann annehmbar ist, wenn sie dem Kriterium der *kollektiven Rationalität* entspricht. Eine Zurechnung ist kollektiv rational, wenn jede Teilgruppe eine Auszahlung erhält, die mindestens so hoch ist wie ihr jeweiliger Wert. Warum sollte sich eine Teilgruppe mit weniger zufriedengeben als ihre Mitglieder im Rahmen einer größeren Koalition erreichen könnten?

Das Problem besteht darin, daß es eventuell gar keine Zurechnung gibt, die in diesem Sinne kollektiv rational ist. Wenn (a, b, c) kollektiv rational sind, dann gilt $a + b \geq 11$, $a + c \geq 11$ und $b + c \geq 11$; wenn man nun aber beide Seiten der Ungleichung addiert und durch 2 teilt, erhält man $a + b + c \geq 16\ 1/2$. Dies ist aber unmöglich, da der Wert der Dreipersonen-Koalition nur 12 beträgt.

Alle kollektiv rationalen Zurechnungen eines Spiels (falls es welche gibt) bilden seinen *Kern*. Wenn ein Spiel keinen Kern besitzt, ist es instabil, da jede Teilgruppe unabhängig von der Auszahlung über die Macht und die Motivation verfügt, die Zurechnung zunichte zu machen und ihrer eigenen Wege zu gehen. Wenn das Spiel, das wir weiter oben behandelt haben, geändert wird, so daß die Dreipersonen-Koalition einen Wert von 20 anstatt von 12 hat, gibt es eine Zurechnung im Kern, wenn jeder Spieler zumindest 1 und jedes Paar zumindest 11 erhält (und die Gesamtauszahlung an alle drei Spieler 20 beträgt).

Dominanz

Kehren wir zurück zu den ursprünglichen Verhandlungen; aber jetzt nehmen wir an, daß die einzigen Vorschläge, die überhaupt berücksichtigt werden, individuell rationale und paretooptimale Auszahlungen, also Zurechnungen sind. Wenn ein Vorschlag gemacht wird – eine Koalition und die dazugehörige Auszahlung –, fragen wir uns, unter welchen Umständen ein Gegenvorschlag anstelle des ursprünglichen angenommen werden wird.

Die erste Voraussetzung ist, daß es eine Gruppe von Spielern gibt, die stark genug ist, den Gegenvorschlag durchzusetzen – es ist sinnlos, Aktionen zu vereinbaren, die nicht ausgeführt werden können. Weiters müssen die Spieler, die den neuen Vorschlag durchsetzen sollen, dazu motiviert sein, d. h. jeder Spieler muß mehr bekommen als wenn er bei dem alten Vorschlag bliebe. Wenn diese Bedingungen erfüllt sind, wenn es also Koalitionen von Spielern gibt, die sowohl die Fähigkeit als auch den Willen haben, den neuen Vorschlag anzunehmen, sagen wir, daß der neue Vorschlag den alten *dominiert* und nennen die Koalition, die ihn durchsetzt, die *effektive Menge*.

Sehen wir, wie das in unserem ursprünglichen Beispiel funktioniert: Nehmen wir an, die Ausgangskoalition bestehe aus allen drei Spielern mit einem Auszahlungsvektor von (5, 4, 3). Der Gegenvorschlag (3, 5, 4) wird von B und C vorgezogen, da sie jeder einen Dollar mehr bekommen. Da B und C, wenn sie zusammenarbeiten, bis zu $ 11 bekommen können, können sie den neuen Auszahlungsvektor auch erzwingen. (Sie könnten natürlich die Auszahlung von A bis auf 1 herunterdrücken, aber sie müssen nicht.) (3, 5, 4) dominiert also (5, 4, 3) mit B und C als der effektiven Menge. Wenn andererseits (1, 8, 3) die Alternative zu (5, 4, 3) wäre, würde das nicht akzeptiert. Je zwei der drei Spieler haben die Macht, diesen Auszahlungsvektor zu erzwingen, aber zwei sind dazu nicht motiviert. A und C ziehen den ursprünglichen Auszahlungsvektor vor, und B würde zwar gern zum zweiten überwechseln, kann dies aber nicht allein zustande bringen. Einen Gegenvorschlag von (6, 6, 0) würden sowohl A als auch B dem ursprünglichen Vorschlag vorziehen. Aber um eine Auszahlung von $ 12 zu bekommen, müssen alle drei Spieler zustimmen, und C wird das nicht tun. C kann 1 erhalten, wenn er allein spielt, und wird sich wohl nicht mit weniger zufrieden geben.

Eine zweckmäßige Art, die Zurechnungen darzustellen, beruht auf einer interessanten geometrischen Tatsache über gleichseitige Dreiecke: für alle Punkte des Dreiecks ist die Summe der Abstände zu den drei Seiten konstant. In unserem Beispiel ist ein Auszahlungsvektor eine Zurechnung, wenn jeder mindestens 1 erhält und die Summe der Auszahlungen 12 ist.

Wir können demnach alle möglichen Zurechnungen in einem gleichseitigen Dreieck durch Punkte darstellen, die mindestens eine Einheit von jeder Seite entfernt sind. In Abb. 6.6 werden die Zurechnungen durch Punkte in der schraffierten Fläche dargestellt; der Punkt P stellt die Zurechnung (2, 2, 8) dar.

Abb. 6.6

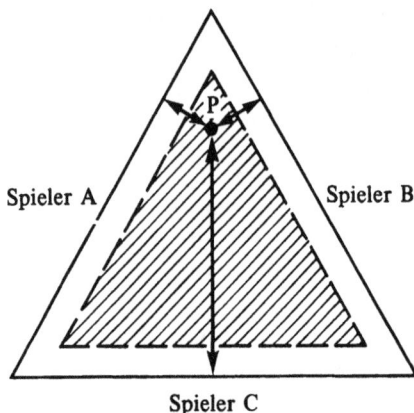

In Abb. 6.7 stellt der Punkt Q den Auszahlungsvektor (3, 4, 5) dar. In dem horizontal schraffierten Gebiet liegen alle Zurechnungen, die Q mit effektiver Menge (B, C) dominieren. (Je weiter eine Zurechnung von der Seite, die mit „Spieler A" bezeichnet ist, entfernt ist, desto größer ist die Auszahlung für A in dieser Zurechnung.) Sowohl B als auch C bekommen mehr in jeder Zurechnung, die in dem horizontal schraffierten Gebiet liegt, als sie in Q bekommen. Das vertikal bzw. schräg schraffierte Gebiet stellt jene Zurechnungen dar, die Q bezüglich der effektiven Mengen (A, C) bzw. (A, B) dominieren. Die unschraffierten Gebiete erhalten die Zurechnungen, die von Q dominiert werden, und die Grenzlinien stellen die Zurechnungen dar, die weder Q dominieren noch von Q dominiert werden.

Das Lösungskonzept von Neumann und Morgenstern

Wenn man eine einzige Zurechnung als das voraussichtliche Ergebnis eines Spieles auswählen soll, so erscheint jene Zurechnung am geeignetsten, die von keiner anderen dominiert wird. Es stellt sich dabei allerdings ein Problem. Es braucht nicht gerade *eine* undominierte Zurechnung zu geben; es kann viele geben; oder noch schlimmer, es kann sein, daß es überhaupt keine undominierte Zurechnung gibt. Dies ist in unserem Beispiel der Fall. Dort wird jede Zurechnung von vielen anderen dominiert. Die Dominanzrelation ist nicht „transitiv": Zurechnung P kann Zurechnung Q dominie-

Abb.6.7

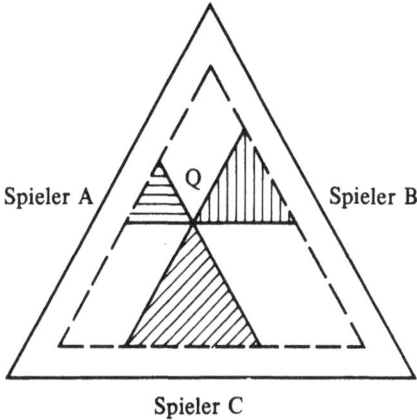

Spieler A

Q

Spieler B

Spieler C

ren, die wiederum Zurechnung R dominiert. Trotzdem kann Zurechnung R Zurechnung P dominieren. (Natürlich muß die effektive Menge jedesmal verschieden sein.) Das ist der Grund, warum die Verhandlungen weiter und weiter gehen können, ohne daß sie irgendwo zu einem Ende kommen.

Von Anfang an gaben N-M jede Hoffnung auf, eine Lösung für alle n-Personenspiele zu finden, die aus einem einzigen Auszahlungsvektor besteht. Es mag bestimmte Spiele geben, in denen eine solche Lösung plausibel wäre, aber die dann vorliegende Struktur wäre besonders einfach: es gäbe einen Zustand absoluten Gleichgewichts, in dem die Anteile aller Mitspieler genau bestimmt wären. Es wird sich aber zeigen, daß eine solche Lösung, die alle geforderten Eigenschaften erfüllt, im allgemeinen nicht existiert.

Nachdem sie die Möglichkeit, ein einziges befriedigendes Resultat für alle n-Personenspiele zu finden, aufgegeben haben, stellen N-M fest, daß die einzig akzeptablen Resultate Zurechnungen sein müssen, und fahren dann fort, ihr Konzept einer Lösung zu definieren. „Dieses besteht nicht darin, ein starres System von Aufteilungen bzw. Zurechnungen zu konstruieren, sondern vielmehr eine Vielzahl von Möglichkeiten zuzulassen, die alle irgendwelche allgemeine Prinzipien widerspiegeln, aber sich trotzdem in vieler Hinsicht voneinander unterscheiden. Dieses System von Zurechnungen beschreibt die ‚anerkannte Ordnung der Gesellschaft' oder den ‚akzeptierten Verhaltensstandard'."

Eine Lösung besteht also nicht aus *einer* Zurechnung, sondern aus vielen, die gewisse Eigenschaften gemeinsam haben. Genauer gesagt, eine Lösung S ist eine Menge von Zurechnungen, die zwei wesentliche Eigenschaften haben: (1) keine Zurechnung in der Lösung wird von irgendeiner anderen Zurechnung in der Lösung dominiert; (2) jede Zurechnung, die nicht in der Lösung ist, wird von einer Zurechnung, die in der Lösung ist, dominiert.

Diese Definition einer Lösung „drückt die Tatsache aus, daß der Verhaltensstandard frei von inneren Widersprüchen ist: keine Zurechnung y, die zu S (der Lösung) gehört, d. h. dem ‚akzeptierten Verhaltensstandard' entspricht, kann von einer anderen Zurechnung x von derselben Art umgestoßen, d. h. dominiert, werden". Andererseits „kann der ‚Verhaltensstandard' dazu benützt werden, jede nicht konforme Vorgangsweise hintanzuhalten. Jede Zurechnung y, die nicht zu S gehört, kann von einer anderen Zurechnung x, die zu S gehört, umgestoßen, d. h. dominiert werden" ... „Somit entspricht unsere Lösung S solchen ‚Verhaltensstandards', die eine innere Stabilität haben: sobald sie allgemein anerkannt sind, schließen sie alles andere aus, und kein Teil von ihnen kann innerhalb der Grenzen des akzeptierten Standards ausgeschlossen werden."

Im allgemeinen gibt es viele verschiedene Lösungen für jedes n-Personenspiel, und N-M versuchen nicht, eine bestimmte Lösung als „beste" auszuzeichnen. Ihrer Meinung nach ist die Existenz von vielen Lösungen nicht nur kein Mangel der Theorie, sondern im Gegenteil ein Hinweis darauf, daß die Theorie die notwendige Flexibilität hat, um der großen Vielfalt, die man im wirklichen Leben antrifft, gerecht zu werden.

Eine andere Frage, nämlich ob Lösungen immer existieren, ist schwieriger. Für N-M war die Frage entscheidend: „Bezüglich der Existenz kann man natürlich keine Zugeständnisse machen. Wenn es sich herausstellen sollte, daß unsere Anforderungen an eine Lösung S in irgendeinem Fall unerfüllbar sind, würde das eine grundlegende Änderung der Theorie erfordern. Daher ist ein allgemeiner Beweis der Existenz von Lösungen S für alle möglichen Fälle höchst wünschenswert. Aus unseren nachfolgenden Untersuchungen geht hervor, daß dieser Beweis noch nicht in voller Allgemeinheit durchgeführt wurde, aber daß in allen Fällen, die bisher betrachtet wurden, Lösungen gefunden wurden." Seitdem das geschrieben wurde, hat es viele Versuche gegeben, die Existenz von Lösungen für alle n-Personenspiele zu beweisen. Sie waren alle erfolglos, und 1967 konstruierte William F. Lucas ein Zehnpersonenspiel, für das es keine Lösung gibt. Damit war eine Frage, die 20 Jahre lang offen war, endgültig gelöst.

Das Konzept der Lösung von N-M kann am leichtesten mit Hilfe eines Beispiels erläutert werden. Nehmen wir an, A, B und C sind die Spieler in einem Dreipersonenspiel, in dem jede Koalition, die entweder zwei oder drei Spieler hat, zwei Einheiten erhalten kann und ein Spieler allein nichts erhält. Dieses Spiel hat viele Lösungen, genau genommen unendlich viele, aber wir wollen nur zwei davon betrachten.

Die erste Lösung, die aus bloß drei Zurechnungen besteht: (1, 1, 0), (1, 0, 1) und (0, 1, 1) ist in Abb. 6.8 angegeben. Um zu zeigen, daß diese drei

Zurechnungen zusammengenommen wirklich eine Lösung sind, müssen zwei Dinge zutreffen: Es darf keine Dominanz zwischen Zurechnungen in der „Lösung" geben, und jede Zurechnung außerhalb der „Lösung" muß von einer Zurechnung in der „Lösung" dominiert werden. Der erste Teil ist ganz einfach. Wenn man von einer Zurechnung in der „Lösung" zu einer anderen übergeht, so gewinnt ein Spieler immer 1, ein Spieler verliert immer 1, und ein Spieler bleibt gleich. Da ein einzelner Spieler nicht effektiv ist, kann es keine Dominanz geben. (Um in einer effektiven Menge zu sein, muß ein Spieler durch einen Wechsel gewinnen. Es ist nicht genug, daß er nicht verliert.)

Abb. 6.8

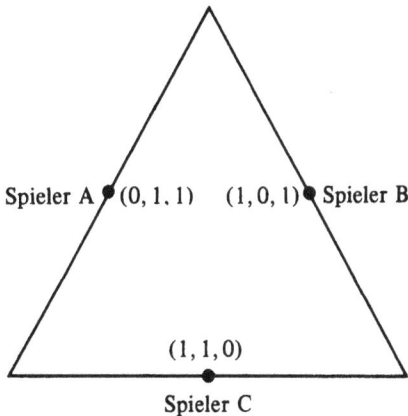

Weiters würden in jeder Zurechnung außerhalb der „Lösung" zwei Spieler sein, die weniger als 1 bekommen. Das folgt aus dem Umstand, daß kein Spieler eine negative Auszahlung bekommt und die Summe der Auszahlungen 2 ist. Dieser Auszahlungsvektor würde durch den Auszahlungsvektor in der „Lösung", in dem diese beiden Spieler je 1 erhalten, dominiert, wobei diese zwei Spieler die effektive Menge wären. Dies zeigt, daß die „Lösung", die aus $(1, 1, 0)$, $(1, 0, 1)$ und $(0, 1, 1)$ besteht, tatsächlich eine Lösung ist.

Eine andere Lösung würde aus allen Zurechnungen bestehen, in denen ein Spieler, sagen wir Spieler A, $1/2$ erhält. Wir überlassen den Nachweis dafür dem Leser. Abb. 6.9 zeigt diese Lösung.

Die erste Lösung kann in folgender Weise interpretiert werden. In jedem Fall tun sich zwei Spieler zusammen, teilen ihre 2 redlich und lassen nichts für den dritten Spieler übrig. (Allerdings wird nichts darüber gesagt, welche zwei sich verbünden.) Die Auszahlungen sind natürlich paretooptimal. Sie sind auch die effizientesten, insofern als der Gewinn pro Spieler 1 ist,

Abb. 6.9

Spieler A

Spieler B

1/2

Eine diskriminatorische Lösung:
Alle Zurechnungen, in denen A 1/2 bekommt.

Spieler C

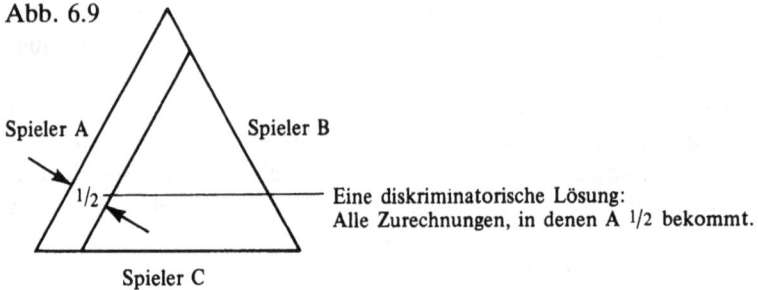

während in einer Koalition von drei Spielern der Gewinn pro Spieler nur 2/3 wäre. Sie sind auch erzwingbar. Diese Lösung heißt auch symmetrische Lösung, weil alle Spieler identische Rollen haben.

In der zweiten Lösung – einer diskriminatorischen Lösung – tun sich zwei Spieler zusammen, geben dem dritten irgendeinen Betrag, der geringer als sein „gerechter Anteil" von 2/3 ist, und behalten den Rest für sich. Welche Spieler sich zusammentun, und was dem Dritten gegeben wird, wird durch Faktoren wie Tradition, Freigebigkeit, Furcht vor Revolution etc. bestimmt. Sobald der Betrag, der dem „Außenseiter" gegeben werden soll, festgelegt ist, bleibt im wesentlichen nur noch ein Zweipersonen-Verhandlungsspiel übrig, in dem das Resultat von der Persönlichkeit der Spieler abhängt und somit nicht vollständig determiniert ist. Alle möglichen Aufteilungen zwischen den zwei Spielern gehören demnach der Lösung an.

Einige abschließende Bemerkungen zur N-M-Theorie

Um ein theoretisches Modell eines wirklichen Spiels konstruieren zu können, ist es im allgemeinen notwendig, einige vereinfachende Annahmen zu machen. Die N-M-Theorie ist dabei keine Ausnahme. N-M nehmen an, daß die Spieler frei kommunizieren können, d. h. sich verständigen und/oder gemeinsam agieren können wie sie wollen. Im Idealfall können alle Spieler gleichzeitig kommunizieren; in der Praxis können sie das natürlich nicht. Die Abweichungen von dem idealisierten Zustand, die dadurch in der Praxis auftreten, sind sehr wichtig. Es ist experimentell nachgewiesen worden, daß äußere Faktoren wie die Sitzordnung der Spieler etc. das Verhandlungsergebnis beeinflussen und daß Spieler, die einsatzfreudig und schlagfertig sind, besser abschneiden als andere, die zurückhaltender sind.

Weiters nehmen N-M an, daß Nutzen frei transferierbar ist. Wenn die Auszahlung z. B. in Dollar ist, und A einen Dollar an B bezahlt, so ist der Gewinn von B in Nutzenquanten gleich dem Verlust von A in Nutzenquanten. Das ist eine schwerwiegende Einschränkung der Theorie und wahrscheinlich ihre schwächste Stelle. Immerhin ist die Annahme nicht so einschränkend wie sie scheinen mag: Sie verlangt nicht, daß des einen Freud des anderen Leid ist. Sie fordert nur, daß die Nutzenfunktionen von A und B durch eine lineare Transformation so umgeformt werden können, daß der Nutzenentgang von A gleich ist dem Nutzenzuwachs von B. In einem n-Personenspiel allerdings ist es unwahrscheinlich, daß man Nutzenfunktionen für alle Spieler findet, die durch voneinander unabhängige Transformationen den angegebenen Bedingungen genügen.

Die Aumann-Maschler-Theorie der n-Personenspiele

Die Theorie von Aumann und Maschler (wir schreiben dafür A-M) ist der N-M-Theorie insofern ähnlich, als sie auch die charakteristische Funktion zur Beschreibung eines n-Personenspiels benützt; aber sonst ist sie ganz anders. Nehmen wir an, daß A, B und C die Spieler in einem Dreipersonenspiel sind, in dem der Wert der Koalitionen AB, AC und BC 60, 80, bzw. 100 ist; der Wert der Dreipersonen-Koalition ist 105, und der Wert jeder Einpersonen-Koalition ist Null. Zur Illustration siehe Abb. 6.10.

Abb. 6.10

V(ABC) = 105

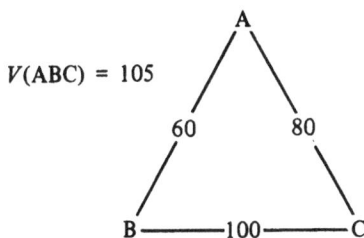

Die A-M-Theorie versucht nicht vorherzusagen, welche Koalition sich bilden wird, sondern wie groß die Auszahlungen sein würden, vorausgesetzt daß sich eine Koalition bildet. Die Theorie berücksichtigt nur die Stärke der Spieler; alle Vorstellungen von fairem Spiel und Gerechtigkeit bleiben außer Betracht. Bevor wir genau erklären, was das heißt, wollen wir annehmen, daß Spieler A und B übereingekommen sind, versuchsweise eine Koalition zu bilden, und nun mit der Aufteilung ihrer Auszahlung von 60 beschäftigt sind. Ihre Konversation könnte ungefähr so verlaufen:

Spieler B (zu Spieler A): „Ich möchte eine Auszahlung von 45 und biete
dir 15 an. Ich habe eine stärkere Position in diesem Spiel als du, und ich
glaube, das sollte sich in den Auszahlungen niederschlagen."

　　Spieler A: „Ich lehne das ab. Ich kann sicher 40 bekommen, wenn ich zu
C gehe und ihm die Hälfte des Werts der Koalition anbiete. Er würde mein
Angebot sicher annehmen, da er im Augenblick überhaupt nichts be-
kommt. Aber ich bin nicht habgierig. Ich würde auch mit dir 50:50 teilen."

　　Spieler B: „Du bist unvernünftig. Egal, was ich dir anbiete – und wenn
es alle 60 sind – kannst du immer damit drohen, daß du zu C gehst und dort
mehr bekommst. Aber deine Drohung beruht auf einer Illusion. Im Augenblick, wo C Gefahr läuft, nichts zu bekommen, nimmt er jedes Angebot, das man ihm macht, bereitwillig an. Aber bedenke, daß auch ich zu C
überlaufen kann. Sobald sich unsere Koalition auf Probe aufzulösen beginnt, hast du C nicht für dich allein. Du mußt mit mir konkurrieren, und
ich bin im Vorteil. Wenn ich mich mit C verbinde, wäre unsere Koalition
100 wert, während eure nur 80 wert wäre. Wenn dein Einwand gegen die
45 – 15 Aufteilung als stichhaltig anerkannt würde, dann kann es überhaupt zu keiner Einigung zwischen uns kommen. Wenn es zwischen uns
einmal zu einem Kampf um C kommt, müssen wir beide damit rechnen,
vollkommen leer auszugehen. Ich glaube, wir sind besser dran, wenn du
meinen realistischen Vorschlag annimmst".

　　An diesem Punkt wollen wir den Verhandlungstisch verlassen und die
Argumente der Spieler näher betrachten. Der anfängliche Vorschlag von
B erscheint unfair, da er vorsieht, daß A einen viel kleineren Anteil als B
erhält, und vom Standpunkt der Gerechtigkeit aus sollte er keine Aussicht
auf Annahme haben. Aber in der A-M-Theorie wird Gerechtigkeit nicht in
Betracht gezogen. Wenn der Vorschlag von B als mögliches Ergebnis ausgeschlossen werden soll, so muß das aus anderen Gründen geschehen.
(Wenn eine Auszahlung nicht ausgeschlossen ist, so heißt das nicht, daß sie
das vorhergesagte Ergebnis sein muß. A-M erkennen an, ähnlich wie N-M,
daß es viele mögliche Auszahlungen geben kann.)

　　Wirksamer als Gerechtigkeitserwägungen ist der Einwand von A: daß er
zu C gehen kann und ihm mehr anbieten kann als dieser von B bekommen
würde (das ist nämlich nichts) und immer noch mehr für sich behalten
könnte als B ihm anbietet. Letzten Endes sagt A, daß etwas mit dem
Vorschlag von B nicht stimmen kann, wenn er und C die Macht haben,
eine neue Koalition zu bilden, in der sie beide mehr bekommen würden als
B ihnen gibt. Im speziellen Fall hat A das Gefühl, daß er nicht genug
bekommt.

　　In seiner Antwort zeigt B genau die schwache Stelle im Argument von
A. Dieses geht nämlich zu weit. Wenn man dem Argument von A zuge-
steht, daß es die Annahme des Vorschlags von B ausschließt, so muß es die
Annahme jedes anderen Vorschlags ebenso ausschließen. Sogar wenn B

die ganzen 60 dem A überließe, wäre er demselben Einwand ausgesetzt, da A immer noch 10 dem C anbieten und 70 selbst einstecken könnte. Ähnlich könnte auch B abspringen. Wenn sich überhaupt eine Koalition zwischen A und B bilden soll, so muß dieser Einwand überwunden sein.

Auch wenn der Einwand von A nicht stichhaltig ist und B einen Wettbewerbsvorteil mit C hat, warum sollte B gerade 45 bekommen? Warum nicht 50? Oder 40? A-M vertreten die Ansicht, daß B nicht 45 bekommen sollte. Sie begründen dies ungefähr so:

Nehmen wir an, A verlangt beharrlich mehr als 15 und B weigert sich nachzugeben. Dann müssen A und B um C als Partner konkurrieren. Voraussichtlich würde B auch von C 45 verlangen, denn er möchte 45, und es ist ihm gleichgültig, wo er sie erhält. Aber wenn B in der Koalition BC 45 bekommt, bleiben 55 für C. A kann C 60 anbieten und 20 für sich behalten, was um 5 mehr ist als ihm von B angeboten wurde. Natürlich kann B immer seine Ansprüche heruntersetzen, aber warum verlangt er dann am Anfang so viel von A? Es stellt sich heraus, daß die „richtige" Auszahlung, wenn sich die Koalition AB bildet, 40 für B und 20 für A ist.

Als ein weiteres Beispiel für diese Argumentationsweise wollen wir untersuchen, was passiert, wenn sich die Dreipersonen-Koalition bildet. Nach der A-M-Theorie würden A, B und C 15, 35 bzw. 55 bekommen. Um zu sehen, warum das so ist, beginnen wir mit einem anderen Auszahlungsvektor, z. B. 20, 35, 50, und untersuchen, warum es bei diesem nicht bleibt.

C ist derjenige, der dabei schlechter wegkommt. Daher sollte er Einspruch erheben – und er tut es auch. Er bietet B 45 an, behält 55 für sich, und A geht leer aus. Es gibt nur einen Weg, wie A dem Angebot von C entgegentreten kann: er muß B auch 45 bieten. Damit er das machen kann, muß er seine ursprüngliche Forderung von 20 auf 15 heruntersetzen. A-M deuten das dahingehend, daß A zu Beginn zu anspruchsvoll war. Natürlich ist auch der von A-M vorgeschlagene Auszahlungsvektor (15, 35, 55) demselben Einwand ausgesetzt. A könnte z. B. B 37 anbieten und 23 für sich behalten. Nun aber könnte C, ohne seine ursprüngliche Forderung von 55 zu erhöhen, A ausstechen, indem er B 45 bietet.

Diese Darstellung sollte einen ungefähren Eindruck von den Überlegungen geben, die der A-M-Theorie zugrundeliegen. Als nächster Schritt wollen wir etwas präziser formulieren, was wir gerade gesagt haben.

Als die A-M-Theorie der n-Personenspiele konzipiert wurde, hoffte man, dadurch vorhersagen zu können, welche Koalitionen sich bilden und welche Auszahlungen angemessen sind. Man hielt es für richtig, das erste Problem zunächst zurückzustellen und sich mit dem zweiten zu befassen: Wie sollten die Auszahlungen aussehen, wenn eine bestimmte Koalitionsstruktur gegeben ist? Man dachte, daß man – sobald jeder möglichen Koalitionsstruktur ein Auszahlungsvektor zugewiesen sei – imstande sein würde vorherzusagen, welche Koalition sich bilden wird. Bisher allerdings ist in dieser Richtung noch nichts erreicht worden. Man kann in vielen Fällen nicht voraussagen, welche Koalitionen sich bilden werden, auch wenn man weiß (oder zu wissen glaubt), wie jede Koalition ihre Auszahlung aufteilen würde. Um dies zu zeigen, wollen wir zu unserem letzten Beispiel zurückkehren, in dem die Zweipersonen-Koalitionen die Werte 60, 80 und 100 hatten. In diesem Spiel ist die Auszahlung jedes Spielers nach der A-M-Theorie unabhängig davon, *welcher* Koalition er beitritt. Das einzig Wichtige ist, daß er überhaupt einer Koalition beitritt. A bekommt 20, B bekommt 40 und C bekommt 60, wenn sie *irgendeine* Zweipersonen-Koalition eingehen. (Wenn sie eine Dreipersonen-Koalition bilden, bekommt jeder 5 weniger.) Demgemäß ist es jedem gleichgültig, mit wem er sich verbündet, solange er sich mit irgendjemandem verbünden kann, und es ist auf der Grundlage formaler Regeln allein unmöglich vorherzusagen, daß eine bestimmte Zweipersonen-Koalition wahrscheinlicher ist als eine andere.

Der formale Aufbau

A-M beginnen mit der Annahme, daß eine Koalitionsstruktur existiert, in der jeder Spieler genau in einer Koalition ist – möglicherweise in einer Einpersonen-Koalition, die nur aus dem Spieler allein besteht. (Sie beschäftigen sich nicht mir der Frage, ob die Koalition ratsam ist oder ob es wahrscheinlich ist, daß sie sich bildet.) Sie nehmen (ohne Einschränkung der Allgemeinheit) an, daß alle Einpersonen-Koalitionen den Wert Null haben. Dann wird jedem Spieler versuchsweise eine Auszahlung zugeschrieben, die bestimmten Einschränkungen unterliegt. Die Summe der Auszahlungen in jeder Koalition soll gleich sein dem Wert dieser Koalition; es steht nicht in der Macht der Koalition, mehr zu bekommen, aber sie wird darauf achten, daß sie nicht weniger bekommt. Weiters bekommt ein Spieler niemals eine negative Auszahlung, da er sonst allein bleiben und somit Null bekommen könnte.

Nach diesen Vorbemerkungen kehren wir zur grundlegenden Frage zurück: Wann ist ein Auszahlungsvektor für die gegebene Koalitionsstruktur angemessen? Um diese Frage zu beantworten, stellen sich A-M zuerst eine andere, untergeordnete Frage: Gibt es einen Spieler, der einen *stichhaltigen „Einwand"* gegen einen anderen Spieler in derselben Koalition hat?

Der Einwand

Ein *Einwand* („objection") des Spielers *i* gegen den Spieler *j* ist einfach ein Vorschlag, daß sich eine neue Koalition, nennen wir sie S, bilden sollte, die bestimmte Auszahlungen hat. Beide Spieler müssen in der ursprünglichen Struktur in derselben Koalition sein. Sonst hätte *i* keinen Anspruch gegen *j*. Wenn der Einwand *stichhaltig* („valid") sein soll, muß Spieler *i* in S sein, während Spieler *j* nicht in S sein darf; jeder Spieler in S muß mehr bekommen, als er ursprünglich bekam; und die Summe der Auszahlungen aller Spieler in S muß gleich V(S) sein. Der Grund für all diese Bedingungen ist klar: Wenn der Einwand dazu dienen soll, *j* klarzumachen, daß *i* ohne ihn besser fährt, kann *i* kaum die Kooperation von *j* bei der Bildung einer neuen Koalition erwarten. Außerdem müssen die Spieler in S mehr bezahlt bekommen, sonst hätten sie keine Motivation, die neue Koalition zu bilden. Schließlich kann S nicht sicher sein, mehr als V(S) zu bekommen, und es gibt keinen Grund, warum S sich mit weniger zufriedengeben sollte. Genau betrachtet, ist der Einwand von *i* gegen *j* derselbe, den A gegen B in unserem früheren Beispiel machte: „Ich schneide besser ab, wenn ich mich S anschließe. Die anderen voraussichtlichen Mitglieder von S fahren auch besser, so werde ich keine Schwierigkeit haben, sie zu überzeugen, daß sie sich mir anschließen sollen. Wenn ich keinen größeren Anteil in der gegenwärtigen Koalition bekomme, gehe ich woanders hin."

Wenn bei einem gegebenen Auszahlungsvektor kein Spieler einen stichhaltigen Einwand gegen einen anderen hat, betrachten A-M den Auszahlungsvektor für diese Koalitionsstruktur als akzeptabel. Aber wie steht es, wenn ein Spieler tatsächlich einen stichhaltigen Einwand gegen einen anderen hat? Sollte das notwendigerweise den Auszahlungsvektor ausschließen? Die Antwort von A-M ist: nein. Sonst müßte bei manchen Spielen jeder Auszahlungsvektor bei jeder Koalitionsstruktur ausgeschlossen werden. (Ausgenommen ist der Fall, daß sich nur Einpersonen-Koalitionen bilden, wo Einwände unmöglich sind.) Unser ursprüngliches Beispiel war so ein Spiel. Damit es zumindest einen akzeptablen Auszahlungsvektor geben kann, lassen A-M unter bestimmten Bedingungen zu, daß der ursprüngliche Auszahlungsvektor aufrechterhalten bleibt, wenn *j* einen begründeten Gegeneinwand machen kann: „Ich kann auch besser abschneiden, wenn ich die Koalition verlasse und mich einigen anderen Spielern anschließe." Auf den ersten Blick scheint die Erwiderung von *j* keine wirkliche Antwort auf den Einwand von *i* zu sein. Wenn sie beide besser abschneiden *können*, dann sollten sie es doch wirklich versuchen. Die Antwort von *j* scheint nur zu bestärken, was *i* vorgeschlagen hat: die ursprüngliche Koalitionsstruktur sollte aufgegeben werden. Es gibt allerdings zwei Schwierigkeiten. Erstens können die „anderen", denen sich *i* und j anzuschließen drohen, dieselben (derselbe) Spieler sein. (In unserem Beispiel war das der Fall.) Somit können i und j nicht gleichzeitig besser abschneiden. Zweitens müssen sich i und j, wenn sich die ursprüngliche Koalition auflöst, auf andere Spieler verlassen, so daß ihre Position nicht unbedingt verbessert wird. A-M nehmen daher an, daß die Mitglieder einer Koalition es vorziehen, ihr eigenes Schicksal in der Hand zu behalten und sich um andere Partner erst dann umsehen, wenn einer darauf beharrt, Ansprüche zu stellen, die in keinem Verhältnis zu seiner Macht stehen. Wenn ein Spieler besser abschneiden kann, wenn er aussteigt, aber sein Partner das nicht kann, behaupten A-M, daß der zweite Spieler zu viel verlangt. Aber auch wenn *beide* Spieler besser abschneiden können, wenn sie abspringen, kann es ihnen beiden zum Vorteil gereichen, still zu halten, anstatt immer weiter zu suchen und zu riskieren, bei der endgültigen Koalition nicht dabei zu sein. A-M betrachteten einen Auszahlungsvektor als akzeptabel oder *stabil*, wenn – sobald ein Spieler i einen stichhaltigen Einwand gegen j hat – j einen Gegeneinwand gegen i hat.

Der Gegeneinwand

Ein *Gegeneinwand* („counter-objection") ist wie der Einwand ein Vorschlag, eine Koalition T zu bilden, wobei ein entsprechender Auszahlungsvektor gegeben sein muß. Er wird von einem Spieler j als Antwort auf einen Einwand gemacht, der von einem anderen Spieler i gegen ihn erhoben wurde; j muß in T sein, während i nicht in T sein darf. Der Zweck des Gegeneinwands ist, den Spieler i davon zu überzeugen, daß er nicht der einzige ist, der besser abschneiden kann, wenn von dem ursprünglichen Aufteilungsvorschlag abgegangen wird. Ein wesentlicher Punkt ist, daß j glaubhaft machen kann, daß sich die Koalition T bilden kann. Um die Spieler, die mit ihm die Koalition T bilden sollen, dazu zu überreden, muß er ihnen zumindest soviel anbieten wie i, wenn sie der Menge S angehören; wenn sie nicht dieser Menge angehören, müssen sie zumindest soviel bekommen, wie sie ursprünglich erhielten. Aber die Summe der Auszahlungen darf nicht größer sein als das, was sich j leisten kann; ihnen zu geben, nämlich $V(T)$, der Wert der neuen Koalition. Schließlich muß j zumindest soviel erhalten wie er ursprünglich erhalten hätte.

Die Menge der stabilen Auszahlungsvektoren für eine gegebene Koalitionsstruktur – die wir die A-M-Lösung nennen wollen – heißt auch A-M-*Verhandlungsmenge* („bargaining set").

Einige Punkte in der A-M-Theorie sollten noch besonders betont werden. Erstens müssen stabile Auszahlungsvektoren nicht gerecht sein. A-M suchen nicht gerechte Ergebnisse, sondern Ergebnisse, die in einem gewissen

Sinn erzwingbar sind. Nehmen wir z. B. an, daß die Zweipersonen-Koalitionen einen Wert von 60, 80, bzw. 100 haben (wie in dem Beispiel weiter oben), aber daß die Dreipersonen-Koalition einen Wert von 1 000 anstatt von 105 hat. Nehmen wir weiters an, daß sich eine Dreipersonen-Koalition mit einem Auszahlungsvektor (700, 200, 100) bildet. Wenn wir von den Werten der Zweipersonen-Koalition ausgehen, scheint C stärker als B, und B stärker als A zu sein. Trotzdem erachten A-M diesen Auszahlungsvektor – in dem der „schwächste" Spieler am meisten und der „stärkste" Spieler am wenigsten bekommt – als stabil. Der Grund dafür ist, daß B und C, auch wenn sie Einwände erheben, keinen Ausweg haben. Sie können natürlich die Koalition aufbrechen, aber dann verlieren sie auch, gemeinsam mit A. Es stimmt, daß A mehr verlieren würde, aber in der A-M-Theorie ist kein Platz für Taktiken, die aus purem Neid gewählt werden. Damit die Einwände eines Spielers als stichhaltig angesehen werden, muß er in der Lage sein, bei einer anderen Konstellation besser abzuschneiden. Dadurch vermeiden A-M interpersonelle Nutzenvergleiche; der Verlust von A (700) braucht nicht mit dem Verlust von C (100) verglichen zu werden.

Die Aumann-Maschler- und die von-Neumann-Morgenstern-Theorie: Ein Vergleich

Der bedeutsamste Unterschied zwischen der A-M- und N-M-Theorie liegt in ihren voneinander abweichenden Begriffen einer „Lösung". Für N-M ist das grundlegende Element eine Menge von Zurechnungen. Eine Zurechnung, für sich genommen, ist weder akzeptabel noch nicht akzeptabel; sie kann nur in Verbindung mit anderen Zurechnungen bewertet werden. In der A-M-Theorie steht und fällt ein Ergebnis auf Grund seiner eigenen Beschaffenheit.

Im letzten Satz sprachen wir von einem Ergebnis anstatt von einer Zurechnung – das ist ein weiterer Unterschied zwischen den beiden Theorien: A-M nehmen nicht an, daß das Ergebnis paretooptimal sein muß. Oberflächlich betrachtet scheint es absurd, daß sich die Spieler auf ein bestimmtes Ergebnis einigen, wenn sie bei einem anderen Ergebnis alle besser abschneiden könnten. Wie immer dem sei, es kommt oft vor. Nichtparetooptimale Ergebnisse spielen eine bedeutende Rolle in der A-M-Theorie. A-M legen ihr Augenmerk ja auf die Feststellung, welche Koalitionen und Auszahlungsvektoren dem Druck von Spielern standhalten, die ihre Auszahlungen zu verbessern suchen. Das einzige Druckmittel, das die Spieler haben, ist die Drohung abzuspringen, und wenn sie glaubhaft bleiben soll, muß sie hin und wieder ausgeführt werden. Oft sind die neuen Koalitionen nicht paretooptimal. Arbeiter z. B. müssen hin und wieder streiken, wenn ihre Drohungen ernst genommen werden sollen, und wenn sie es tun, ist das Ergebnis im allgemeinen nicht paretooptimal.

Der vielleicht größte Vorteil der A-M-Theorie ist, daß sie ohne interpersonelle Nutzenvergleiche auskommt. Die Auszahlungen können in Dollar angegeben sein, ohne daß die Theorie dadurch berührt wird; es wird nur vorausgesetzt, daß ein größerer Geldbetrag einem kleineren vorgezogen wird. Die A-M-Theorie läßt auch die Annahme der Superadditivität fallen, aber das ist weniger wichtig. Superadditivität bleibt weiter eine plausible Annahme, aber sie ist nicht mehr notwendig.

Die A-M-Lösung besteht manchmal, genauso wie die N-M-Lösung, aus mehr als einem Auszahlungsvektor (für eine gegebene Koalitionsstruktur), und die Theorie macht keinen Versuch, zwischen ihnen zu unterscheiden. In unserem Beispiel, in dem die Dreipersonen-Koalition 1 000 erhält, gibt es viele stabile Auszahlungsvektoren für die Dreipersonen-Koalition. Drohungen spielen eine sehr begrenzte Rolle – sie schließen nur ganz extreme Auszahlungsvektoren aus – und das Spiel ist fast ein reines Verhandlungsspiel.

Für ein bestimmtes Spiel gibt es im allgemeinen viele Ergebnisse, die sowohl mit der A-M- als auch der N-M-Theorie im Einklang sind. Aber in einem gewissen Sinn ist eine größere Vielfalt von N-M-Lösungen möglich, und das macht die N-M-Theorie viel umfassender. Im Dreipersonenspiel z. B., in dem jede Koalition, die aus mehr als einem Spieler besteht, 2 erhält und ein einzelner Spieler nichts, gibt es für jede Koalitionsstruktur nur einen stabilen Auszahlungsvektor. Die symmetrische N-M-Lösung für dieses Spiel besteht aus den drei stabilen A-M-Zurechnungen. In der A-M-Theorie gibt es aber nichts, was der diskriminatorischen N-M-Lösung entspricht. Die größere Vielfalt von Lösungen in der N-M-Theorie führt zu einer größeren Flexibilität, aber macht es fast unmöglich, die Theorie in der Praxis zu testen. Die A-M-Theorie scheint manchmal zu eng gefaßt, aber sie ist viel einfacher zu testen. Betrachten wir folgendes Beispiel:

Ein Unternehmer möchte einen oder zwei Arbeiter, A und/oder B, aufnehmen. Der Unternehmer macht gemeinsam mit einem Arbeiter einen Profit von $ 100. Die zwei Arbeiter allein bekommen nichts, und der Unternehmer allein bekommt auch nichts. Es können sich auch alle drei zusammentun, dann ist der Profit ebenfalls $ 100.

Nach der A-M-Theorie gibt es grundsätzlich zwei mögliche Ergebnisse: entweder geht der Unternehmer eine Koalition ein (mit einem oder beiden Arbeitern) und erhält $ 100, oder er geht keine Koalition ein und erhält nichts. Die Arbeiter bekommen in keinem Fall etwas. Wenn ein Arbeiter den Vorschlag machen würde, $ 10 für sich zu behalten und dem Unternehmer $ 90 zu geben, könnte der Unternehmer diesen Vorschlag zurückweisen, indem er dem anderen Arbeiter $ 5 anbietet; der erste Arbeiter hätte keine Ausweichmöglichkeiten. Somit ist jeder Auszahlungsvektor, in dem ein Arbeiter etwas erhält, instabil.

Wenn es eine große Anzahl von Arbeitern gibt, die nicht leicht miteinander kommunizieren können, könnten sie tatsächlich in der von der A-M-Theorie angegebenen Weise konkurrieren. Sonst aber ist das nicht recht überzeugend. Es ist ziemlich klar, daß schrankenlose Konkurrenz allen Arbeitern schadet, und daher schließen sich die Arbeiter in der Praxis oft zusammen und handeln als eine einzige Koalition, obwohl sie unmittelbar nichts außer Verhandlungsstärke dazugewinnen. Letzten Endes reduziert sich das Spiel auf ein Zweipersonen-Verhandlungsspiel, in dem die Arbeiter als *ein* Spieler agieren. (In großen Industrien, wie der Stahl- und Automobilindustrie, konkurrieren die Unternehmer im allgemeinen nicht mittels der Lohnhöhe um die Arbeiter; auch die Arbeiter bieten in der Regel keine Lohnkürzungen an, um eine Anstellung zu bekommen. Sowohl Unternehmen als auch Arbeiter schließen sich zu mächtigen Verbänden zusammen, Galbraith's „countervailing powers", und es wird ein Zweipersonenspiel gespielt.)

Die N-M-Theorie andererseits hat viele Lösungen für dieses Spiel. Eine Lösung besteht aus allen Zurechnungen, in denen beide Arbeiter denselben Betrag bekommen. Das kann so interpretiert werden: die zwei Arbeiter verbünden sich und kommen überein, was immer sie erhalten gleichmäßig aufzuteilen. Dann verhandeln sie mit dem Unternehmer um die $ 100. Somit ergibt sich ein Zweipersonen-Verhandlungsspiel, bei dem alles offen ist. Es ist interessant, daß der einzige von der A-M-Theorie vorgesehene Auszahlungsvektor – $ 100 für den Unternehmer und nichts für die Arbeiter (vorausgesetzt, daß sich irgendeine Koalition bildet) – in jeder N-M-Lösung enthalten ist.

Betrachten wir noch ein Beispiel als Illustration dafür, daß sich die A-M-Theorie mit erzwingbaren und nicht mit gerechten Ergebnissen befaßt. Zwei Einzelhändler A und B haben jeweils einen Kunden für eine bestimmte Ware, der bereit ist, $ 20 dafür zu bezahlen. Zwei Großhändler C und D haben jeweils eine Einkaufsquelle, bei der sie die Ware für $ 10 beziehen können. In dem Vierpersonenspiel mit den Spielern A, B, C und D ist der Wert der Vierpersonen-Koalition $ 20. Der Wert jeder Dreipersonen-Koalition ist $ 10. Der Wert der Zweipersonen-Koalitionen AC, AD, BC und BD ist je $ 10. Der Wert jeder anderen Koalition ist Null.

Betrachten wir nun alle Koalitionsstrukturen, in denen die Spieler $ 20 bekommen, den größtmöglichen Betrag. Es gibt drei Möglichkeiten: AD und BC; oder AC und BD; oder die Vierpersonen-Koalition. In allen drei Fällen erhalten beide Großhändler die gleiche Auszahlung wie beide Einzelhändler; im allgemeinen aber erhalten die Großhändler eine andere Auszahlung als die Einzelhändler. Das erscheint seltsam, wenn man bedenkt, daß Großhändler und Einzelhändler vollkommen symmetrische

Rollen haben. Die Begründung von A-M lautet so: Wenn A weniger als B erhält, kann er sich mit dem Großhändler zusammentun, der die kleinere Auszahlung erhält, und sie fahren beide besser. Wenn aber beide Einzelhändler und beide Großhändler den gleichen Betrag erhalten, gibt es keine Möglichkeit, eine neue Koalition zu bilden, deren Mitglieder alle besser abschneiden.

Abschließend möchten wir noch hinzufügen, daß wir uns die Freiheit genommen haben, die A-M-Theorie ein wenig zu vereinfachen. Wir ließen z. B. bestimmte Annahmen über Koalitionsrationalität weg und beschränkten die Größe der Menge, die Einwände und Gegeneinwände erhebt, auf einen einzigen Spieler. Dies zieht einige Änderungen nach sich – z. B. ist damit unterstellt, daß für jede Koalitionsstruktur zumindest ein stabiler Auszahlungsvektor existiert – aber die Grundgedanken bleiben gleich.

Der Shapley-Wert

Shapley (1953) wählte einen dritten, von N-M und A-M abweichenden Ansatzpunkt für die Behandlung der n-Personenspiele. Er betrachtete das Spiel vom Standpunkt der Spieler aus und versuchte, folgende Frage zu beantworten: Wenn die charakteristische Funktion eines Spieles gegeben ist – welchen Wert hat das Spiel für einen bestimmten Spieler?

Aus allem, was wir bisher gesehen haben, wissen wir, daß es ein gewagtes Unternehmen ist, das Ergebnis eines beliebigen n-Personenspiels allein auf der Grundlage der charakteristischen Funktion vorhersagen zu wollen. Die Persönlichkeit der Spieler, die Sitzordnung, soziale Normen, die Kommunikationsmöglichkeiten usw., alles das hat Einfluß auf die endgültige Auszahlung. Trotzdem fand Shapley eine Methode, den Wert eines Spieles für jeden Spieler auf der Grundlage der charakteristischen Funktion allein zu berechnen – dieser Wert heißt Shapley-Wert. Er ist ein *a priori*-Machtindex, bei dem von allen anderen relevanten Faktoren abgesehen wird.

Shapleys Schema ist nur eines von vielen, die diesen Zweck erfüllen könnten. Warum sollten wir gerade dieses und nicht ein anderes verwenden? Shapley rechtfertigt seine Wahl folgendermaßen: Er nennt drei Erfordernisse, die jedes plausible Schema seiner Meinung nach erfüllen sollte, dann zeigt er, daß sein Schema diese Axiome erfüllt, ja vielmehr, daß sein Schema das einzige ist, das sie erfüllt. Die Erfordernisse sind folgende:

1. *Der Wert eines Spieles für einen Spieler hängt nur von der charakteristischen Funktion ab.* Das heißt, daß die Werte ohne Rücksicht auf Besonderheiten der Spieler festgesetzt werden. In einem Verhandlungsspiel

z. B., in dem die zwei Spieler nichts bekommen, wenn sie allein bleiben, aber etwas aufteilen können, wenn sie sich zusammentun, würden ihre Shapley-Werte gleich sein.

2. *Ein Auszahlungsvektor, in dem jeder Spieler seinen Wert erhält, ist eine Zurechnung.* Shapley nimmt an, daß rationale Spieler zu einer Zurechnung gelangen werden. (Er übernimmt auch die Annahme von N-M über Superadditivität und Transferierbarkeit des Nutzens.) Da die Summe der Auszahlungen notwendigerweise gleich ist dem Wert der n-Personen-Koalition (auf Grund der Definition einer Zurechnung) und der Shapley-Wert des Spieles für einen Spieler (in einem gewissen Sinn) seine durchschnittliche Auszahlung ist, folgt daraus, daß die Summe aller (Shapley)-Werte dem Wert der n-Personen-Koalition gleich sein soll.

3. *Der Wert eines zusammengesetzten Spieles für einen Spieler ist gleich der Summe der Werte der Teilspiele.* Nehmen wir an, eine Gruppe von Spielern sei gleichzeitig an zwei Spielen beteiligt. Definieren wir ein neues Spiel mit denselben Spielern, in dem der Wert einer Koalition gleich ist der Summe der Werte, die die Koalition in den ursprünglichen zwei Spielen hat. In diesem neuen Spiel hat jeder Spieler einen Shapley-Wert, und Axiom 3 besagt, daß dieser gleich sein soll der Summe der Shapley-Werte des Spielers in den ursprünglichen zwei Spielen. Abb. 6.11 soll dies verdeutlichen.

Dabei ist zu beachten, daß das Spiel I eine Zusammensetzung der Spiele II und III ist. Koalition BC z. B., die einen Wert von 3 in Spiel II und einen Wert von 4 in Spiel III hat, muß in Spiel I einen Wert von 7 haben. Axiom 3 verlangt, daß in einer solchen Situation der Shapley-Wert für einen Spieler in Spiel I gleich ist der Summe der Shapley-Werte in den Spielen II und III.

Eine ausführlichere Behandlung des Shapley-Werts findet der Leser in *Games and Decisions* (1957) von Luce und Raiffa. In Abb. 6.12 sind zwei Spiele dargestellt, die wir schon früher behandelt haben und die Shapley-Werte für jeden Spieler angeben.

Für den mathematisch interessierten Leser geben wir an, wie man den Shapley-Wert $V(i)$ für einen beliebigen Spieler i in einem beliebigen n-Personenspiel berechnet:

Für jede Koalition S sei $D(S)$ die Differenz zwischen den Werten der Koalition S und der Koalition S ohne den Spieler i (wenn i nicht in S ist, ist $D(S) = 0$). Man berechnet für jede Koalition S den Ausdruck $[(s-1)! \cdot (n-s)!] \cdot D(S)$, wobei s die Anzahl der Spieler in S, n die Gesamtzahl der Spieler ist, und $n!$ („ n Fakultät") $n \cdot (n-1) \cdot (n-2) \cdot \ldots \cdot 2 \cdot 1$ bedeutet. Dann addiert man die Zahlen für alle Koalitionen S und erhält so den Shapley-Wert für den Spieler i.

Abb. 6.11

$V(ABC) = 10$

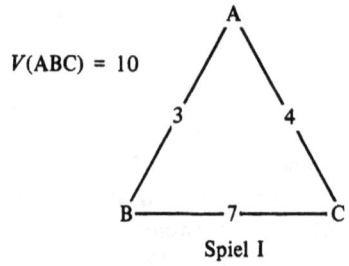

Spiel I

$V(ABC) = 4$

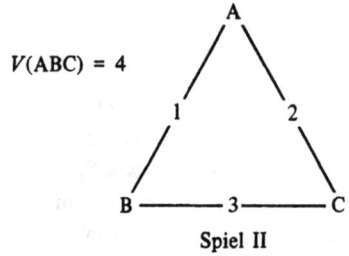

Spiel II

$V(ABC) = 6$

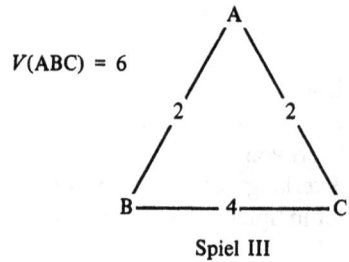

Spiel III

Abb. 6.12

$V(ABC) = 10$

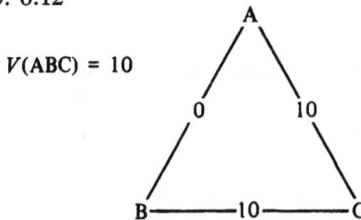

$V(ABC) = 10$

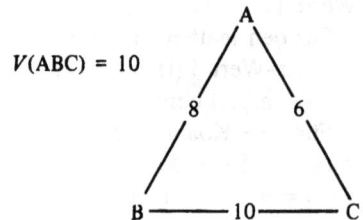

Abb. 49

Der Shapley-Wert ist für:

Spieler A: 5/3
Spieler B: 20/3
Spieler C: 5/3

Der Shapley-Wert ist für:

Spieler A: 7/3
Spieler B: 10/3
Spieler C: 13/3

Shapleys Formel kann auch aus einem Verhandlungsmodell abgeleitet werden. Stellen wir uns vor, daß zuerst ein Spieler sich mit einem anderen zusammentut und eine vorläufige Zweipersonen-Koalition bildet, dann kommt ein dritter Spieler dazu, ein vierter und so weiter bis die n-Personen-Koalition entsteht. Nehmen wir an, daß jedesmal, wenn ein neuer Spieler hinzukommt, dieser den marginalen Gewinn erhält, d. h. die Differenz zwischen dem Wert der Koalition, die schon besteht, und dem Wert der Koalition, die zusätzlich noch den neuen Spieler umfaßt. Wenn man annimmt, daß eine bestimmte Reihenfolge des Zustandekommens der n-Personen-Koalition genauso wahrscheinlich ist wie jede andere Reihenfolge, so ist der erwartete Gewinn eines Spielers gleich seinem Shapley-Wert.

Eine Variante des gerade beschriebenen Verhandlungsmodells wurde z. B. dazu benutzt, ein ganz anderes Problem auf unerwartete Art und Weise zu lösen. Wie S. C. Littlechild und Guillermo Owen (1973) berichteten, handelt es sich dabei um ein Problem, mit dem sich Flughafenplaner auseinandersetzen müssen. Eine Startbahn wird von vielen verschiedenen Flugzeugtypen benutzt. Die Länge der Startbahn (und somit ihr Preis) richtet sich aber nach den Anforderungen der größten Maschine, die auf ihr startet. Die Planer bemühten sich nun, die Kosten gerecht umzulegen, so daß auch die bescheideneren Ansprüche der kleinen Flugzeuge berücksichtigt würden. Sie entschieden sich für das folgende Verfahren:

1) Die Kosten einer Startbahn, die den Ansprüchen des kleinsten Benutzers genügen würde, werden auf alle Benutzer gleichermaßen verteilt.

2) Nun berechnet man die Kosten für eine Startbahn, die dem nächst größeren Benutzer genügen würde, und legt die Differenz auf alle Benutzer um außer dem kleinsten, der ja die zusätzliche Kapazität nicht nutzt.

3) Dieses Verfahren wird jeweils für den nächst größeren Flugzeugtyp fortgesetzt, wobei die Grenzkosten, die die größeren Flugzeuge verursachen, auf sie umgelegt werden, so daß am Schluß der größte Benutzer die Differenz der Kosten trägt zwischen „seiner" Startbahn und der, die den Ansprüchen des nächst kleineren Benutzers genügen würde.

Abb. 6.13 zeigt, wie die Kosten umgelegt werden, wenn der Preis der Startbahn für die Flugzeuge A, B, C und D jeweils 8, 11, 17 und 19 beträgt.

Abb. 6.13.

Grenzkosten

	$\frac{8}{4}=2$	$\frac{11-8}{3}=1$	$\frac{17-11}{2}=3$	$19-17=2$	Gesamt-kosten
A	2				2
B	2	1			3
C	2	1	3		6
D	2	1	3	2	$\frac{8}{19}$

(Flugzeug)

Wenn Sie sich nun vorstellen, daß die Flugzeuge Spieler sind und die Kosten der Startbahn für eine Gruppe von Flugzeugen dem Wert einer Koalition entspricht, stellen die Kosten pro Flugzeug dessen Shapley-Wert dar. Um die Kosten für Flugzeug B (seinen Shapley-Wert) zu berechnen, nehmen Sie an, daß die große Koalition von ABCD alle möglichen Formationen – insgesamt 24 – eingeht. In einem Viertel der Fälle wird B an erster Stelle stehen und 11 bezahlen. In einem Zwölftel aller Fälle wird sich AB an erster Stelle befinden und B wird V (AB) – V (A) = 11 – 8 = 3 zahlen; in allen anderen Fällen bezahlt B nichts, da durch das Hinzukommen von B keine Erhöhung der Grenzkosten entsteht. B wird daher mit (1/4) 11 + (1/12) (3) = 3 veranschlagt.

Jeffrey L. Callen (1978) beschreibt ein ganz ähnliches Problem: Wie legt man Kosten auf verschiedene Abschreibungsobjekte um, wenn sie gemeinsam Gewinn erwirtschaften? Auch hier bietet sich der Shapley-Wert als vernünftige Lösung an.

Die Berechnung des Shapley-Wertes wird offensichtlich intuitiv als eine sinnvolle Technik der Kostenaufteilung angesehen. Aus der großen Anzahl entsprechender Artikel in Wirtschaftsmagazinen kann man schließen, daß sie in vielen verschiedenen, voneinander unabhängigen Zusammenhängen zur Anwendung kommt. Intuition ist aber nicht immer ein zuverlässiger Ratgeber. Phillip Straffin und J. P. Heaney (1981) beschreiben ein ähnliches Problem, für das eine andere Art Lösung gesucht wurde. Die Tennessee Valley-Behörde wurde eingerichtet, um verschiedene Aufgaben wahrzunehmen – wie z. B. Energieversorgung, Bewässerung, Überschwemmungskontrolle, Betreuung von Erholungsgebieten etc. – und die entstehenden Kosten sollten auf alle Bereiche umgelegt werden. Die Planer gingen davon aus, daß trotz dieser Kosten alle Beteiligten von dem Staudamm profitierten und sich keiner besser stellen würde, wenn es den

Staudamm nicht gäbe und er die entsprechende Summe andersweitig investierte. Mit anderen Worten suchten die Planer nach einer Zurechnung im Kern. Durch die großen Einsparungen, die mit Hilfe des Staudamms erzielt werden konnten, schien eine solche „Lösung" zu existieren, aber niemand kam auf den Gedanken, daß in manchen Fällen der Kern leer sein könnte.

Der a-priori-Wert eines Spielers

Im März 1868 ersuchte das Direktorium der Eisenbahngesellschaft „Erie Railroad" den Staat New York um die Erlaubnis, jederzeit Aktien ausgeben zu dürfen. Gegner dieser Maßnahmen war Vanderbilt von der „New York Central Railroad". Die Direktoren der „Erie Railroad" wußten recht genau, wie sie bei ihrem Vorhaben vorgehen mußten. Wie man sich erzählte, „verkauften die meisten Abgeordneten des Staates New York ihre Stimmen in den Gängen des Parlaments an den Meistbietenden". Somit war die Frage, wieviel an Bestechungsgeldern zur Seite gelegt werden sollte, das einzige Problem. Wenn wir nun annehmen, daß es eine bestimmte Anzahl von Abgeordneten gibt, die sich niemals ihrer Stimmen enthalten, und daß die Erlaubnis, jederzeit Aktien auszugeben, für die „Erie Railroad" einen bestimmten Dollarwert hat – wieviel müssen die Direktoren der „Erie Railroad" dann für die Bestechung eines Abgeordneten zahlen? Zweier Abgeordneter? n Abgeordneter? Und wie sieht die Antwort aus, wenn die Vorlage noch von einer zweiten gesetzgebenden Körperschaft und einer Behörde genehmigt werden muß?

L. S. Shapley und Martin Shubik fanden eine Lösung, die praktisch auf dem Shapley-Wert aufbaut. (Man kann gesetzgebende Körperschaften, Behörden, einzelne Abgeordnete usw. als Spieler in einem n-Personenspiel auffassen; jene Koalition, die über genügend Stimmen verfügt, um ein Gesetz durchzudrücken, wird als gewinnende Koalition bezeichnet, die anderen sind die Verlierer). Shapley und Shubik kamen zu der Erkenntnis, daß die Macht einer Koalition *nicht* einfach proportional zu ihrer Größe sei; ein Aktionär mit 40% Anteil am ausgegebenen Kapital z. B. hätte in Wirklichkeit ungefähr ein Stimmgewicht von zwei Drittel, wenn die restlichen 60% des Aktienbesitzers zu gleichen Teilen auf sechshundert andere Aktionäre aufgeteilt wären. Wenn jemand 51% aller Stimmen in seiner Macht hat, sind die restlichen 49% wertlos, wenn die Entscheidungen mit Mehrheitsbeschluß gefällt werden. Daher kann man nicht sagen, daß das Ausmaß an Macht proportional zur Anzahl der Stimmen ist.

Die Logik, auf der Shapley und Shubik ihr Bewertungsschema aufbauten, wird anhand von zwei Beispielen deutlich:

Komitee A besteht aus zwanzig Personen: neunzehn Mitgliedern und einem Vorsitzenden. Komitee B besteht aus einundzwanzig Personen: zwanzig Mitgliedern und einem Vorsitzenden. Einfachheitshalber wollen wir in beiden Fällen annehmen, daß sich die Mitglieder niemals der Stimme enthalten und daß Entscheidungen mit einfacher Mehrheit gefällt werden. Bei Stimmengleichheit ist die Stimme des Vorsitzenden ausschlaggebend. Wie groß ist nun jeweils die Macht des Vorsitzenden?

Bei Komitee A ist die Antwort leicht: der Vorsitzende hat überhaupt keine Macht. Er gibt seine Stimme nur dann ab, wenn genau die Hälfte der Mitglieder anderer Meinung ist, und das ist bei neunzehn Mitgliedern nie der Fall. (Es gibt ja keine Stimmenthaltungen). Bei Komitee B ist die Situation etwas komplizierter. Der Vorsitzende gibt seine Stimme wohl gelegentlich ab, aber längst nicht so oft wie die ordentlichen Mitglieder. Folgt daraus, daß der Vorsitzende, der doch offensichtlich einige Macht besitzt, weniger Gewicht hat als ein Mitglied? Shapley ist nicht dieser Ansicht. Wir wollen uns dazu folgenden Gedankengang überlegen: Ein Vorschlag, den der Vorsitzende sehr begrüßt, wird vor das Komitee gebracht. Es gibt drei Möglichkeiten: die Anzahl der Mitglieder, die für den Vorschlag stimmt, ist

1. weniger als zehn,
2. zehn und
3. mehr als zehn.

Im Fall 1 kann der Vorsitzende seine Stimme nicht abgeben, und der Antrag ist abgelehnt; selbst wenn der Vorsitzende stimmen dürfte, *wäre seine Stimme umsonst.* Im Fall 3 kann der Vorsitzende seine Stimme nicht abgeben, aber der Antrag geht auf jeden Fall durch; wenn der Vorsitzende stimmen dürfte, *wäre seine Stimme überflüssig.* Fall 2 ist die einzige Gelegenheit, bei der der Vorsitzende seine Stimme abgeben kann, aber auch *der einzige Fall der von Bedeutung ist.* Daraus schließen Shapley und Shubik, daß der Vorsitzende die gleiche Macht hat wie ein Mitglied.

Auf eine ähnliche, etwas allgemeinere Art zeigen Shapley und Shubik, wie ein Machtindex abgeleitet werden kann. Sie definieren die Macht einer Koalition (oder eines Spielers) als jenen Bruchteil von Fällen – wobei alle möglichen Reihenfolgen der Stimmabgabe betrachtet werden – in denen die Koalition die entscheidende Stimme abgibt, d. h. jene Stimme, die als erste gewährleistet, daß ein Antrag angenommen wird. Somit ist der Machtindex einer Koalition immer zwischen 0 und 1. Ein Machtindex von 0 bedeutet, daß eine Koalition überhaupt nicht beeinflussen kann, ob ein Antrag angenommen wird oder nicht; ein Machtindex von 1 bedeutet, daß eine Koalition durch ihre Abstimmung das Resultat bestimmt. Weiters ist die Summe der Machtindizes aller Spieler immer gleich 1. Wenn in einem Spiel n Spieler sind und alle Stimmen das gleiche Gewicht haben, ist der Machtindex jedes Spielers erwartungsgemäß $1/n$.

Ein einfaches Zahlenbeispiel soll erläutern, wie diese Indizes berechnet werden.

Nehmen Sie an, daß ein Gremium aus vier Mitgliedern A, B, C und D besteht, die jeweils über 3, 2, 1 und 1 Stimme(n) verfügen. Entscheidungen werden per Mehrheitsbeschluß getroffen. Abb. 6.14 zeigt die 24 möglichen Reihenfolgen der Stimmabgabe. Der jeweils wichtigste Stimmberechtigte ist unterstrichen, nämlich der, der die Gesamtanzahl der abgegebenen Stimmen auf 4 oder mehr erhöht, so daß eine Mehrheit entsteht.

Abb. 6.14

$$AB\,CD \quad AB\,DC \quad AC\,BD \quad AC\,DB \quad AD\,BC \quad AD\,CB$$
$$BA\,CD \quad BA\,DC \quad BCA\,D \quad BCD\,A \quad BDA\,C \quad BDC\,A$$
$$CA\,BD \quad CA\,DB \quad CBA\,D \quad CBD\,A \quad CDA\,B \quad CDB\,A$$
$$DA\,BC \quad DA\,CB \quad DBA\,C \quad DBC\,A \quad DCA\,B \quad DCB\,A$$

Wie Sie sehen, ist die Stimme von A in zwölf Fällen ausschlaggebend, die Stimmen der anderen nur in jeweils vier. Daraus ergibt sich ein Machtindex von 1/2 für A und ein Machtindex von 1/6 für jeden der anderen. Überraschenderweise hat B nicht mehr Macht als C oder D, obwohl er über doppelt so viel Stimmen verfügt. Wenn Sie aber bedenken, daß A's Stimme immer das Ergebnis bestimmt, sofern sich die anderen nicht gegen ihn zusammenschließen, wird klar, daß B, C und D identische Rollen in dieser Abstimmung spielen, auch wenn ihre Stimmen unterschiedlich gewichtet sind. Dies wird durch die Machtindizes zum Ausdruck gebracht.

Einige Anwendungen des Machtindex von Shapley-Shubik

Der Shapley-Shubik-Index ist eine abstrakte Maßeinheit für Macht und scheint mit der praktischen Arbeit von Entscheidungsgremien wenig zu tun zu haben. Die Zahlen, die er hervorbringt geben jedoch häufig Aufschluß über bestehende Machtkonstellationen. Betrachten wir einige Beispiele:

Nehmen Sie an, daß in einem Gremium mit $2n + 1$ Mitgliedern ein einziges, mächtiges Mitglied k Stimmen besitzt und die übrigen $(2n - k + 1)$ Mitglieder jeweils eine Stimme. Die Entscheidungen kommen per Mehrheitsbeschluß zustande. Aus der Stimmverteilung folgt, daß die Macht des einflußreichen Mitglieds $k/(2n + 2 - k)$ beträgt. Wenn k größer wird, nimmt die Macht dieses Mitglieds überproportional zu bis k fast die Hälfte der verfügbaren Stimmen umfaßt und das „starke" Mitglied faktisch die Entscheidungsmacht im Gremium besitzt. Eine andere Situation ergibt sich, wenn in dem Gremium zwei „starke" Mitglieder mit jeweils n Stimmen und ein „schwaches" Mitglied mit nur einer Stimme vertreten sind. In dieser Situation hat jedes Mitglied die gleiche Macht, und das „schwache" Mitglied hat mehr Einfluß als sein Stimmanteil vermuten läßt.

Die Implikationen dieser einfachen Beobachtungen zeigen sich in politischen Versammlungen, wenn sich die Delegierten in verschiedene Richtungen gezogen fühlen. Sie bilden Lager zur Unterstützung verschiedener Kandidaten und verhalten sich wie ein einziger Kandidat, der viele Stimmen auf sich vereinbart. Wenn derjenige, der am Ende gewinnt, sein Ziel ohne Umwege erreicht, ergehen die großen Belohnungen an diejenigen, die sich in die gefährliche Lage begaben, dem Kandidaten von Anfang an ihre Unterstützung zu gewähren. Denn wenn Delegierte sich schon früh auf einen Kandidaten verpflichten, laufen sie Gefahr, auf das falsche Pferd zu setzen oder die Möglichkeit zu verlieren, von beiden Seiten umworbenes Zünglein an der Waage zu sein. Zu einem bestimmten Zeitpunkt des Wahlkampfes gilt der Spitzenreiter als wahrscheinlicher Gewinner und der bereits erwähnte „bandwagon", der „Wagen mit der Blaskapelle", setzt sich in Bewegung: bislang noch unentschiedene Stimmberechtigte schließen sich der als siegreich geltenden Seite an, und die übrigen Lager erleben eine massive Fahnenflucht.

Riker und Brams haben das „Bandwagon"-Phänomen theoretisch erfaßt. In einer gelungenen Mischung aus Theorie und Praxis hat Straffin diese Theorie 1976 auf die Republikanischen Vorwahlen angewendet. Zu verschiedenen Zeitpunkten der Kampagne wurde behauptet, daß ein „Bandwagon" bereits unterwegs sei; das mathematische Modell sagte allerdings etwas anderes. Als das mathematische Modell schließlich signalisierte, daß sich ein „Bandwagon" für Gerald Ford in Bewegung gesetzt hatte, wurde dies auch von den Ereignissen bestätigt. Ronald Reagan wählte zur allgemeinen Überraschung einen liberalen Mitstreiter als Vizepräsidentschaftskandidaten, und sein Wahlkampfleiter gab eine höhere Anzahl von angeblich bereits auf seinen Kandidaten verpflichteten Delegierten an, als tatsächlich existierten. Diesen Indizien zufolge hatte Reagan begriffen, daß sich der „Bandwagon" bereits formiert hatte, und er unternahm verzweifelte letzte Anstrengungen in der Hoffnung, seinen Wahlsieg zu retten.

In vielen Gremien bilden sich Lager, nicht nur in politischen Versammlungen. Die Mitglieder ziehen sich zur Beratung in einen Nebenraum zurück, stimmen ab und einigen sich auf eine Position, die sie dann einstimmig in dem eigentlichen Gremium vertreten. Sie verhalten sich wie ein Spieler mit vielen Stimmen .

Blockbildung hat oft den Effekt, Macht zu vergrößern, aber nicht immer. Bei fünf Stimmberechtigten mit einem Stimmanteil von jeweils (2, 2, 1, 1, 1) beträgt die Macht des Spielers mit einer Stimme 2/15, so daß die gemeinsame Macht von allen Stimmberechtigten mit jeweils einer Stimme insgesamt 2/5 beträgt. Wenn diese drei ein Lager bilden, ergibt sich eine neue Verteilung der Stimmanteile von (2, 2, 3) und ein Machtindex von jeweils 1/3. Die kombinierte Macht der Stimmberechtigten, die ursprünglich jeweils eine Stimme hatten, fällt somit von 2/5 auf 1/3, nachdem sie eine Koalition eingehen.

Wir wollen nun sehen, was passiert, wenn sich zwei von fünf Stimmberechtigten zusammenschließen, um die Stimmverteilung von (1, 1, 1, 1, 1) in (2, 1, 1, 1) zu ändern; die unmittelbare Folge ist, daß die beiden ihre Macht von 2/5 auf 1/2 steigern. Dies kann aber zwei andere Einzelspieler motivieren, ebenfalls eine Koalition einzugehen, woraufhin sich die Stimmverteilung (2, 2, 1) ergibt. Nun besitzen beide Lager nur noch eine gemeinsame Macht von jeweils 1/3, was weniger ist als ihre Ausgangsposition von 2/5.

Philip Straffin (1977) hat genau solch eine Situation beschrieben. Die beiden größten Städte in Rock County, Wisconsin, – Janesville und Beloit – hatten jeweils 14 und 11 Repräsentanten. Die beiden Städte verfolgten häufig unterschiedliche Interessen, und viele waren der Ansicht, daß die Repräsentanten von Beloit besser fahren würden, wenn sie blockweise stimmen würden. Trotzdem blieben die Repräsentanten der beiden Städte dabei, ihre Stimmen individuell abzugeben. Obwohl eine blockweise Stimmabgabe ihre Macht kurzfristig vergrößert hätte, sahen die Repräsentanten nach Straffins Meinung voraus, daß ihre Entscheidung eine entsprechende Reaktion bei den Abgeordneten von Janesville provozieren und die Macht beider Städte mindern würde (wie in dem vorangegangenen Beispiel).

Eine Variante der Machtindizes von Shapley und Shubik war Grundlage des Prozesses, den John Banzhaf (1965) 1958 erfolgreich gegen das gewichtete Wahlsystem von Nassau County, New York, führte. Sechs Stadtverwaltungen entsandten (9, 9, 7, 3, 1, 1) Abgeordnete in den Aufsichtsrat; es bedarf lediglich einer einfachen Rechnung, um zu bestätigen, daß die drei kleinsten Städte ihres Stimmrechtes praktisch enthoben waren.

Die Shapley-Shubik-Indizes wurden auf verschiedene gesetzgebende Körperschaften angewendet und spiegeln teilweise überraschende Machtverteilungen wider. Im Sicherheitsrat der Vereinten Nationen, in dem alle fünf ständigen Mitglieder sowie vier der zehn nichtständigen Mitglieder einer Maßnahme zustimmen müssen, kontrollieren die fünf ständigen Mitglieder 98 % der Macht. Der Index kann auch auf Gremien angewendet werden, die gemeinsam handeln. Um ein Gesetz zu verabschieden, bedarf es in den Vereinigten Staaten jeweils einer Mehrheit im Repräsentantenhaus und im Senat sowie der Zustimmung des Präsidenten oder aber einer Zweidrittelmehrheit in beiden Häusern, wenn der Präsident seine Zustimmung verweigert. Das Repräsentantenhaus und der Senat besitzen jeweils 5/12 der Macht (individuelle Senatoren haben mehr Macht als individuelle Repräsentanten, da ihre Anzahl geringer ist) und dem Präsidenten verbleibt das restliche 1/6.

Von individuellen Präferenzen zur Sozialwahl

Manchmal soll eine Gruppe von Individuen eine einzige, gemeinsame Entscheidung treffen. Familien, Parlamente, Aktionäre, Wähler, Komitees, Geschworene, Gerichtshöfe usw. stehen diesem Problem gegenüber. Die Entscheidung der Gruppe hängt von den Entscheidungen der Mitglieder ab, aber nicht immer in derselben Art und Weise. Es kann jedem eine einzige Stimme zustehen, oder die Stimmen sind gewichtet nach dem Vermögen der Stimmberechtigten oder der Anzahl der Aktien, die jeder besitzt. Es kann ein absolutes Veto geben wie z. B. unter bestimmten Bedingungen in den Vereinten Nationen oder ein teilweises Veto wie es der Präsident der Vereinigten Staaten oder das Oberhaus in England hat.

Die Umwandlung individueller Bedürfnisse in gesellschaftliche Entscheidungen scheint auf den ersten Blick nicht weiter problematisch zu sein, ist aber tatsächlich ein äußerst komplizierter Vorgang. Ich werde hier nur den einfachsten Fall erörtern, in dem alle Meinungen gleich wichtig sind, aber sogar in dieser Situation zeigt sich, daß scheinbar gerechte Entscheidungen paradoxe Konsequenzen haben.

Im Zusammenhang mit Abstimmungsspielen stellen sich zwei Fragen:

(1) Welches Wahlverfahren ist geeignet, die Präferenzen der Mitglieder einer Gruppe in eine einzige Gruppenentscheidung umzuwandeln (z. B. bei der Wahl eines Bürgermeisters oder Stadtrats)? und (2) Wie sollte ein individueller Wähler stimmen, um im Rahmen dieses Wahlverfahrens seine Ziele bestmöglich zu verwirklichen?

Diese beiden Fragen hängen miteinander zusammen und sind nicht gerade neu. Schon Mitte des letzten Jahrhunderts wurde der Versuch unternommen, die zweite Frage zu beantworten und die Regeln der strategischen Stimmabgabe zu formulieren. Zu dieser Zeit hatte jeder Wahlbezirk in England eine bestimmte Anzahl von Sitzen im Parlament und jeder Wähler konnte eine festgelegte Anzahl von Stimmen abgeben. Die politischen Parteien stellten so viele Kandidaten auf, wie ihnen beliebte, und die Parteianhänger konnten entweder alle Kandidaten gleichermaßen unterstützen oder aber einige Kandidaten anderen vorziehen. In einem 1853 verfaßten Aufsatz bediente sich James Garth Marshall im wesentlichen des Minimax-Arguments, um die optimale Anzahl von Kandidaten zu berechnen, die eine Partei aufstellen sollte. Diese optimale Anzahl war stets mindestens so groß wie die Anzahl der Stimmen, die ein Wähler abgeben konnte, und niemals größer als die Anzahl der Sitze, über die der Wahlbezirk verfügte.

Rund 30 Jahre später setzte sich der berühmte Schriftsteller Lewis Carroll mit der ersten Frage auseinander. Unter der Voraussetzung, daß Parteien optimal, d. h. nach dem von Marshall vorgeschlagenen Prinzip handeln, berechnete Carroll, wieviele Stimmen jeder Wähler und wieviele Sitze jeder Wahlbezirk haben sollte, so daß die Bevölkerung bestmöglich (in dem von Carroll in seinem Aufsatz definierten Sinne) in der Regierung vertreten ist.

Da Ihnen womöglich gar nicht klar ist, daß überhaupt *irgendwelche* Schwierigkeiten bestehen, Regeln für Sozialwahl zu formulieren, lassen Sie uns im folgenden einige denkbare, „vernünftige" Regeln betrachten und überlegen, warum sie nicht funktionieren.

Nehmen wir an, daß eine Gruppe von 300 Personen eine von drei Alternativen wählen muß: A, B oder C. Warum sollte man nicht die Alternative wählen, die die Mehrheit bevorzugt? Nehmen wir also an, daß (ABC) = 101, (BCA) = 100 und (CBA) = 99 ist ((BCA) = 100 heißt, daß 100 Personen B am meisten und A am wenigsten favorisieren). In diesem Fall gibt es offensichtlich für keine Alternative eine absolute Mehrheit. Angesichts dieser Konstellation könnte man vorschlagen, die Alternative zu wählen, die eine relative Mehrheit bevorzugt. Nach dieser Regel würde sich die Gruppe für A entscheiden, da A von 101 Personen gewählt wird. Eine solche Entscheidung ist aber in anderer Hinsicht eher bedenklich. Erstens stellt A für rund zwei Drittel der Wähler die schlechteste Alternative dar, und zweitens würde A in einer paarweisen Abstimmung zwischen A und B oder zwischen A und C mit einem Abstand von nahezu zwei zu eins verlieren.

Zufälligerweise ist dieses Beispiel nicht nur von rein akademischem Interesse. In den Senatswahlen von 1970 in New York traten zwei Liberale, Richard L. Ottinger und Charles E. Goodwell, sowie ein Konservativer, James Buckley, gegeneinander an und erhielten jeweils 37, 24 und 39 % der abgegebenen Stimmen. Da Ottinger und Goodwell ähnliche Positionen vertraten, konnte man davon ausgehen, daß die Anhänger des einen Liberalen den anderen liberalen Kandidaten gegenüber Buckley auf jeden Fall vorziehen würden. Es scheint also, daß das relative Mehrheitswahlrecht es Buckley erlaubte, eine Wahl für sich zu entscheiden, in der er 61 % der Wählerstimmen gegen sich hatte.

Bei der Bürgermeisterwahl von New York City 1969 ergab sich die gleiche Situation nur mit umgekehrten Vorzeichen. In diesem Fall schlug der Liberale John Lindsay die beiden Konservativen John Marchi und Mario Biaggi.

In Frankreich sowie in einigen Bundesstaaten der USA versucht man, solche Situationen zu vermeiden, in dem man dem Wähler mehr als eine

Stimme einräumt. Im ersten Wahlgang (ggf. auch in mehreren) werden die schwächsten Alternativen eliminiert, so daß am Ende nur noch zwei Alternative übrig sind und der Favorit per Mehrheitsbeschluß gewählt wird. Mit Hilfe dieser Methode wäre Goodwell im ersten Wahlgang ausgeschieden und seine Anhänger hätten sich vermutlich Ottinger zugewendet und somit einem Liberalen zum Sieg verholfen; im zweiten Beispiel wäre aus den gleichen Gründen ein Konservativer gewählt worden.

Nun stellen Sie sich aber vor, was passiert, wenn (BAC) = 101, (CAB) = 101, und (ABC) = 98 ist. Im ersten Wahlgang scheidet A aus, und im zweiten gewinnt B gegen C bei einem Stimmverhältnis von nahezu 2:1 – und dies trotz der Tatsache, daß A in einer paarweisen Abstimmung sowohl gegen B als auch gegen C jeweils fast mit der doppelten Anzahl von Stimmen gewonnen hätte.

Um auch diese Situation zu vermeiden, gibt es noch eine dritte Möglichkeit: Man könnte z. B. immer nur über zwei Alternativen gleichzeitig abstimmen und die Gewinner jeder Runde paarweise gegeneinander antreten lassen bis zum Schluß nur noch eine Alternative übrig bleibt. Nun stellen Sie sich aber vor, daß (ABC) = (BCA) = (CAB) = 100 ist und A und B im ersten Wahlgang gegeneinander antreten. A gewinnt die erste Runde, verliert dann aber gegen C. C's Sieg ist nicht überzeugend, da er nur Ergebnis der Reihenfolge ist, in der die Kandidatenpaare gegeneinander antraten (was aufgrund der Symmetrie klar sein sollte). Wie auch immer die Reihenfolge, die Alternative, die von der ersten Runde ausgenommen ist, wird stets als Sieger der Wahl hervorgehen.

Ein weiteres Kuriosum ist die Tatsache, daß die Präferenzen einer Gesellschaft – in der Sprache der Mathematiker – intransitiv sind. Es ist z. B. möglich, daß eine Gesellschaft in drei paarweisen Abstimmungen A gegenüber B, B gegenüber C und C gegenüber A vorzieht. Das ist ungefähr so als würde eine Person Kuchen gegenüber Pudding, Pudding gegenüber Eiscreme und Eiscreme gegenüber Kuchen vorziehen. Es wäre ziemlich schwierig, die Präferenzen einer solchen Person zu erfüllen. Es ist daher nicht weiter verwunderlich, daß die Herbeiführung von Gruppenentscheidungen, die oft intransitive Präferenzen beinhalten, eine heikle Angelegenheit ist.

Aber es kommt noch schlimmer! Kehren wir zurück zum letzten Beispiel. Den Anhängern von (ABC) sollte klar sein, daß bei dieser Wahlreihenfolge die Alternative C, die sie am wenigsten bevorzugen, gewinnen wird, wenn sie nichts dagegen tun. Sie könnten also z. B. ihre Stimme B zukommen lassen und so sicherstellen, daß B in beiden Runden als Gewinner hervorgeht. Es scheint aber, daß auch die anderen ihre wahren Präferenzen verbergen und das Endergebnis nochmals verändern könnten. Dies ist aber nicht der Fall. Die Anhänger von (BCA) werden mit dem neuen Ergebnis rundum zufrieden sein, und die Fans von (CAB) müssen es frustriert aber hilflos hinnehmen.

Strategische Stimmabgaben – entgegen den wahren Präferenzen – gehören zum Alltag der politischen Realität. In seinem Buch *Paradoxes in Politics* (1976) stellt Steven J. Brams einige Beispiele für Wahlen vor, bei denen tatsächlich oder möglicherweise strategisch gestimmt wurde.

In den Präsidentschaftswahlen von 1948 sagten die Umfrageergebnisse für den Kandidaten der Progressiven Partei, Henry Wallace, weitaus mehr Stimmen voraus, als er dann tatsächlich erhielt. Viele politische Kommentatoren waren der Meinung, daß zahlreiche Wallace-Anhänger zum Gewinner der Wahl, Harry Truman, übergewechselt waren, um zu verhindern, daß ein Republikaner Präsident wurde. Und 1968 war man allgemein der Ansicht, daß die Anhänger von George Wallace, ebenfalls Kandidat einer dritten Partei, am Ende Richard Nixon unterstützten, um die Wahl eines Demokraten zu verhindern. Demhingegen gewannen die Demokraten die Wahlen von 1912 mit 42 % der Stimmen, da die progressiven und republikanischen Wähler, die beide den demokratischen Kandidaten Wilson vermutlich am wenigsten favorisierten, es versäumt hatten, ihre Stimmen strategisch abzugeben. Der Grund dafür bestand möglicherweise darin, daß beide Parteien ungefähr gleich stark waren und keine von beiden zugeben wollte, daß sie sich auf verlorenem Posten befand.

1956 wurde dem Repräsentantenhaus ein Gesetzentwurf vorgelegt zur Errichtung neuer Schulen; darüber hinaus wurde ein Zusatz vorgeschlagen, nach dem Schulen, in denen Rassentrennung herrschte, keine staatlichen Mittel erhalten sollten. Die Demokraten der nördlichen Bundesstaaten favorisierten eindeutig die durch den Zusatz ergänzte Gesetzesvorlage, waren aber bereit, den ursprünglichen Entwurf zu akzeptieren, um das Gesetz überhaupt durchzubringen. Die Demokraten der Südstaaten wiederum bevorzugten den ursprünglichen Gesetzentwurf, zogen es aber vor, eher keine Vorlage einzubringen als den ergänzten Entwurf. Die Republikaner wiederum waren an der Vorlage überhaupt nicht interessiert, aber zogen den ergänzten Entwurf dem ursprünglichen vor. Das Repräsentantenhaus traf seine Entscheidung in zwei Schritten: zunächst wurde der Zusatz diskutiert und anschließend über die ursprüngliche und die ergänzte Vorlage abgestimmt. Die Demokraten der Nordstaaten, die aufrichtig für den ergänzten Entwurf plädierten, statt strategisch dagegen zu stimmen, unterlagen in der Schlußabstimmung den Republikanern und den Demokraten der Südstaaten. In einer ähnlichen Situation 1955 vor dem Senat gaben sich die Demokraten der Nordstaaten mit ihrer zweiten Präferenz zufrieden – eine Gesetzesvorlage zum Bau von Schulen ohne entsprechenden Zusatz – und diese ursprüngliche Vorlage wurde mit Hilfe der Demokraten der Südstaaten verabschiedet.

Ein weiteres Beispiel für strategisches Stimmen, das in vielen gesetzgebenden Körperschaften üblich ist, stellt das bereits erwähnte „*Logrolling*" dar: zwei oder mehr Mitglieder vereinbaren, sich gegenseitig bei ihren Lieblingsprojekten zu unterstützen. Alle Beteiligten scheinen von einem solchen Arrangement zu profitieren, sonst würden sie sich nicht darauf einlassen. Eric M. Uslaner und J. Ronnie Davis (1975) konstruierten jedoch ein Beispiel, in dem alle „Logroller" als Verlierer hervorgingen. Drei Gemeinden, A, B und C, stimmen über sechs Gesetzentwürfe ab – X, Y, Z, U, V und W. Abb. 6.15 zeigt die Gewinne und Verluste, die den Gemeinden jeweils entstehen, wenn jede Vorlage verabschiedet wird.

Abb. 6.15

		Vorlagen					
		X	Y	Z	U	V	W
	A	3	3	2	-4	-4	2
Gemeinden	B	2	-4	-4	2	3	3
	C	-4	2	3	3	2	-4

Wenn alle aufrichtig stimmen, wird jede Gesetzesvorlage verabschiedet, und jede Gemeinde gewinnt 2. Wenn A allerdings gegen Z stimmt als Gegenleistung für B's Stimme gegen U, erhalten beide 2. Ähnliche Vereinbarungen von B und C sowie A und C in Hinblick auf die Vorlagen X und Y sowie V und W erzielen dasselbe Ergebnis. Schließlich verlieren alle Gemeinden durch diese „gewinnträchtigen" Vereinbarungen 2, die sie gewonnen hätten, wenn alle aufrichtig abgestimmt hätten.

Das Paradoxon läßt sich leicht lösen: hier ist derselbe Mechanismus am Werk, den wir bereits beim Gefangenendilemma beobachten konnten. Die Spieler in einem Gefangenendilemma, die nur ihre eigenen Interessen verfolgen, erzielen zwar einen Gewinn; dieser ist aber kleiner als der Schaden, den sie ihren Partnern zufügen. Somit ist das Nettoergebnis in einem nichtkooperativen Spiel stets negativ. In unserem Beispiel brachte jede Vereinbarung den Beteiligten 4, aber kostete die Außenstehenden 6; wenn also jeder solche Absprachen einhält, ist das Endergebnis vorauszusehen.

Das Arrow-Theorem

In diesem letzten Abschnitt versuchten wir, eine „vernünftige" Entscheidungsregel zu finden, die jedes mögliche Präferenzmuster der Gesellschaftsmitglieder in ein einziges „Präferenzenpaket" für die Gesellschaft umwandeln kann. Wie meine vergeblichen Versuche sowie die Beispiele aus der Politik zeigen, ist weit und breit keine Lösung in Sicht. Dies liegt aber weniger an einem Mangel an Intelligenz als möglicherweise an dem Problem selbst.

Kenneth Arrow (1951) beschloß, sich nicht um eine vernünftige Entscheidungsregel zu bemühen, sondern statt dessen allgemeine Prinzipien zu formulieren, denen *jede* vernünftige Entscheidungsregel genügen würde.

Arrow nahm an, daß ein Gremium mindestens drei Alternativen zur Auswahl hat und die Präferenzen seiner Mitglieder transitiv sind: wenn A gegenüber B bevorzugt wird und B gegenüber C, dann muß auch A gegenüber C bevorzugt werden. Desweiteren ging er davon aus, daß die Präferenzen der Gesellschaft nicht einfach von einem Mitglied des Gremiums festgelegt werden. Wenn bei einer bestimmten Zusammensetzung der Präferenzen A die bevorzugte Alternative ist, dann gilt dies auch weiter, wenn A zusätzliche Unterstützung erhält. Darüber hinaus darf keine Alternative von vornherein ausgeschlossen sein: für jede Alternative muß es *irgendeine* gesellschaftliche Präferenzenkonstellation geben, die dazu führen würde, daß die Gesellschaft diese Alternative annimmt. Und noch eine weitere Bedingung stellte Arrow: Wenn eine Präferenzenkonstellation der Mitglieder eine gesellschaftliche Präferenzordnung bezüglich einer Untergruppe von Alternativen verursacht, und wenn einige Mitglieder ihre Präferenzen ändern und zwar ausschließlich im Hinblick auf Alternativen, die nicht zu dieser Untergruppe gehören, dann bleibt das ursprüngliche gesellschaftliche Präferenzmuster im Hinblick auf Alternativen innerhalb dieser Untergruppe unverändert.

Obwohl jede dieser Bedingungen vernünftig erscheint und die meisten sogar notwendig sind, konnte Arrow beweisen, daß *keine Entscheidungsregel sie alle erfüllen* kann. Wenn man sich also Arrows Meinung anschließt, muß man davon ausgehen, daß jede Entscheidungsregel zumindest gelegentlich zu unvernünftigen Entscheidungen führt.

Das Alabama-Paradoxon

Unser letztes Beispiel soll veranschaulichen, wie eine vermeintlich „einfache" Lösung eines Wahlproblems in den USA für beträchtliche Konfusion sorgte und als „Alabama-Paradoxon" in die Geschichte einging. Gemäß der Verfassung der Vereinigten Staaten muß die Anzahl der Abgeordneten, die jeder Staat in das Repräsentantenhaus entsendet, der Größe seiner Bevölkerung entsprechen. Die Aufteilung der Repräsentanten auf die Staaten scheint nicht weiter problematisch zu sein. Trotzdem sollte sich die Methode, die Alexander Hamilton vorschlug, als Zeitbombe erweisen. Das Alabama-Paradoxon, das Steven J. Brams nach einem Aufsatz von Michael L. Balinski und H. P. Young (1975) beschreibt, zeigt wieder einmal die Gefahr von Lösungen, die der „gesunde Menschenverstand" diktiert.

Das Ausgangsproblem ist ganz einfach; sobald die Anzahl der Mitglieder des Repräsentantenhauses festgelegt ist, kann man die *ideale* Anzahl der Abgeordneten aus jedem Staat leicht berechnen. Diese Idealzahl besteht aber zumeist aus einer ganzen und einer Bruchzahl, und ein Staat muß natürlich eine ganze Zahl Repräsentanten entsenden. Die „Bruchteile" von Repräsentanten müssen demnach so umverteilt werden, daß auf jeden Staat eine ganze Zahl von Abgeordneten kommt, wobei einige Staaten leicht überrepräsentiert und manche leicht unterrepräsentiert sind. Hamiltons Methode schien eine vernünftige und gerechte Lösung zu sein.

Die Umsetzung seines Planes erfolgte in zwei Schritten. Zunächst einmal wurde die ideale Anzahl der Repräsentanten eines jeden Staates berechnet; diese Zahl bestand aus einer ganzen und einer Bruchzahl. Jedem Staat wurden dann Repräsentanten in Höhe „seiner" ganzen Zahl zugewiesen. Die Staaten, für die die höchsten Bruchzahlwerte errechnet worden waren, erhielten zudem einen zusätzlichen Abgeordneten, um auf die zuvor festgelegte Gesamtanzahl von Mitgliedern des Repräsentantenhauses zu kommen. Dieses Verfahren soll anhand eines einfachen Beispiels verdeutlicht werden:

Nehmen Sie also an, es handele sich um fünf Bundesstaaten mit einer Bevölkerung von jeweils 100, 150, 200, 250 und 300; das Repräsentantenhaus besteht aus insgesamt 19 Mitgliedern (siehe Abb. 6.16).

Um die ideale Abgeordnetenanzahl zu berechnen, muß man die Gesamtanzahl der Mitglieder des Repräsentantenhauses mit der Bruchzahl multiplizieren, die dem Bevölkerungsanteil des jeweiligen Bundesstaates an der Gesamtbevölkerung entspricht. Das Produkt besteht aus einer ganzen Zahl, die die Mindestrepräsentation darstellt, und einer Bruchzahl. Aufgrund der nun entstehenden Differenz zwischen der Mindestrepräsentation (15) und der festgelegten Mitgliederzahl des Hauses (19) wird nun den Staaten, für die die vier höchsten Bruchzahlen errechnet wurden, jeweils ein weiterer Repräsentant zugebilligt, so daß die Gesamtanzahl der Abgeordneten zustande kommt.

Abb. 6.16

Bevölkerung	ideale Repräsentation	minimale Repräsentation	zusätzliche Abgeordnete	Gesamtanzahl der Abgeordneten
100	1,9	1	1	2
150	2,85	2	1	3
200	3,8	3	1	4
250	4,75	4	1	5
300	5,7	5	0	5
1000	19,0	15	4	19

Hamiltons Methode wurde 1850 eingeführt und 1900 wieder abgeschafft – zuvor hatte sie schon für einigen Aufruhr gesorgt. Der Grund dafür liegt auf der Hand, wenn man sich das folgende Beispiel überlegt.

Stellen Sie sich drei Staaten vor – A, B und C – mit einer Bevölkerung von jeweils 380, 380 und 240 Bürgern. Nun betrachten Sie die beiden Fälle, wenn im Repräsentantenhaus (1) 14 bzw. (2) 15 Sitze zu vergeben sind (siehe Abb. 6.17).

Abb. 6.17

Bevölkerung		Fall 1		Fall 2	
		ideale Repräsentation	Gesamtrepräsentation	ideale Repräsentation	Gesamtrepräsentation
A	380	5,32	5	5,7	6
B	380	5,32	5	5,7	6
C	240	3,36	4	3,6	3
Insgesamt	1.000	14,0	14	15,0	15

Obwohl die Anzahl der Sitze von 14 auf 15 steigt bei gleicher Bevölkerungsgröße, *verliert C* einen Abgeordneten!

Nach der Volkszählung von 1900 berechnete man die Anzahl der Abgeordneten eines jeden Staates für verschiedene Repräsentantenhaus-„Größen" von 350 bis 400 Sitzen.

Dieser Berechnung zufolge erhielt Colorado stets drei Abgeordnete unabhängig davon, wieviele Sitze zu vergeben waren, außer bei exakt 357 Sitzen; dann erhielt Colorado nur zwei Repräsentanten. Seltsamerweise war es gerade eine Gesamtmitgliederzahl von 357, auf die sich die Mehrheitskoalition verständigt hatte. Diejenigen, die um ihre Sitze fürchteten, verurteilten das Hamilton'sche Zuteilungsverfahren als eine „groteske Scheußlichkeit", und die Angelegenheit wurde schließlich beendet, in dem die Gesamtanzahl der Sitze auf 386 festgelegt wurde und so jeder Staat über die gleiche Anzahl von Abgeordneten verfügte wie in der vorangegangenen Sitzungsperiode. Das Alabama-Paradoxon kam zustande, weil eine vermeintlich „vernünftige" Problemlösung ohne hinreichende Analyse akzeptiert wurde. Antworten, die der „gesunde Menschenverstand" zu diktieren scheint, stellen sich oft als „groteske Scheußlichkeiten" heraus, vor allem in der Politikwissenschaft.

Problemlösungen

1. a) Man kann nicht so einfach sagen, ob alle drei gemeinsam in die Firma eintreten sollen oder werden; dies hängt u. a. von der Überzeugungskraft, den Zielen und den Nutzenfunktionen der Spieler ab. Der Aumann-Maschler-Theorie zufolge erhält der Ingenieur $16/3$, der Rechtsanwalt $28/3$ und der Finanzmanager $40/3$, wenn alle drei für die Firma tätig werden; nach Shapley sind es $22/3$, $28/3$ und $34/3$. Offensichtlich ist die Auszahlung pro Paar *geringer* als die Summe der Einzelauszahlungen, wenn jeder nur für sich alleine handelt (ansonsten müßte ihre Gesamtauszahlung mindestens 30 betragen). Unabhängig von der Auszahlung kann sich ein Paar besser stellen; d. h., der Kern ist leer. Trotzdem sprechen Sicherheitsgründe dafür, daß sich alle drei zusammenschließen, denn wenn sich ein Paar bildet, bleibt einer der Spieler außen vor.

b) Als Teil eines Paares erhält der Ingenieur 6, der Rechtsanwalt 10 und der Finanzmanager 14. Nach Aumann und Maschler erhält jeder Spieler dieselbe Summe, egal welche Koalition er eingeht.

c) Die Aumann-Maschler-Theorie besagt, daß eine 3-Personen-Koalition eine Lösung im Kern haben muß, sich also kein Paar besser stellt, wenn es die Koalition verläßt. Die Auszahlungen im Kern können aber beträchtlich variieren: $(0, 16, 24)$, $(16, 0, 24)$ und $(16, 20, 4)$ stellen die jeweils möglichen Auszahlungen für den Ingenieur, den Rechtsanwalt und den Manager dar. Die entsprechenden Shapley-Auszahlungen betragen jeweils $34/3$,

40/3 und 46/3. Die von-Neumann-Morgenstern-Theorie läßt noch weitaus mehr Lösungen zu.

2) Wenn man sich des im Text beschriebenen Shapley-Wertes bedient (der zwar nicht die einzige, aber eine vernünftige Lösung darstellt), erhält man die folgenden Koalitionswerte: $V(A) = 6\,000$, $V(AB) = V(B) = 8\,000$, und $V(C) = V(AC) = V(BC) = V(ABC) = 10\,000$. Demnach sollten A, B und C jeweils $ 2 000, § 3 000 und $ 5 000 zahlen.

3. a) Rationalen Überlegungen zufolge scheint es, als müsse der Vorsitzende das mächtigste Mitglied sein, da er mehr Optionen hat als alle anderen – nämlich den wichtigen Vorteil, seine Präferenz durchzusetzen, wenn sich die anderen beiden auf keine Alternative verständigen können. Wenn Sie mit dieser Überlegung einverstanden sind, worin besteht dann der Fehler in der folgenden Argumentationskette:
(I) C stimmt für Y.
Wenn A und B für dieselbe Alternative stimmen, ist es egal, was C tut. Wenn nicht, ist C's Stimme ausschlaggebend, und C soll daher die Alternative wählen, die er am meisten bevorzugt.
(II) A stimmt für X.
Unter der Voraussetzung, daß C für seinen Favoriten Y stimmt, hängt das Ergebnis der Wahl, die Abb. 6.18 zeigt, von den Stimmen der beiden anderen, A und B, ab. Die Matrix macht deutlich, daß die Strategie X von A seine Strategien Y und Z dominiert.
(III) B stimmt für X.
Wenn B die Schritte (I) und (II) akzeptiert, wird B für X stimmen, da B die Alternative X gegenüber Y vorzieht. Das Endergebnis ist somit X – *die Alternative, die der Vorsitzende am wenigsten bevorzugt*. (Dieses Beispiel stammt von Steven J. Brams).

Abb. 6.18

		B's Wahl		
		X	Y	Z
A's Wahl	X	X	Y	Y
	Y	Y	Y	Y
	Z	Y	Y	Z

b) Mit Hilfe des Shapley-Wertes stellt man fest, daß die Präsidenten der kleinen Stadtteile beträchtlich an Macht gewonnen haben – von 3/56 auf 3/

35 –, die Präsidenten der großen Stadtteile an Macht verloren haben – von 1/8 auf 3/35 – und auch die anderen drei Mitglieder geringfügige Machteinbußen hinnehmen mußten – von 11/56 auf 4/21.

c) i) Wenn wir uns des Shapley-Wertes als Maßeinheit bedienen, stellen wir fest, daß Wähler oft davon profitieren, wenn Sie sich einem Lager anschließen. In einem Gremium mit fünf Stimmberechtigten mit jeweils einer Stimme, dessen Entscheidungen per Mehrheitsbeschluß zustandekommen, können zwei Spieler ihre gemeinsame Macht von 2/5 auf 1/2 steigern, wenn sie sich zusammenschließen. In einem Gremium hingegen mit zwei Mitgliedern, die zwei Stimmen haben, und drei Mitgliedern mit jeweils einer Stimme, reduziert sich die Macht der letzteren durch einen Zusammenschluß von 2/5 auf 1/3.

ii) Es ist durchaus möglich, daß ein „alteingesessenes" Mitglied eines Gremiums durch das Hinzukommen eines neuen Mitglieds an Macht gewinnt. Bei einer Verteilung von 13, 7 und 7 Stimmen besitzt jeder der drei Stimmberechtigten 1/3 der Macht. Durch das Hinzukommen eines neuen Mitglieds mit 3 Stimmen erhält das Mitglied mit den 13 Stimmen auf einmal die Hälfte der Macht, benötigt aber stets die Unterstützung eines zweiten Mitglieds, um eine Mehrheit bilden zu können. Dies ist nun leichter als zuvor, da es mehr Mitglieder gibt, die sich eventuell dem 13-Stimmen-Mitglied anschließen. Wenn das ursprüngliche Gremium aus einem Mitglied mit fünf Stimmen und vier Mitgliedern mit jeweils einer Stimme besteht, erhalten die „schwachen" Mitglieder erst durch das Hinzukommen eines neuen Mitglieds mit zwei Stimmen Macht, die sie zuvor nicht hatten.

d) Die großen Staaten besitzen immer mehr Macht als die kleinen. Daran ändert auch der Bonus der zwei Senatorenstimmen nichts.

e) Nennen Sie die Mitglieder mit jeweils einer und zwei Stimme(n) Typ A, die mit drei und vier Stimmen Typ B und das Mitglied mit 5 Stimmen Typ C. Um die Wahl zu gewinnen, benötigen Sie
i) ein Typ-C-Mitglied und ein Typ-B-Mitglied
(ii) ein Typ-C-Mitglied und zwei Typ-A-Mitglieder
oder (iii) zwei Typ-B-Mitglieder und ein Typ-A-Mitglied.
   Wenn man die Lösung so formuliert, wird deutlich, daß sich die beiden Typ-A-Mitglieder bzw. die beiden Typ-B-Mitglieder nicht unterscheiden. Beide A-Mitglieder haben einen Shapley-Wert von 2/30, beide B-Mitglieder haben einen Shapley-Wert von 7/30, und das C-Mitglied schließlich hat einen Shapley-Wert von 12/30.

4. Es hängt von den Umständen ab, ob „Logrolling" für die Gesamtheit der Gesellschaft gut oder schlecht ist. Das Beispiel von Uslaner, das im Text vorgestellt wurde, zeigt, daß „Logrolling" schädlich für die Gesellschaft sein kann. Wenn man aber jede Auszahlung in Höhe von „-4" durch

eine Auszahlung von „-40" ersetzt, kann man anhand des gleichen Beispiels sehen, daß ein solcher Tauschhandel für die Gesellschaft auch von Vorteil sein kann.

5 a) Die Präferenzen von Individuen mögen transitiv sein – die Präferenzen von Gruppen sind es oft nicht unabhängig vom Wahlverfahren.
b) Individuen fahren häufig am besten, wenn sie nicht für ihre wahren Präferenzen stimmen, und das relative Mehrheitswahlrecht bringt auch einige Schwierigkeiten mit sich, wie wir im Text gesehen haben.
c) Es kann vorkommen, daß *jede* Alternative gegenüber einer anderen Alternative weniger bevorzugt wird. In einem solchen Fall kann diese Bedingung nie erfüllt werden unabhängig vom Wahlverfahren.

6. Abgeordnete, deren Sitz im Repräsentantenhaus in Gefahr war, als die Gesamtanzahl der Sitze *erhöht* wurde, hatten gute Gründe, gegen diesen Plan zu protestieren.

7. Wenn sich die Mehrheit der Gemeinderäte auf eine Präferenz einigen kann, ist a) ein vernünftiger Plan. Bei drei und mehr Optionen ist es aber durchaus möglich, daß keine Mehrheitspräferenz zustandekommt. Sowohl b) als auch c) sind plausibel, führen aber jeweils zu Ergebnissen, die viele unter bestimmten Umständen unangemessen finden würden. Eine detaillierte Beschreibung der möglichen Gegenargumente findet sich im Text.

Auswahlbibliographie

Englische Titel:

Ankeny, Nesmith C., *Poker Strategy – Winning with Game Theory*. New York 1981.

Arrow, Kenneth J., *Social Choice and Individual Values*. Cowles Commission Monographie 12. New York 1951.

Aumann R. J. und Maschler, Michael, „The Bargaining Set for Cooperative Games." In: *Advances in Game Theory*. Annals of Mathematics Study 52, M. Dreshner, L. S. Shapley und A. W. Tucker (Hrsg.). Princeton 1964, S. 443–476.

–, „Some Thoughts on the Minimax Principle." *Management Science*, 18 (1972), S. 50–54.

Avenhaus, R. und Frick, H., „Game Theoretical Treatment of Material Accountability Problems." *International Journal of Game Theory*, 5 (1976), S. 41–49; 6 (1977), S. 117–135.

Axelrod, R., „Effective Choice in the Prisoner's Dilemma". *Journal of Conflict Resolution*, 24 (1980a), S. 3–25.

–, „More Effective Choice in the Prisoner's Dilemma". *Journal of Conflict Resolution*, 24 (1980b), S. 379–403.

– und Hamilton, W. D., „The Evolution of Cooperation." *Science*, 211 (1981), S. 1390–1396.

–, *The Evolution of Cooperation*. New York 1984.

Balinski, M. L. und Young, H. P., „A New Method for Congressional Apportionment". *American Mathematical Monthly*, 82 (1975), S. 701–730.

Banzhaf, J. F. III., „Weighted Voting Doesn't Work: A Mathematical Analysis." *Rutgers Law Review*, 19 (1965), S. 317–343.

Bartoszynski, R. und Puri, M., „Some Remarks on Strategy in Playing Tennis". *Behavioral Science*, 26 (1981), S. 379–387.

Brams, Steven J., *Paradoxes in Politics*, New York 1976.

– und Davis, Morton D., „Resource-Allocation Models in Presidential Campaigns: Implications for Democratic Representation". *Annals of the New York Academy of Sciences*, 219 (1973), S. 105–123.

–, „The 3/2's Rule in Presidential Campaigning". *American Political Science Review*, 68 (1974), S. 113–134.

–, „Optimal Jury Selection: A Game-Theoretic Model for the Exercise of Peremptory Challenges". *Operations Research*, 26 (1978), S. 966–991.

Brams, Steven J. und Riker, W. H., „Models of Coalition Formation in Voting Bodies." In: *Mathematical Applications of Political Science*.

Band 6, James F. Herndon und Joseph L. Bernd (Hrsg.), Charlotts-ville o. J., S. 79–124.

Callen, Jeffrey L., „Financial Cost Allocations. A Game-Theoretic Approach." *Accounting Review,* 53 (1978), S. 303–308.

Caplow, Theodore, „A Theory of Coalition in the Triad". *American Sociological Review,* 21 (1956), S. 489–493.

–, „Further Developments of a Theory of Coalitions in the Triad". *American Journal of Sociology,* 66 (1959), S. 488–493.

Carroll, Lewis, *The Principles of Parliamentary Representation,* 1. Auflage. November 1884.

Cassady, Ralph, Jr., „Taxicab Rate War: Counterpart of International Conflict." *Journal of Conflict Resolution,* 1 (1957), S. 364–368.

Davis, Morton D. und Brams, Steven J., „Resource-Allocation Models in Presidential Campaigns: Implications for Democratic Representation". *Annals of the New York Academy of Sciences,* 219 (1973), S. 105–123.

–, „The 3/2's Rule in Presidential Campaigning". *American Political Science Review,* 68 (1974), S. 113–134.

–, „Optimal Jury Selection: A Game-Theoretic Model for the Exercise of Peremptory Challenges". *Operations Research,* 26 (1978), S. 966–991.

Deutsch, Morton, „The Effect of Motivational Orientation upon Trust and Suspicion." *Human Relations,* 13 (1960a), S. 123–139.

–, „Trust, Trustworthiness, and the F-Scale." *Journal of Abnormal and Social Psychology,* 61 (1960b), S. 366–368.

Edwards, Ward, „Probability-Preference in Gambling". *American Journal of Psychology,* 66 (1953), S. 349–364.

–, „The Theory of Decision Making". *Psychological Bulletin,* 51 (1954a), S. 380–417.

–, „Probability-Preference among Bets with Different Expected Values". *American Journal of Psychology,* 67 (1954b), S. 56–67.

–, „The Reliability of Probability Preferences". *American Journal of Psychology,* 67 (1954c), S. 68–95.

–, „Variance Preferences in Gambling". *American Journal of Psychology,* 67 (1954d), S. 441–452.

Flood, Merrill M., „Some Experimental Games". *Rand Memorandum RM-789-1,* 1952.

–, „Some Experimental Games". *Management Science,* 5 (1958), S. 5–26.

Forst, Brian und Lucianovic, Judith, „The Prisoner's Dilemma: Theory and Reality". *Journal of Criminal Justice,* 5, (1977), S. 55–64.

Fouraker, Lawrence E. und Siegel, Sidney, *Bargaining and Group Decision Making.* New York 1960.

–, *Bargaining Behavior,* New York 1963.

Frick, H. und Avenhaus, R., „Game Theoretical Treatment of Material Accountability Problems". *International Journal of Game Theory*, 5 (1976), S. 41–49; 6 (1977), S. 117–135.

Galbraith, John Kenneth, *American Capitalism – The Concept of Countervailing Power*. Boston 1952.

Griesmer, James H. und Shubik, Martin, „Toward a Study of Bidding Processes: Some Constant-Sum Games". *Naval Logistics Research Quarterly*, 10 (1963), S. 11–22.

Griffith, R. M., „Odds-Adjustment by American Horse-Race Bettors". *American Journal of Psychology* 62 (1949), S. 290–294.

Haigh, John und Rose, Michael, „Evolutionary Game Auctions". *Journal of Theoretical Biology* 85 (1980), S. 381–397.

Hamburger, Henry, *Games as Models of Social Phenomena*. San Francisco 1979.

Hamilton, John A., „The Ox-Cart Way We Pick a Space-Age President". *New York Times Magazine*, 20. Oktober 1968, S. 36.

Hamilton, William D. „The Genetical Evolution of Social Behavior." *Journal of Theoretical Biology*, 7 (1964), S. 1–52.

– und Axelrod, Robert, „The Evolution of Cooperation." *Science*, 211 (1981), S. 1390–1396.

Heaney, J. P. und Straffin, Phillip D., Jr., „Game Theory and the Tennessee Valley Authority". *International Journal of Game Theory*, 10 (1981), S. 35–43.

Hobbes, Thomas, *The Leviathan*. 1. Auflage. 1651.

Joseph, Myron L. und Willis, Richard H., „Bargaining Behavior I: ‚Prominence' as a Predictor of the Outcomes of Games of Agreement". *Journal of Conflict Resolution*, 3 (1959), S. 102–113.

Kahneman, Daniel und Tversky, Amos, „The Psychology of Preferences". *Scientific American* (Januar 1982), S. 160–173.

Keynes, John M., *Monetary Reform*. New York 1972.

Lacey, Oliver L. und Pate, James L., „An Empirical Study of Game Theory". *Psychological Reports*, 7 (1960), S. 527–530.

Lieberman, Bernhardt. „Human Behavior in a Strictly Determined 3x3 Matrix Game". *Behavioral Science*, 4 (1960), S. 317–322.

Littlechild, S. C. und Owen, Guillermo, „A Simple Expression for the Shapley Value in a Special Case". *Management Science*, 20 (1973), S. 370–372.

Lucas, William F. „A Game with No Solution". *Bulletin of the American Mathematical Society*, 74 (1968), S. 237–239.

Luce, Duncan R. und Raiffa, Howard, *Games and Decisions*. New York 1957.

Lucianovic, Judith und Forst, Brian, „The Prisoner's Dilemma: Theory and Reality". *Journal of Criminal Justice*, 5 (1977), S. 55–64.

Lutzker, Daniel R., „Internationalism as a Predictor of Cooperative Behavior." *Journal of Conflict Resolution,* 4 (1960), S. 426–430.

McDonald, John „How the Man at the Top Avoids Crises: Excerpts from the 'Game of Business'." *Fortune,* 81 (1970), S. 120.

Markowitz, Harry, „The Utility of Wealth". In: *Mathematical Models of Human Behavior.* Jack W. Dunlap (Hrsg.), Stanford, Connecticut 1955, S. 54–62.

Marshall, James Garth, *Majorities and Minorities: Their Relative Rights,* 1853 (Flugblatt).

Maschler, Michael, „A Price Leadership Solution to the Inspection Procedure in a Non-Constant-Sum Model of a Test-Ban Treaty". In: *Schluß- bericht für die U.S. Arms Control and Disarmament Agency,* Vertragsnr. ACDA ST-3, Princeton, N. J. 1963.

Minas, J. Sayer; Ratoosh, Philburn und Scodel, Alvin, „Some Descriptive Aspects of Two-Person, Non-Zero-Sum Games". *Journal of Conflict Resolution,* 3 (1959), S. 114–119.

Moglewer, Sidney, „A Game Theory Model for Agricultural Crop Selection". *Econometrica,* 30 (1962), S. 253–266.

Morgenstern, Oskar und von Neumann, John, *The Theory of Games and Economic Behavior.* 3. Auflage. Princeton 1953.

Morin, Robert E., „Strategies in Games with Saddle Points". *Psychological Reports,* 7 (1960), S 479–485.

Nash, John F., „The Bargaining Problem". *Econometrica,* 18 (1950), S. 155–162.

Orwant, Carol und Rapoport, Anatol, „Experimental Games: A Review". *Behavioral Science,* 7 (1962), S. 1–37.

Owen, Guillermo und Littlechild, S. C., „A Simple Expression for the Shapley Value in a Special Case". *Management Science,* 20 (1973), S. 370–372.

Parker, G. A. und Smith, John Maynard, „The Logic of Asymmetric Contests." *Animal Behavior,* 24 (1976), S. 159–175.

Pate, James L. und Lacey, Oliver L., „An Empirical Study of Game Theory." *Psychological Reports,* 7 (1960), S. 527–530.

Poe, Edgar Allan, *The Works of Edgar Allan Poe.* Band 2. New York 1902.

Polsby, Nelson W. und Wildavsky, Aaron B., „Uncertainty and Decision-Making at the National Conventions". In: *Political and Social Life.* N. W. Polsby, R. A. Dentler und P. A. Smith (Hrsg.), Boston 1963, S. 370–389.

Puri, M. und Bartoszynski, R., „Some Remarks on Strategy in Playing Tennis". *Behavioral Science,* 26 (1981), S. 379–387.

Raiffa, Howard und Luce, Duncan R., *Games and Decisions.* New York 1957.

Rapoport, Anatol, *Fights, Games and Debates*. Ann Arbor 1960.
– und Orwant, Carol, „Experimental Games: A Review." *Behavioral Science*, 7 (1962), S. 1–37.
Ratoosh, Philburn; Minas, J. Sayer und Scodel, Alvin, „Some Descriptive Aspects of Two-Person, Non-Zero-Sum Games". *Journal of Conflict Resolution*, 3 (1959), S. 114–119.
Riker, W. H. und Brams, Steven J., „Models of Coalition Formation in Voting Bodies". In: *Mathematical Applications of Political Science*. Band 6. James F. Herndon und Joseph L. Bernd (Hrsg.), Charlottsville o.J., S. 79–124.
Robinson, Julia, „An Iterative Method of Solving a Game". *Annals of Mathematics*, 54 (1951), S. 296–301.
Rose, Michael und Haigh, John „Evolutionary Game Auctions". *Journal of Theoretical Biology*, 85 (1980), S. 381–397.
Savage, Leonard J., *The Foundations of Statistics*. New York 1954.
Schelling, Thomas C., „The Strategy of Conflict – Prospectus for a Reorientation of Game Theory". *Journ. of Confl. Resol.*, 2 (1958), S. 203–264.
Scodel, Alvin; Ratoosh, Philburn und Minas, J. Sayer, „Some Descriptive Aspects of Two-Person, Non-Zero-Sum Games". *Journal of Conflict Resolution*, 3 (1959), S. 114–119.
Shapley, Lloyd S., „A Value for n-Person Games". In: *Contributions to the Theory of Games*. H. W. Kuhn und A. W. Tucker (Hrsg.), Princeton 1953, S. 307–317.
– und Shubik, Martin, „A Method for Evaluating the Distribution of Power in a Committee System". *American Political Science Review*, 48 (1954), S. 787–792.
Shubik, Martin. „The Dollar Auction Game: A Paradox in Noncooperative Behavior and Escalation". *Journal of Conflict Resolution*, 15 (1971), S. 109–111.
– und Shapley, Lloyd S., „A Method for Evaluating the Distribution of Power in a Committee System". *American Political Science Review*, 48 (1954), S. 787–792.
– und Griesmer, James H., „Toward a Study of Bidding Processes: Some Constant-Sum Games". *Naval Logistics Research Quarterly*, 10 (1963), S. 11–22.
Siegel, Sidney und Fouraker, Lawrence E., *Bargaining and Group Decision Making*. New York 1960.
Simmel, Georg, *Conflict and the Web of Group Affiliations*. Glencoe, Illinois 1955.
Smith, John Maynard. „The Evolution of Behavior". *Scientific American*, 239 (1978), S. 176–192.
– und Parker, G. A., „The Logic of Asymmetric Contests." *Animal Behavior*, 24 (1976), S. 159–175.

Snyder, Glenn H., „Deterrence and Power". *Journal of Conflict Resolution*, 4 (1960), S. 163–178.

Stone, Jeremy, „An Experiment in Bargaining Games". *Econometrica*, 26 (1958), S. 282–296.

Straffin, Phillip D., Jr., „The Bandwagon Curve". *American Journal of Political Science*, 21 (1977), S. 695–709.

– und Heaney, J. P., „Game Theory and the Tennessee Valley Authority". *International Journal of Game Theory*, 10 (1981), S. 35–43.

Thorpe, Edwin, *Beat the Dealer*, New York 1966.

– und Waldman, William E., „The Fundamental Theorem of Card Counting with Applications to Trente-et-Quarante and Baccarat". *International Journal of Game Theory*, 2 (1973), S. 109–119.

Tropper, Richard, „The Consequences of Investment in the Process of Conflict." *Journal of Conflict Resolution*, 16 (1972), S. 97–98.

Tversky, Amos und Kahneman, Daniel, „The Psychology of Preferences". *Scientific American* (Januar 1982), S. 160–173.

von Neumann, John und Morgenstern, Oskar, *The Theory of Games and Economic Behavior*. 3. Auflage. Princeton 1953.

Waldman, William E. und Thorpe, Edwin, „The Fundamental Theorem of Card Counting with Applications to Trente-et-Quarante and Baccarat". *Internationl Journal of Game Theory*, 2 (1973), S. 109–119.

Wildavsky, Aaron B. und Polsby, Nelson W., „Uncertainty and Decision-Making at the National Conventions". In: *Political and Social Life*. N. W. Polsby, R. A. Dentler und P. A. Smith (Hrsg.), Boston 1963, S. 370–389.

Willis, Richard H. und Joseph, Myron L., „Bargaining Behavior I: ‚Prominence' as a Predictor of the Outcomes of Games of Agreement". *Journal of Conflict Resolution*, 3 (1959), S. 102–113.

Young, H. P. und Balinski, M. L., „A New Method for Congressional Apportionment". *American Mathematical Monthly*, 82 (1975), S. 701–730.

Deutschsprachige Literatur zur Spieltheorie
(Auswahl)

Axelrod, Robert, *Die Evolution der Kooperation*. München 1987 (2. Auflage 1991).

Burger, E., *Einführung in die Theorie der Spiele*. Berlin 1959. Für Mathematiker geschrieben.

Junne, Gerd, *Spieltheorie in der internationalen Politik. Die beschränkte Rationalität strategischen Denkens*. Düsseldorf 1972.

Kant, Immanuel, *Grundlegung zur Metaphysik der Sitten*. 1. Auflage 1785.

Morgenstern, O., *Spieltheorie und Wirtschaftswissenschaft*. Wien, München 1963. Aufsatzsammlung eines der Begründer der Spieltheorie.

Morgenstern, O., Artikel „Spieltheorie" im *Handwörterbuch der Sozialwissenschaften*, 9. Band. Stuttgart, Tübingen, Göttingen 1956.

von Neumann, J., *Zur Theorie der Gesellschaftsspiele. Mathematische Annalen 100*, Berlin 1928. Die Arbeit, von der die Spieltheorie ihren Ausgang nahm.

von Neumann J. und Morgenstern, O., *Spieltheorie und wirtschaftliches Verhalten*. Würzburg 1961. Deutsche Übersetzung von: *Theory of Games and Economic Behavior*. (1944). Das klassische Werk der Spieltheorie.

Sauermann, H. (Hrsg.), *Beiträge zur experimentellen Wirtschaftsforschung*. Tübingen 1967 ff. Berichte über Spielexperimente.

Shubik, M. (Hrsg.), *Spieltheorien und Sozialwissenschaften*. Frankfurt 1965. Aufsatzsammlung bedeutender Originalarbeiten.

Vajda, S., *Einführung in die Linearplanung und die Theorie der Spiele*. München, Wien 1966.

Vogelsang, R., *Die mathematische Theorie der Spiele*. Bonn, Hannover, Hamburg, Kiel, München 1963. Sehr leichte Einführung.

Vorobjoff, N. N., *Grundlagen der Spieltheorie und ihre praktische Bedeutung*. Würzburg 1967.

Register

www.ingramcontent.com/pod-product-compliance
Lightning Source LLC
Chambersburg PA
CBHW060300220326
41598CB00027B/4174